U0943257

科技北京建设研究

张　耘　著

北　京

图书在版编目（CIP）数据

科技北京建设研究/张耘著.
北京：中国经济出版社，2012.6
ISBN 978 - 7 - 5136 - 1498 - 6

Ⅰ.①科… Ⅱ.①张… Ⅲ.①科学技术—技术发展—研究—北京市 Ⅳ.①G322.71

中国版本图书馆 CIP 数据核字（2012）第 054706 号

责任编辑　严　莉
责任审读　霍宏涛
责任印制　石星岳
封面设计　华子图文

出版发行　中国经济出版社
印 刷 者　北京市昌平区新兴胶印厂
经 销 者　各地新华书店
开　　本　710mm×1000mm　1/16
印　　张　21.25
字　　数　347 千字
版　　次　2012 年 6 月第 1 版
印　　次　2012 年 6 月第 1 次
书　　号　ISBN 978 - 7 - 5136 - 1498 - 6/F · 9281
定　　价　45.00 元

中国经济出版社 **网址** www.economyph.com **社址** 北京市西城区百万庄北街 3 号 **邮编** 100037
本版图书如存在印装质量问题，请与本社发行中心联系调换（联系电话：010 - 68319116）

目录

C O N T E N T S

第三章 科技北京建设的理论基础与分析框架

第四章 科技北京建设的时代需求和现实基础

绪论

一、科技北京提出的历史背景

科技对社会经济发展的巨大作用已有社会共识，但对于科技自身发展的决定因素并没有形成系统的认识。本书研究认为，科技向何处发展、如何发展很大程度上受到来自社会的顶层需求（社会价值需求），即社会总体目标的制约。

新中国成立以来，我国的科技发展以当时的社会总体目标为导向，主要经历了三个不同阶段。在每个阶段，以国家意志体现的社会总体目标导向对科技发展起到至关重要的作用，它直接影响了科技发展的方向、路径和内容。可以说，三个历史阶段的社会总体目标带来了科技发展的三种模式。

1. 新中国成立之后——政治导向

新中国成立以来，以毛泽东为首的第一代领导人提出“向科学进军”的口号，开启了科技发展的第一阶段——政治导向阶段。

在这一阶段，科技发展主要以政治为核心、以维护和巩固新生红色政权为目标，主要体现在军事和工业两个领域的集中发展。其基本途径是集中全国的财力，以科研精英为主导，增强国防能力以确保新政权的稳固；同时，以广大的劳动者为主体，在生产领域，尤其是工业生产领域促进革新，从而带动底层生产技术的发展。这种两极型的发展模式在维护国家安全的技术方面取得了突破性的发展，为根本确立中华民族屹立于世界民族之林的历史地位提供了有利的技术支撑。然而，在取得了政治稳定的同时，其也带来了民生科技的发展严重滞后，特别是“文革”对文化、经济、科技造成了毁灭性的打击。此后，以政治为导向的发展模式退出历史舞台。

2. 改革开放——经济导向

“文革”之后,党的中心工作转移到以经济工作为中心的轨道上来,以邓小平为首的第二代领导人面临的首要问题是重振经济,十年“文革”把中国经济推到崩溃边缘。此时,世界经济正在飞速发展,如何快速发展经济、增强中国的综合国力是中国共产党思索的重中之重。邓小平提出“科技是第一生产力”,自此,科技发展进入新阶段——经济发展导向阶段。

其中,改革开放战略成为科技发展政治保障。在这一战略的引导下,实事求是、尊重科学发展规律等科学精神得到弘扬,为科技发展营造了良好的文化氛围与制度环境,科技进入快速发展时期。这一阶段,在科技的推动下,我国的工业、农业等各个领域取得了举世瞩目的成就,特别是制造业的发展使我国一跃成为世界制造强国。而且在科技如何作为第一生产力、快速推动经济发展的具体路径方面也作出了卓有成效的探索,江泽民“科教兴国”战略、对国外先进技术的模仿跟踪以及以市场换技术等方针政策的提出,继续使得科技水平迅速提升。

3. 现阶段——民生福祉需求导向

然而,在经济持续高速增长的同时,环境破坏等问题开始显现,人口资源环境的矛盾日益尖锐;社会建设大大滞后经济建设,使得社会问题日驱严重。同时,以跟踪、模仿为核心,以市场换技术为载体的科技发展模式的负面效应逐渐显现,作为世界公认的制造业大国、世界第二大经济体,我们现在已经不能单纯依靠模仿、跟踪、引进解决我们经济发展的技术需求,同时,也没有任何一个国家愿意将其核心技术提供给他国,正是基于对上述问题的正确判断,以胡锦涛为核心的领导集体提出了以科学发展观为统领的国家发展战略和以自主创新、建设创新型国家为核心的科技发展战略,这代表科技发展进入第三阶段——民生福祉需求导向阶段。

科学发展观不仅强调科学作为生产力的物质维度,同时更为注重科技作为文化力的精神维度。尤为重要的是,将人作为科学发展的核心,这是我国历史新阶段的内在要求,也是对科学精神自身更高层的内在目标指向,即人的全面发展,人的福祉最大化的回应。科技北京的提出,正是对上述科学发展道路的探索和实践。

二、科技北京建设研究的背景与意义

科技北京是“三个北京”建设中至关重要的一环，它既是北京转变经济发展方式、调整产业结构的着力点，也是北京实现可持续发展、科学发展的有力支撑。

胡锦涛总书记在纪念中国科协成立五十周年大会上的讲话中指出，科技发展从来没有像今天这样深刻地影响着社会生产活动的方方面面，从来没有像今天这样深刻地影响着人们的思想观念和生活方式，从来没有像今天这样深刻地影响着国家和民族的前途命运，科技已经成为支撑和引领经济发展和社会进步的重大因素。加快推进科技北京建设，在当前全市积极应对国际金融危机的冲击，保持首都经济平稳较快发展的关键时刻具有特别重要的意义。

因此，在现阶段大力推行“三个北京”设想并取得了阶段性成果，同时也浮现出新问题之时，对科技北京建设进行研究不仅重要，也具有紧迫的必要性。

1. 科技北京建设研究的背景

对科技北京建设进行研究，主要出于对理论和具体实践两大层面的考量。

(1)理论背景

首先，从“三个北京”的缘起来看，“三个北京”建设是一个有机整体。其中，建设人文北京就是要坚持以人为本，立足北京政治中心、文化中心的性质功能，着力提高和谐建设水平，形成广大人民群众共享科学发展成果、共建和谐社会首善之区的新局面。建设科技北京就是要把提高自主创新能力作为推动科学发展的突破口，作为调整产业结构转变发展方式的中心环节，加快建设创新型城市，使科技创新成为推动首都科学发展的主要驱动力。建设绿色北京就是要贯彻落实党的“十七大”对生态文明建设提出的明确要求，进一步加大结构调整和节能减排力度，基本形成节约资源、能源和保护生态环境的产业结构、增长方式、消费模式，促进经济社会发展与人口资源环境相协调。

由此可见，建设科技北京是建设人文北京和绿色北京的前提和保障，也是实现"三个北京"构想的内在驱动力,唯有将科技北京的建设搞上去,才能使广大人民共享科学发展成果、共建和谐社会首善之区,才能形成新型生态化的产业结构,才能发挥北京政治、经济、文化中心的服务职能,才能从根本上实现三个北京的战略构想。与此同时,科技北京的建设不仅仅局限于科技创新和生产模式创新等物质维度,在制度、文化等精神层面又融入了人文北京和绿色北京的相关理念。可以说,科技北京将要实现的目标是生产力、制度和文化建设三个层面的共同进步和协调发展。

一个多世纪以来,自然科学和人文科学的进步与繁荣,给整个世界的科技进步注入了强大的活力。第二次世界大战后,特别是 20 世纪 60 ~ 70 年代,世界经济和科学技术取得了令人瞩目的长足进步,人类了解自然、改造自然、驾驭自然的能力得到空前提高。当人类陶醉于所取得的胜利时,却突然发现自己已经陷入了人类历史上从未有过的困境之中,一些发达国家的经济呈现财政赤字、通货膨胀、高失业率,这些问题困扰着政府;发展中国家由人口爆炸引起的人口、生态环境和贫困之间互为因果的恶性循环,严重地威胁着人类的生存和发展;自然资源,特别是能源枯竭,给世界经济的发展蒙上了一层阴影;艾滋病的传播,吞噬了无数人的生命;环境污染对人类生存造成的危害,已经到了触目惊心的地步。从现有经济增长理论和 STS(Science Technology and Society,科学、技术与社会理论)对科技理论的研究看,也存在诸多不足。第一,它们都承认和明确科技对经济增长和社会发展的作用,但并没有说明作用的路径和方式;第二,没有解释不同社会状态和历史阶段科技发展的快慢与什么有关;第三,没有阐明科技在社会系统中处于什么位置,受到哪些因素的影响,这些因素中哪些又决定了科技发展自身的问题;第四,没有阐明科学和技术本身的相互关系,这种关系又如何在社会发展中体现。

《科技北京青年行动计划(2010—2012 年)》(2010)中就明确提出,科技北京既是北京城市发展的一项重要战略理念,也是北京城市发展的一项长期社会实践,还是北京城市发展的一项重要文化特征。必须要进一步形成尊重劳动、尊重知识、尊重人才和鼓励创新、鼓励创业、鼓励创造的城市精神,激发全社会的活力。然而,在实际的实践活动中,科技文化层面现在还没有得到应有的重视,这也是导致科技创新的后劲不足、一些科技成果被滥用的重要因素。因此,从理论层面对科技文化进行厘清和强调,是本书的重要任务之一。

(2)实践背景

自2008年9月,刘淇书记首次提出“人文北京、科技北京、绿色北京”三大理念以来,北京先后出台了《科技北京行动计划(2009—2012年)》(2009)、《关于建设中关村国家自主创新示范区的若干意见》(2009)、《科技北京青年行动计划(2010—2012年)》(2010)、《中关村国家自主创新示范区条例》(2010)、《中关村“1+6”鼓励科技创新和产业化的系列先行先试改革政策》(2011)、《“十二五”时期科技北京发展建设规划》(2011)等一系列政策,经过三年来的不断努力,北京在科技、经济、环境等各个领域皆取得了阶段性的喜人成果。尤其是2009年科技北京行动计划实施以来,科技创新在促进首都经济平稳较快发展和加快经济发展方式转变中发挥了重要的支撑引领作用。

但是,在影响科技创新的一些顽疾尚未得到根本解决的同时,也有一些新的问题逐步浮现出来,主要是科技异化现象越来越严重;在科技创新成果大量产生的同时,一些科技成果被滥用,导致食品安全等问题屡屡发生。从表面上看,这一现象的愈演愈烈主要因为社会的道德与诚信环境不健全,制度建设滞后所致。然而,在这些问题的背后更为深层的原因是我们许多人对于“科技”到底是什么、为什么要发展“科技创新”、“为什么要建设科技北京”以及“怎样建设科技北京才能保证科技真正造福于人民”,这些科技北京建设深层的根本问题认识不清,仅仅把科技单纯当作一种创造价值的工具,甚至视其为提升政绩的手段。如果任由这种认识发展下去,科技北京建设目标将难以实现。所以,进一步明确什么是科技北京、为什么要建设科技北京以及该如何建设科技北京这三个根本问题,便构成本书研究的核心。

2. 科技北京建设研究的意义

科技北京提出并着手实施已经历时三年,然而迄今为止,对什么是科技北京、为什么建设科技北京、如何建设科技北京仍缺乏系统、明确的认识,具体体现在以下两方面:第一,科技北京建设过程中,无论从实施政策、评价体系和标准的制定过程,还是具体政策的实施过程中或多或少地存在急功近利、单纯追求眼前经济效益而忽略科技的长期影响等问题。第二,在科技北京建设过程中存在着单方面注重物质层面建设,而忽视科技在制度与组织层面、价值与行为规范层面的建设,将科技北京建设仅仅局限在经济领域。

这种只注重科技的工具理性而忽略其价值理性、只注重科技经济建设而忽视科技文化建设的做法，不仅使科技北京建设因缺乏广阔的文化基础和制度组织保障而难以全面深入发展，bn 将会打破科技文明在器物、制度、精神三个层面之间的有机联系的完整结构，阻断支撑科技进步的内在动力传导机制，制约科技系统自身的可持续发展。最终结果，不仅使科技北京建设走上片面发展的道路，无法实现科技北京提出的初衷，也会因我们在科技方面的短视而引发更加严重的科技异化现象，影响人们的生活，降低人们的福祉，也将使北京与又好又快的发展机会失之交臂。

本书研究的核心意义就在于厘清科技北京的内涵、解决为什么要建设科技北京、怎样建设科技北京才能保证科技真正造福于人民这些科技北京建设深层的根本问题，在弘扬科学精神、健全科技行为规范和制度等方面进行有益的探索和尝试。这一研究这将有助于对现阶段科技异化严重、食品安全存在重大隐患等相关问题背后的深层原因有更为清醒的认识，有助于在科技北京的具体实施过程中制定更为切实可行的相关措施，有助于更好地发挥北京首善之区的职能，使其更好地服务和带动周边地区乃至国际经济的发展，从而将北京建设成为真正意义上的科技文明首善之区。

三、科技北京建设研究目标与方法

1. 科技北京建设研究目标

作为北京哲学社会科学领域的规划研究项目，科技北京建设研究既不同于高校的相关理论研究，也不同于政府科技管理部门制定的科技北京规划或行动纲要。高校的相关研究主要解决相关理论问题，力求在理论上有所突破。政府科技管理部门主要解决实践中的操作问题，则更多关注中观（产业）领域和微观（项目）的规划与实施。我们的研究则是从城市系统整体优化的角度，从城市发展战略层面思考科技北京建设问题，“如何建设”是研究的关键内容，研究核心是对科技北京建设进行顶层设计。

“顶层设计”原本是一个工程学术语，其本义是统筹考虑项目各层次和各要素，追根溯源、统揽全局，在最高层次上寻求问题的解决之道，即对主体结构和主要模式的设计。目前，尽管科技北京行动纲要和科技北京“十二五规划”已经完成，学术界也对科技北京进行了一定的研究，但是对科技北京建设的顶层设计却很少涉及。本书作为北京市重大研究项目有责任解决这一问题。同时,科技北京建设由于其变革的深刻性、影响的广泛性、问题的复杂性、效应的倍增性也确实需要在战略层面明确科技北京建设的理论框架与实施路径。

科技北京建设的顶层设计包含以下内容:一是科技北京的认识论,这里主要涉及何谓科技北京,其核心内涵和实质是什么;二是科技北京建设的目的论,即为何要建设科技北京,其根本目的、动机和出发点是什么;三是科技北京建设的方法论,就是如何建设科技北京,根据对科技北京内涵的认识,按照建设科技北京的目的要求,提出通过什么样的方式、方法和途径,回答和解决怎样建设这一问题。以上几个方面互相联系,缺一不可,构成了科技北京建设顶层设计的完整内容。

在进行科技北京建设的顶层设计时,“如何建设”是此设计要解决的核心问题。围绕这一核心,要解决两个层面的问题:一是建设的基本路径与总体思路;二是科技北京建设的关键问题分析与对策建议。

2. 科技北京建设研究方法

“科技社会化、社会科技化”是提出科技北京最深刻的时代背景和最为突出的社会现象。科技社会化与社会科技化发展已经使得科技与经济社会的发展紧密联系在一起,不论是科技领域还是经济、社会和环境领域,任何重大问题的解决已经不可能再从科技或经济或社会的单一角度出发了,而必须将科技与区域经济社会环境发展联系在一起考虑。在这样的大背景下研究科技北京的建设问题,必须重新考量科技社会化条件下的城市发展各要素间的关联影响,必须创新性地、系统性地对待科技发展与城市发展。所以,以系统论作为指导科技北京建设的方法论,以系统的观点、整体的观点、联系的观点、发展的观点才能全面完成科技北京建设研究预定的任务。

本书以系统学作为方法论指导,以系统法作为基本研究方法,用系统概念认识与解决科技北京这一未来新的城市系统建设问题。这就要求我们把所研究的科技北京建设问题当作一个系统,从系统的总体出发,在系统与要素、要素与要素、系统与环境的相互作用中揭示和处理科技北京建设的性质与发展规律,并在此基础上提出建设的具体对策建议。

在运用系统法的过程中,具体运用了系统法中的结构方法与功能方法。

首先,我们从分析城市系统与科技系统两大系统内部结构入手,将科技北京系统中的社会、经济、环境以及科技子系统作为分析的重点，努力将科技与城市其他子系统之间的结构关系及其结构优化过程描述清楚。同时，还对科技系统这一特殊的城市子系统的内部结构状况进行分析，得出结论，科技北京建设不能仅把科技当作经济发展的工具和手段，实现科技北京目标更需要完善科技创新制度环境与文化环境，要在器物、制度、精神各个层面全面推进科技文明建设才能实现科技北京建设目标。

其次，我们的研究不局限于对系统内部结构研究，还充分考虑北京这个城市系统的特殊功能，认真梳理科技北京建设对外部环境的影响以及相互作用，充分考虑科技国际化背景下北京作为国际上科技资源最为丰富的地区之一将担负的在国际科技体系中的功能与责任。同时，充分考虑北京在国家创新体系中的核心地位与龙头功能的发挥，结合北京及其周边区域经济发展对科技创新系统的要求，提出建设科技北京要以国际、国家、区域大空间纬度的现实需求为出发点，在科技北京这一城市系统与外部的关系和相互作用中把握科技北京在外部环境中的功能及其功能实现的方式以及对系统内部结构的影响等问题。

在研究中，我们力求遵循整体性原则和相关性原则。一方面，从首都城市系统整体出发研究城市系统的经济、社会、环境、科技等组成部分，通过对上述组成部分的深入研究，获得的科技北京这一优化升级的新城市系统整体状况的了解与认识；另一方面，从城市系统中的经济、社会、科技、环境诸要素与首都城市整体系统的相互关系研究入手，把握科技系统与城市其他子系统关系的内容、性质及其建设科技北京过程中这种关系的变化趋势，从而针对变化特征提出对策建议。

四、科技北京建设研究框架

本书以科技生产力理论、科学发展理论、服务理论、系统理论、STS 理论梳理归纳为基础，以科技北京建设路径研究为重点，着重回答了四个问题：科技北京内涵、特征与标志；科技北京建设的根本目的与建设目标；科技北京的城市功能定位与城市精神；科技北京建设路径与建设重点。根据以上四个问题，本书主要分为四部分：

第一部分是绪论，主要对本书研究的背景、意义、研究目的、研究方法以及对本书的基本结论作简要介绍。

第二部分主要运用历史归纳与演绎的方法进行相关理论研究，包括第一、二、三章。第一章对原有理论成果的主要观点归纳梳理，找出科技北京理念的思想源流。第二章以经济增长理论、STS理论等为基础界定科技北京内涵与科技北京的本质特征。第三章在借鉴以往相关理论基础上，围绕科技北京建设的核心问题构建理论分析框架。即：以人本论为指导解决为什么建设科技北京；以服务论为核心明确科技北京的功能定位与北京精神；以系统论为方法论解决科技北京建设的基本路径与总体战略。上述第二章与第三章两章集中了我们对科技北京研究的许多探索性的观点与结论，也是本书研究的难点与重点之一。该部分构成了科技北京建设研究的逻辑起点。

第三部分仅有第四章一章，运用战略研究方法分析了科技北京建设背景、意义与建设的现实基础。在此部分中，对于科技国际化、创新型国家建设、区域经济转型的现实背景以及所带来的新需求和面临的挑战进行归纳，并且对于以往北京创新型城市建设的成果面临的主要问题进行总结。此部分是下面科技北京建设路径分析的出发点。

第四部分用四章篇幅描述了科技北京的建设总体战略和策略。此部分是本书另一个研究重点，包含了科技北京建设研究的核心内容。包括：第五章科技北京科技创新体系建设、第六章科技北京经济建设、第七章科技北京环境建设和第八章科技北京社会建设四个方面。

科技北京四个子系统的建设研究解决了三个问题：第一，明确科技北京各个子系统的建设目标；第二，提出子系统建设的基本框架和建设思路；第三，针对子系统建设中的关键问题给出具体的对策建议。概括起来这四章的基本内容如下：

第五章分析了科技创新子系统的建设框架：结合北京科技创新系统建设面临的国际科技全球化、创新型国家建设以及首都经济转型的新形势与新要求，本书认为在科技北京建设中北京科技创新系统建设应以建设“国际科技创新枢纽”为建设目标，通过完善科技创新机制、创新资源凝聚、辐射机制，强化科技创新枢纽科技资源的汇聚、整合、扩散的快速流动功能；以知识创新枢纽、技术创新枢纽、产业创新枢纽和服务创新枢纽建设为途径，实现国际科技创新枢纽这一战略目标。

第六章明确了科技北京经济子系统的建设框架,提出科技北京经济建设的目标是建设"全国新经济策源地",新经济策源地的主要功能是以科技创新支撑北京的经济发展、以技术创新的不断突破引领全国的产业发展方向。指出要以完善战略新兴产业的成长机制作为建立新经济策源地的基本途径;通过识别培育潜导产业、促进提升先导产业、做大做强支柱产业,完成北京经济结构优化与转型,同时带动周边地区经济乃至国家的经济竞争力大幅提升。在此基础上,提出未来北京新经济的产业发展战略重点及其对策建议。

第七章提出了科技北京生态环境建设的基本框架:以绿色科技创生示范区为建设目标,在分析科技北京环境建设的基础与条件、明确建设指导思想的基础上,对环境建设的战略目标进行深入分析:一是描述科技北京环境建设战略目标;二是分析科技北京环境建设的基本路径。结合科技北京建设的基本原则、战略重点等,提出各阶段建设重点的政策建议。

第八章提出了科技北京社会子系统的建设框架:以"科技文明首善之区"为科技北京社会建设的总体目标,以科技创新的社会环境营造为主线,着力打造以科学精神为引领的科技创新文化环境、以人的科学素养全面提升为基础的创新人才环境、以符合知识生产规律的科技管理制度为核心的创新制度环境。

五、科技北京建设研究的主要观点

1. 以三大理论为指导,明确科技北京的内涵

依据科学发展理论、现代经济增长理论、STS 理论等理论,从科学、技术、北京(城市系统)三者的关系入手研究,提出了科学社会目标决定学说,分析科技北京内涵与本质。

(1)科技的社会目标决定观点

1)科学与技术的关系问题:科学是关于自然界、社会和思维的理论性、规律性、系统性的知识体系,它是没有国界和目的性需求的体系。它主要解决"是什么"和"为什么"的抽象理论问题,目的在于揭示自然界、人类社会和思维的规律。而技术则是具有很强的目的性,人类在实践过程中控制、改造、协调自然、社会和思维的一切方式、手段、技能、技巧及其知识体系,它主

要解决“做什么”和“如何做”的实际任务的问题，目的在于满足主体的价值取向和各种需要，它是以科学作为支撑的更高一层体系。

2）科学与技术这二者是辩证统一的整体，既有多方面的区别，又相互依存、相互促进，它们是人们认识世界和改造世界同一过程的两个方面。技术有很强的目标性，这种技术本身的目标需求会影响科学探索的方向，社会系统中目的和价值次级系统（Goals and Values Subsystem）是影响科学和技术目标需求的决定力量，把技术本身的目标需求转移到科学研究本身，两者强化共振，影响整个社会进程和发展。

3）社会系统是开放的组织，具备目标导向（Goal - orientation）、社会心理系统（Social - psycho System）、科学技术系统（Technical System）和结构性活动的整合（An Integration of Structured Activities）。科学技术是整个社会系统的底层支撑，贯穿于各个次级系统始终。然而，社会系统中目的和价值次级系统是影响科学和技术目标需求的决定力量，整个人类历史发展和进程无处不体现着它的影响。

社会目标和价值需求主要通过影响技术需求层次进而间接影响科学发展，科学发展再影响社会目标和价值需求的完整闭合价值链。科学、技术和社会目标和价值之间也存在次级反馈链。

（2）科技北京概念

科技北京包含三层意思：一是，在首都城市发展中充分发挥科技资源优势，将科技创新深入社会运行的每个环节，使科技创新成为城市发展的内在的根本动力，使北京的经济持续发展、社会的进步与环境优化建立在科技创新并实现产业化的基础上，进而实现北京的科学发展；二是，依靠科技创新加快经济结构调整和经济发展方式转变，切实把经济发展转变到依靠科技进步、劳动者素质提高、管理创新的轨道上来；三是，通过完善科技创新、成果转化机制、科技资源市场配置机制、人才凝聚与成长发展机制、科技管理创新机制等，营造良好的创新环境推进自主创新，源源不断地产出高水平的科学发现与技术发明，为创新型国家建设提供强大动力。

科技北京具体包含以下几层意思：

第一，科技北京要以实现城市的科学发展为出发点。科学发展是科技北京的核心，首先，依靠科技创新带动经济结构调整和经济发展方式转变是科学发展的前提；其次，将科技创新深入社会运行的每一个环节，使科技成为首都城市发展的内在的、根本动力是科学发展的基础；最后，使北京的经济持续发展、社会演进与环境优化建立在科学技术有所突破并实现产业化的基础上，实现技术进步与经济、社会、环境全面、协调、可持续发展是科学发展的目标。

第二，科技北京要以人和社会的全面发展为着眼点。首先，以科技文化建设为基础，将科学方法、科学信念、科学思想与科学精神渗透到北京社会中的每一个角落，为广大公众理解与接受，并内化为自觉的社会生活规范，以此带动人的科学素养全面提高，进而以人的现代化推动社会现代化发展；其次，推进科学技术在城市管理和建设中的应用，利用科技创新破解城市管理和建设中的重大难题，通过科技创新改善公众生活质量和提高生活水平，促进社会进步；最后，要以科技创新带动城市管理创新、制度创新，努力构建充满活力、富有效率、更加开放、有利于科学发展的体制机制。

第三，科技北京要以强化高端创新、强力辐射功能为着力点。充分发挥首都的科技、智力优势，以增强自主创新能力为出发点，提升知识创新、技术创新、产业创新和服务创新能力，以完善的区域创新体系为基础，发挥“国家科技极”高端引领、强力辐射的作用，将北京建设成为国际科技创新枢纽和全国新经济策源地，提升北京与全球资源对接，为创新型国家建设提供支撑的能力。

综上所述，可以看出科技北京有如下特征：第一，科技北京是一种理念，是符合科学发展观的关于北京科学发展的理念；第二，科技北京是一个战略，是“人文北京、科技北京、绿色北京”三大战略的有机组成部分；第三，科技北京是一条途径，是经济结构调整以及发展方式转变的途径，是社会发展的途径，是人的全面发展的途径；第四，科技北京是一个目标，是科技进步同时也是城市科学发展的目标。

(3)科技北京建设的本质

科技北京建设过程也是科技创新支撑下城市系统进化过程，是在政府主导下，有意识、有目的地推进城市系统结构、功能、要素之间的联系方式转换，继而创造出一种不同于以往的城市发展模式的过程，即从原来依靠外在的资源投入拉动经济增长的模式，向以科技创新系统为支撑的内在持续发展模式的转变。转变的核心是生产力系统的转型，即生产力系统从工业经济的生产力(人机生产力)转变为知识经济的生产力(知识生产力)，这是城市系统进化的核心，也是科技北京建设的本质。知识生产力是一种新质、新态生产力，是社会生产力发展的高度阶段产生的以知识为基础的生产力。知识生产力是以创造高科技知识的智力为中心要素、以智力劳动的物质条件为从属要素、以信息为基础要素、以创造高科技知识及其物载化为目的的生产力。生产力形态的改变对于城市发展来说是根本性的改变，意味着整个城市的发展将由此建立在知识的投入、生产、分配、消费基础之上，知识成为经济增长的主要来源。同时作为生产力的驱动因素，知识的特征将影响经济发展的特征，从此意义上看，基于知识的非消耗性、使用的共享性和非竞争性等特征，建立在知识生产力基础上的北京经济将从此根本解决可持续发展问题。

2. 以科学发展观为依据，回答为什么要建设科技北京

为什么建设科技北京？这一看似十分明确的问题实际上至今并未有明确的回答。尤其是在 GDP 为政绩考核的基本指标、科技异化现象大量存在且人们并未普遍认识的背景下进一步明确科技北京建设的目的就更为迫切。

科技北京建设面临两方面的重要背景：一是当前的社会制度存在缺陷，长期以来形成一种以 GDP 为基本导向，以牺牲人、自然、社会的长远发展为代价的经济发展观和政绩观；二是科技双刃剑的正负作用同时显现，负面作用越来越凸显，科技的异化现象也从隐到显，由小到大，科技与伦理的疏离、理性与价值的分裂是科技异化的直接后果。虽然上述问题既有客观原因又有主观原因，但说到底还是人的问题，是人在发展科技、应用科技成果中偏离了科技发展是为了增加人类福祉这一核心目标。因此，在这样的背景下建设科技北京，必须要重新审视科技发展与人的发展的关系，而科学发展观则为我们正确认识这个问题提供了系统而成熟的指导理论。

总体而言，科学发展观强调发展的目的性，即发展为了人民、发展依靠人民、发展成果由人民共享。在此意义上，科技北京建设的目的可以概括为：科技北京建设为了人、科技北京建设服务人、科技北京建设依靠人。首先，建设科技北京根本目的是通过科技作为经济社会发展的内在动力，使得经济社会实现可持续发展，最终使人民享受经济社会发展带来的福利，不断满足人民日益增长的物质文化精神需求，满足人民全面发展的需要；其次，科技北京建设的重要目标之一是服务于人的发展需求，而当前最重要的任务是通过“科技人化”，即以人性为基础对科技活动及其成果的全面审视和改革,来消除科技异化的负面影响;最后,由于人作为生产力中的主体性要素,又是先进科学技术的创造者和操控者。因此,科技北京建设需要依靠那些具有较高科学素养的人,需要将发展生产力转到依靠科学进步和提高劳动者素质的轨道上来,以提高公民科学素质作为社会进步的助力器。

3. *以服务理念为基础,定位科技北京的城市功能与北京精神*

(1)首都城市的本质特征与服务思想

科技北京建设之所以不同于任何其他的科技城市建设,因为科技北京建设是基于北京作为国家首都这一城市核心特性展开的。中心性是首都城市最突出的特征,将直接规定着科技北京的本质特性。

"一个城市的中心性,本质上是对外服务的相对重要性"①,中心性越高,对外服务功能也就越强。作为国家的政治、文化、科技中心,北京历来就是一个有着较强对外服务功能的城市。科技北京建设将进一步强化北京对外服务的功能:首先会强化北京科技体系在全国创新体系中不可替代的龙头作用;其次,科技北京建设不仅加快北京从生产型向服务型城市转变的速度、深化了服务的内容,也将最终确立"对外服务是北京自身持续发展根基"这一基本的发展格局。

作为一个以服务为基本功能的城市,尊崇服务精神、服务理念具有重要意义。不仅是城市性质的要求,也是城市发展的需要。尤其是科技北京建设将改变周边地区与城市的关系:无论是区域经济一体化对北京经济功能的新定位,还是创新型国家建设对北京科技体系赋予的新任务,以及科技国际化背景下,北京在国际科技资源配置中的地位的新改观,都要求北京切实把高端创新强力辐射作为主要职责、以科技服务为主要载体,支撑引领全国的经济科技发展的格局。这就使得北京必须从以往居高临下的管理者转变为全国科技、经济发展的服务者,这一功能定位决定北京应该将服务思想、服务精神作为北京精神的核心,以服务理念统领科技北京在全国的功能定位,统领科技北京建设的路径选择,统领科技北京的价值评价,统领科技北京建设的行为规范。

---

① 周一星,张莉,武悦. 城市中心性与我国城市中心性的等级体系. 地域研究与开发,2001,20(4):1-5.

(2)科技北京在全国科技、经济、生态、社会建设中的功能定位

对外服务是城市中心性的本质特征,也是中心城市发展的基础,所以定位科技北京在全国社会经济生态建设中的功能的基本原则是:坚持服务理念,强化服务功能,做到两个有利于:一是有利于北京与周边地区一体化发展,实现北京与周边地区共赢;二是有利于区域科技创新体系在创新型国家建设中作用的发挥,实现区域科技体系发展与创新性国家建设共赢。

遵照上述原则,科技北京在创新型国家建设中的功能定位是"国际科技创新枢纽"。把对外科技服务作为区域创新体系的重要职责和发展的基础,进一步强化科技资源、科技创新成果的积聚、整合与辐射功能,使北京成为国家科技发展的龙头、国际区域中的科技发展极。

科技北京在全国经济建设中的功能定位是"新经济策源地"。策源地的本质特征是服务。这既是策源地自身发展的需要,同时也是策源地的地位所决定的责任和义务。首先,策源地往往是经济、产业发展初期阶段的地理中心。而经济、产业最终要发展壮大需要更大的市场支撑。因此,策源地如果要始终保持其在经济产业发展中的领先地位,必须要通过服务于周边地区,甚至服务于全国、全球来赢得更大的市场需求。通过需求的扩大和需求层级的提升来不断推动策源地地区的科技创新和科技成果的不断转化。作为新经济策源地的地区必须将服务于周边地区作为自身的使命。

科技北京在全国生态环境建设中的功能定位是"绿色科技创生示范区"。在环境质量持续提高、污染物无害处理、智能化环境监测、全面循环经济推广四个方面,借助国内外最新科学技术,打造国家环境建设的样板城市,让北京成为区域乃至全国绿色科技的核心与龙头。未来,北京不仅仅是一座生态宜居城市,更是借助科技建立良好生存发展环境的样本与典范,以此服务全国。

科技北京在全国社会建设中的功能定位是"科技文明首善之区"。科技北京建设在全国具有首创意义,对于其他城市具有巨大的示范意义和带动作用。所以,在科技北京建设中坚持高标准,将北京建设成为全国科技文明首善之区。把首都建设成为在全国科技创新与转化能力最强、科技创新社会支持与保障机制最完善、科技创新文化氛围最浓厚、科技进步的矛盾制衡机制最健全、科技人才竞争与激励机制最有效、科学精神社会渗透最广泛深入的区域,以此推动北京的科技服务功能进一步强化。

4. *以系统理论为支撑，描绘科技北京建设路径*

依据系统理论，科技北京反映了基于以下“三个维度”所形成的联系及其含义：一是基于城市系统的要素维度所形成的联系，即科技北京包含科学技术与首都城市社会、经济、生态环境发展的关系；二是基于城市发展的环境维度所形成的联系，即科技北京理念反映了北京科技创新系统在国际、国家与大首都圈区域发展中的功能定位；三是基于科技创新的文化维度所形成的联系，即科技北京理念全面反映科技文明在器物层面、制度层面与精神层面的推进。所以，科技北京建设应以国际、国家、区域大空间纬度的现实需求为出发点，以科技文明在器物、制度、精神各个层面的全面推进为着眼点，以推进科技与城市经济、社会、环境子系统的一体化为着力点，全面系统地推进科技与城市三大系统（经济、环境、社会）在三个层面（器物、制度、精神）的深度融合，将北京建设成为具有突出的高端创新、强力辐射功能的创新型城市。

（1）科技北京：区域创新体系建设的基本路径

科技北京建设主要包括区域创新体系建设、经济建设、环境建设和社会建设四个方面。其中，区域创新体系建设是科技北京建设中的首要环节，也是其他城市子系统建设的基础和先决条件。

依据北京科技资源禀赋和功能，结合建设世界城市的战略目标，我们将建设“国际科技创新枢纽”作为北京区域科技创新体系的建设目标。枢纽是指“事物的关键”，或“事物相互联系的中心环节”。所谓国际科技创新枢纽，是指在国际的某一区域内以科技要素的大规模快速流动带动区域创新能力提升的区域科技发展极。

“中心”与“枢纽”是词义相近的两个概念。这里之所以选用枢纽而不是中心是因为：“中心”更突出“中心”本身的核心地位，往往更强调科技资源向中心的聚集，也更习惯用资源的空间聚集程度作为衡量其绩效的主要指标。显然，这个提法与工业经济背景下的首都科技创新体系以极化效应（回波效应）[①]为主的发展模式和区域科技、经济功能更加贴切。而科技创新枢纽更

① 回波效应是由1974年诺贝尔经济学奖获得者冈纳·缪尔达尔（Gurmar Myrdal）提出的。所谓的“回波效应”是指经济活动正在扩张的地点和地区将会从其他地区吸引净人口流入、资本流入和贸易活动，从而加快自身发展，并使其周边地区发展速度降低。回波效应是指别国由于“溢出效应”所引起的国民收入增加，又会通过进口的增加使最初引起“溢出效应”的国家的国民收入再增加。

加强调科技资源、科技创新成果的集散、整合、快速流动，也就是更加强调区域科技创新体系的创新资源整合与辐射效应。显然，这种提法更加符合当前北京服务型经济的本质以及发展趋势，更加符合国家自主创新示范区的本质要求。

国际科技创新枢纽建设对于科技北京具有十分突出的战略意义：第一，是应对科技国际化挑战的积极举措，在科技国际化浪潮中，北京已经成为跨国公司在全球范围配置科技资源的重要城市，大量国际研发公司落户北京，加剧了对有限科技资源的争夺，我们必须积极应对这一挑战，将我们科技创新的触角伸向世界，推动国际科技资源向北京聚集，在资源流动中提升我们的水平。第二，是实现中关村成为"具有国际影响力的科技创新中心"目标的重要基础。目前中关村距"有国际影响力的科技创新中心"的目标相距甚远。主要原因是：第一，我们的自主创新能力和水平还不能满足我国和更大的国际区域产业技术发展的需求。第二，中关村还缺乏一批与核心竞争力的大型、科技型、跨国企业作为国际影响力的实施者。在此条件下，我们需要利用国际科技资源作为提升我国的科技水平与企业竞争力的重要手段，在国际科技资源聚集过程中，提高自身的整合能力与集成能力。而科技资源的国际聚集、整合与辐射，正是国际科技创新枢纽的核心任务，所以建设国际科技创新枢纽就成为我们实现中关村发展目标的重要基础。第三，是实现北京区域科技创新体系可持续发展的有效途径。长期以来，北京科技发展面临一个突出的问题，即北京的科技资源优势未能转化为经济社会发展的竞争优势，这极大影响了科技自身的可持续发展。主要原因是科技管理发展动力不足、创新滞后。打破这一僵局的有效途径是引进外部资源，在国际范围内汇聚科技资源，这不仅会在北京聚集大量的科技人才和适用技术，更重要的是以科技人才、技术为载体，将带来国际通行的、行之有效的科技管理制度、科技组织模式、科技发展经验以及市场竞争机制，进而激活我们自身创新能力，促进我们科技制度进一步改革、社会文化进一步创新，以此推动北京区域科技创新体系的可持续发展。

(2)科技北京：经济建设路径

如果说，上述科技创新体系建设是从科技的角度谈科技与经济的融合，科技北京经济建设则是从经济的角度探讨，北京的科技资源优势如何转化为产业优势，不仅支撑北京自身的持续发展，还带动大首都圈经济一体化建设。基于这个初衷,科技北京经济建设的目标是建设“全国新经济策源地”,新经济策源地的主要功能是以科技创新支撑北京的经济发展、以技术创新的不断突破引领全国的产业发展方向。要以完善战略新兴产业的成长机制作为建立新经济策源地的基本途径;通过识别、培育潜导产业,促进、提升先导产业,做大做强支柱产业,积极主动推进产业梯度转移,在完成北京经济结构优化与转型的同时,带动周边地区经济乃至国家的经济竞争力大幅提升;还针对创新产业链发展中的主要问题,提出未来北京新经济的产业发展战略重点及其对策建议。

(3)科技北京:生态环境建设路径

如果说,科技系统与经济系统的建设以强化科技北京的支撑、带动功能为主,那么环境与社会建设则更突出北京的引领示范效应。科技北京环境建设以绿色科技创生示范区为建设目标,示范是基本功能。首先,明确绿色科技是示范的基本前提,绿色科技的创生过程是“绿色科技创生示范区”示范的核心内容,并且进一步对科技北京环境建设战略目标进行解析。其次,分析科技北京环境建设的基本路径。提出“三阶段”的建设思路,从最开始的关键应用示范,到后来的规模应用示范,再到最终的普遍应用示范。在每个阶段,都有着不同的工作重点,结合科技北京建设的基本原则、战略重点等,提出各阶段建设重点的政策建议。

(4)科技北京:社会建设路径

针对当前社会上对于科技北京理解的片面性问题,以及科技创新文化环境建设滞后问题,科技北京社会建设以“科技文明首善之区”为目标,以科技文明在器物、制度与精神层面的全面推进为核心,以科技创新的社会环境营造为主线,以创造更加优良的科技创新文化环境、制度环境、管理环境与人才环境为基本路径,着力打造以科学精神为引领的科技创新文化环境、以人的科学素养全面提升为基础的创新人才环境、以符合知识生产规律的科技管理制度体系建设为核心的创新制度环境。以高标准的建设为基础,力争通过科技北京建设,北京不仅成为全国知识创新、技术创新、产业创新、服务创新中心,支撑带动全国科技、经济发展;更应该成为全国的科技文化中心,引领全国的文化发展方向。

第一章
科技北京的思想源流

科技北京是新时期北京经济、社会发展新阶段的内在要求，是对科学、技术与北京经济、社会、环境发展关系的概括性表述。纵观人类科技发展的历史不难发现科技的发展并不是平铺直叙而是跨越式发展的，特别是社会和科技相互演进构成了科技跨越式发展的主旋律，社会的目标和价值需求决定了科技发展的快慢。

本章主要通过历史归纳与演绎的方法研究了科学、技术与社会的关系，提出科技社会目标需求决定学说。从理论角度分析和研究科技北京理念的思想渊源，同时通过比较分析方法研究了中西方科技思想发展的不同特点，突出强调了人文和制度安排在科技创新体系中的重要作用。

一、科学、技术概念的界定与科技社会目标需求决定学说

1. 科学技术概念的界定

科学技术包括科学和技术两个方面。什么是科学？“科学”(Science)一词源自拉丁文“Scientia”，原为“学问”、“知识”意思，在梵语中的意思是“特殊的智慧”。《辞海》下的定义是：“科学是关于自然界、社会和思维的知识体系。”

科学的含义有广义和狭义之分，从广义上说，科学包括自然科学、人文科学、社会科学、思维科学。从狭义上说，科学仅指自然科学，且不包括技术在内。按照英国物理学家、科学史家、科学社会学家、科学学创始人贝尔纳(J. D. Bemard，1901—1971 年)的定义，可以将科学理解为一种特殊的社会

建制，一种研究方法，一种知识的积累性传统，一种维持和发展生产的主要因素以及一种人们对有关宇宙的信念和态度的形成最有影响的力量①。国内有些学者认为："科学就是科学共同体采取经验理性的方法而获得的有关自然界和社会的规律性和系统化的知识体系。"②我们认为，科学是关于自然界、社会和思维的理论性、规律性、系统性的知识体系。

至于"技术"(Technology)源自希腊语"Techne"，原意是"技能"、"技巧"、"技术"等。在古希腊，亚里士多德(Aristotle，Greek)把技术看作是"制作的智慧"；古罗马时代，工程技术发达，人们将技术看成了包含"制作"和"知识形态"两个方面的一个整体；被马克思称为英国唯物主义和整个现代实验科学的真正始祖的弗兰西斯·培根(Francis Bacon，1561—1626 年)是英国哲学家和科学家，他认为：技术是"操作性学问"，表示的也是"实用技艺"的意思；直到 18 世纪末，法国伟大的哲学家、启蒙思想家、百科全书派的代表人物 D. 狄德罗(Diderot，Denis，1713—1784 年)在他主编的《百科全书》条目中开始列入了"技术"条目，并指出"技术是为某一目的而共同协作组成的各种工具和规则体系"。

有学者认为这一定义有 5 个要点：①技术与科学不同，技术有目的性；②技术的实现要通过广泛的"社会协作"来完成；⑨技术的首要表现是生产"工具"，是设备、硬件；④技术的另一重要表现形式是"规则"，是生产使用的工艺、方法、制度等，也就是软件；⑤与科学一样，技术也是成套的知识系统。

可以说，狄德罗的表述是最早给"技术"下的较为规范的定义。《中国大百科全书》中给出的技术定义：技术(Technology)是人类为了满足社会需要而依靠自然规律和自然界的物质、能量和信息，来创造、控制、应用和改进人工自然系统的手段和方法。《中国大百科全书》中的技术概念明确地把技术局限在其自然属性之上，技术的对象、过程和载体都体现了纯自然的、物质化操作，这种技术概念可以称为是"自然技术"概念。实际上，除了自然技术，还应当有社会技术、思维技术。

因而，我们把技术定义为：为实现某种目标需求，人类在实践过程中控制、改造、协调自然、社会和思维的一切方式、手段、技能、技巧及其知识体

---

① 贝尔纳．历史上的科学[Z]．北京：科学出版社，1981.

② 张华夏，张志林．技术解释研究[M]．北京：科学出版社，2005：23.

系。从以上的界定可以看出,科学与技术的区别是明显的。科学是关于自然界、社会和思维的理论性、规律性、系统性的知识体系,它是没有国界和目的性需求的体系。它主要解决"是什么"和"为什么"的抽象理论问题,目的在于揭示自然界、人类社会和思维的规律;而技术则是具有很强的目的性,人类在实践过程中控制、改造、协调自然、社会和思维的一切方式、手段、技能、技巧及其知识体系,它主要解决锁定目标"做什么"和"如何做"的实际任务的问题,目的在于满足主体的价值取向和各种需要,它是以科学作为支撑的更高一层体系。

2. 科学、技术两者之间的关系

科学与技术不仅有明显区别,还有密切的联系。第一,科学以"发现"为主,是技术的底层,技术以"发明"为主。第二,科学为技术研究提供理论依据,为技术创新作各种知识准备,并为技术开辟新的研究领域。第三,技术的发展和目标性又为科学研究提供新的探索手段和物质基础。更为重要的是两者的共性:科学和技术活动还是社会总劳动中的特殊部分,其特殊性表现在,它们是以提出新见解、新思想、新设计、新工艺等为目标的"社会活动";"不断创新"是科学技术的生命。正因如此,科学技术活动把独创性规定为最高价值,并以优先权作为奖励制度的基础。

科学与技术这二者是辩证统一的整体,既有多方面的区别,又相互依存、相互促进,它们是人们认识世界和改造世界同一过程的两个方面。正如恩格斯指出的那样:"技术在很大程度上依赖于科学的状况,那么科学的状况却在更大程度上依赖于技术状况和需要。社会一旦有技术上的需要,则这种需要就会比十所大学更能把科学推向前进。"

科学和技术相互促进,在人类认识和改造世界的过程中统一,又在相互统一中发展。从 19 世纪末 20 世纪初以来,科学与技术之间的相互联系就越来越紧密,科学的发展离不开技术的物质支撑,技术的发展离不开科学的理论指导,它们之间几乎形成了一种形影不离的关系。因此,科学技术化与技术科学化的发展趋势在人们心中形成了"科技一体化"观念,但当今世界体系之内这两种现象还是有本质区别的。技术科学化这一方向在哲学体系内争论较少,然而科学技术化,由于技术化本身的目的性或目标性促使了人们对科学在哲学领域内激烈的探讨和重新认识。现代科学与技术的密切结合具有重要的实践意义,这种趋势大大加快了科学发现在社会生产、社会管理和社会思维中的实际应用。

系统的观点认为社会系统也是开放的组织，具备目标导向（Goal - orientation）、社会心理系统（Social - psycho System）、技术系统（Technical System）和结构性活动的整合（An Integration of Structured Activities）。科学技术是整个社会系统的底层支撑，贯穿于各个次级系统始终。然而，社会系统中目的和价值次级系统是影响科学和技术目标需求的决定因素之一，整个人类历史发展和进程无处不体现着它的影响。

3. 科学技术化发展的双重后果

人类社会创造了科学技术，科学技术又造福于人类社会。科学技术从人类诞生起就是并且始终是一种在历史上起推动作用的革命力量。在现代社会它在增强人的生存能力，推动经济发展和社会变革等方面发挥着巨大的积极作用。科学和技术的相互作用出现了两种社会推动方式：技术科学化和科学技术化；然而随着科学技术化的发展及其在社会中的应用，同时在自然、社会和人类思维系统中也产生了某些不可低估的消极后果。

我们把科学技术化定义为："为实现某种目标需求，科学研究与技术目标性的融合和统一过程"。科学主要解决"是什么"和"为什么"的抽象理论问题，目的在于揭示自然界、人类社会和思维的规律，具有无边界性；然而技术是有很强的目标性，这种技术本身的目标需求会影响科学探索的方向，社会系统中目的和价值次级系统（Goals and Values Subsystem）是影响科学和技术目标需求的决定力量，把技术本身的目标需求转移到科学研究方向本身，两者强化共振，影响整个社会进程和发展。

科技创新作为科技进步的核心和关键，在经济、社会和自然复杂巨系统中是以一种积极的姿态被引入。每一种科技创新都是对当前系统态势的一种改变，是将一种从来没有过的关于生产要素的"新组合"注入当前系统，从而使系统状态得到不同程度的改变。这一改变体现在对发展产生制约因素的改变上，最终对可持续发展产生作用。

科学技术的积极作用表现为科学技术的经济价值、社会价值和认识价值。首先是科技的经济价值。作为人类改造自然的能力和工具，科学技术是经济增长的尺度，是推动生产力发展的杠杆，是直接的和第一的生产力。其次是科技的社会价值。科技是推动经济发展的杠杆，也是推动社会进步的革命力量，人类社会的每一次科技进步都推动社会的文明进步，现代科技从根本上决定着经济实力，从而对一个国家的军事实力、政治力量、社会生活发生重要影响。

最后是科学和技术的认识价值。科学技术化作为一种以实践为各个历史时期思想解放的先导，作为观念形态的科学技术，本身就是精神文明的一个重要构成。科学技术化的发展对经济、社会和人类思维进步所起的作用是毋庸置疑的，但它对人类的物质文明、政治文明、精神文明和社会文明也起到了消极作用。在物质生产领域，伴随着科学技术化的发展及对生产力的变革所取得的前所未有的成果的同时，科学技术化在自然过程中的变异也同时发生。如环境污染、生态的失调、能源危机、资源危机等，直接威胁着人类社会的生存和发展。

在社会政治领域中，由于对技术不加节制的滥用，如运用媒体或运用科技手段进行超过法律范围的监视、监听等，从而给民主、人权、自决权等等，给社会政治秩序带来严重危害。在精神文化领域，科学技术化使先进文化、科学技术知识广为传播，拓展了人们的视野，同时也使落后文化广为传播，阻碍着人们的进步。这也是在科学技术化是一把“双刃剑”性质的体现。

二、科技北京是可持续发展科技思想中国化的时代产物

中国共产党的几代领导人在领导我国社会主义现代化建设的伟大实践中，始终关注科学技术在我国社会主义现代化建设事业中的关键作用，不断探索科技发展的正确道路，充分吸取了马克思主义科学技术思想的精髓，并对其进行创造性的发展，最终形成切合我国国情的科技思想体系，使马克思主义科技思想在中国化的实践中不断开拓创新，日益丰富和完善。

从抗战时期毛泽东提出“自力更生，进行技术革命，向科学进军”，革命成功所取得的技术实用主义经验与人民当家做主最终和民族资本的有效融合爆发了强劲的生产力，第一个五年计划超额和顺利实施也是最好的例证，然而以后科学技术的实用主义受历史的原因也被分化为两个层次：一个是以“两弹一星”为社会目标的少数精英科技群体；另一个是工人阶级为代表的实用技术阶层。社会发展也因此发生变化，“大跃进”、“反右”运动、“三年自然灾害”以及“四清”和“文化大革命”，使中间阶层的知识分子对社会的发展作用大大降低。十一届三中全会以后最重要的任务是“拨乱反正”，

"解放思想,实事求是"。在科技对社会推动和发展问题上,邓小平同志提出"改革开放,科学技术是第一生产力",开始解放知识分子,重申科技对社会发展的重要意义。这一时期高考开始恢复,科研院所也开始逐步恢复和建立,大批知识分子开始走出国门学习国外先进的科学知识,为中国未来30年来的高速成长奠定了基础。在明确了科技对社会发展的重要作用后,共产党人也在不断探索"科技立国"的具体道路,江泽民同志提出了"科教兴国,大力推动科技进步"具体实施路线,这一时期学生入学率、人才素质和科技整体水平也达到了一个新的高度。

1978—2002年,随着中国经济持续多年的高速增长和发展,"赶超型"的发展模式也遇到了前所未有的挑战,"市场换技术的科技发展模式、土地换资源的区域竞争模式"由于以市场换技术战略的逐渐失效甚至对本国科技发展的负面作用不断显现,以及劳动力成本上涨、土地价格上涨、资源价格上涨、人口红利逐步消失、资源环境遭到破坏和新兴国家的竞争等因素影响面临困境,"如何发展,怎样发展的问题"又一次摆在我们新一代领导人面前,亟待解决。在全球科技经济一体化大的时代背景下,胡锦涛同志提出"科学发展,自主创新,建设创新型国家"的全面、协调可持续发展的具体实践道路。

毛泽东、邓小平、江泽民和胡锦涛各位领导人的科技思想"都是基于对当时中国国情、生产力状况的深刻认识而提出来的,均立足于马克思主义科技思想,并在不同的时期丰富和发展马克思主义的科技思想,是一脉相承而又与时俱进的思想体系,全面反映了中国共产党探索发展科技、实现社会主义现代化的艰辛历程。"①

现阶段,以信息技术和生物技术为主的科学技术迅猛发展,在这场全球性的科技革命中,科技实力已成为综合国力的核心要素,成为一个国家在国际舞台上综合竞争力的主要因素。科学技术不仅成为第一生产力,而且也将成为国家和民族创新能力的关键。以刘淇同志为首的北京市委市政府,正是基于几代领导人逐步形成的科技思想理论体系,结合现阶段的时代背景和我国国情,提出科技北京理念。可以说,科技北京理念是对马克思理论科技思想中国化的秉承与弘扬,它准确地反映了当代经济社会发展的特点

---

① 匡列辉. 马克思主义科技思想中国化的新实践[D]. 湖南师范大学,2008:前言.

和规律，与马克思、恩格斯、毛泽东、邓小平、江泽民、胡锦涛的科技思想具有逻辑上的一致性。

1. 马克思、恩格斯的科技思想

马克思、恩格斯的科技思想有着极其丰富的内容，包括科学技术是生产力、科学技术是一种巨大的革命力量、推动生产方式变革、推动世界历史发展、科技异化与社会发展等基本思想，但其中最重要的是科学技术是生产力的观点。马克思是把科学技术纳入生产力范畴的前驱者。早在 19 世纪初，他就准确地把握了科学技术的生产力功能，并把它比作历史上起推动作用的有力杠杆。在马克思看来，生产力是指具有一定生产经验和劳动技能的劳动者利用自然对象和自然力生产物质资料所形成的物质力量，它表示的是人与自然的关系。在人类认识和改造自然的过程中，科学技术由于反映了人对自然的能动关系，发挥着越来越重要的作用。所以，马克思在研究了科学技术与物质生产相互关系的新特点之后，指出“生产力中也包括科学”。① 从而确立了科学技术是生产力这一重要思想。

马克思认为，社会生产力不仅可以以物质形态存在，而且可以以知识形态存在。他在《政治经济学批判》（1857—1858 年草稿）中说：“社会生产力已经在多么大的程度上，不仅以知识的形式，而且作为社会实践的直接器官，作为实际生活过程的直接器官被生产出来。”②作为生产力的科学，首先表现在知识形态上，是一般社会生产力，或者说是一种潜在的生产力。因此，马克思说“知识和技能的积累”是“社会智慧的一般生产力的积累”。③作为知识形态的科学可以而且能够在一定条件下转化为物质形态的直接生产力。这种转化就体现在自然科学作为知识和智力的因素对生产力诸要素的渗透之中，即通过渗透到生产力的人的因素和物的因素中发挥作用。正如马克思所说：“我们把劳动力或劳动能力，理解为人的身体即活的人体中存在的、每当人生产某种使用价值时就运用的体力和智力的总和。” ④即作为生产力基本要素的劳动者，以一定科学技术武装起来从事生产时，科学技术就转化成了直接的生产力。马克思还指出，“自然界没有制造出任何机

① 马克思，恩格斯．马克思恩格斯全集（第 46 卷［下］）［Z］．北京：人民出版社，1980：211.
② 马克思，恩格斯．马克思恩格斯全集（第 46 卷［下］）［Z］．北京：人民出版社，1980：220.
③ 马克思，恩格斯．马克思恩格斯全集（第 46 卷［下］）［Z］．北京：人民出版社，1980：210.
④ 马克思，恩格斯．马克思恩格斯全集（第 23 卷）［Z］．北京：人民出版社，1972：190.

器,没有制造出机车、铁路、电报、走锭精纺机等等。它们是人类劳动的产物,是变成了人类意志驾驭自然的器官或人类在自然界活动的器官的自然物质。它们是人类的手创造出来的人类头脑的器官,是物化的知识力量。"①这说明了生产工具是人创造的,是人类智慧的物化,是科学技术知识转化的结果。正是因为科学技术能转化为直接的生产力,马克思才发出这样的感慨,"一般社会知识,已经在多么大的程度上变成了直接的生产力,从而社会生活过程的条件本身在多么大的程度上受到一般智力的控制并按照这种智力得到改造。"②

生产的科学技术化,以及科学技术的生产化,必然会使劳动效率大大提高。于是,科学技术成为生产力发展中的主要形式,并促使着它以前所未有的速度向前发展:劳动对象的范围不断扩大,新的燃料和原料不断被发现,新的材料被及时制造出来并加以利用;劳动工具随着纺织机、蒸汽机、电力机等机器而不断涌现;等等。马克思要在《资本论》中指出:"生产力的这种发展,归根到底……来源于智力劳动特别是自然科学的发展。"③并强调随着科学技术的进一步发展及其在生产中的广泛应用,生产过程将日益自动化,那时的社会生产力和社会财富的创造,越来越"取决于一般的科学水平和技术进步,或说取决于科学在生产上的应用",④"科学因素将渗透到物质生产的所有环节,使物质生产成为科学生产,并为人类的需要服务"。⑤

2. 毛泽东——自力更生,进行技术革命,向科学进军

毛泽东在继承马克思科技思想的基础上,提出"自力更生,进行技术革命,向科学进军",这一指导方针引领下的科技发展主要以服务"政治"为中心,具有政治导向性。

毛泽东提出"向科学进军",并举全国之力发展科技的首要目标是维护和巩固红色政权,这一政治诉求对于建立伊始、仍面临内忧外患的新中国来说是头等大事,唯有政权稳固,才有社会的稳定和经济的发展,因此,一切经济和科技的发展都是为了服务政权稳定这一政治目标,科技作为发展经济

① 马克思,恩格斯. 马克思恩格斯全集(第46卷[下])[Z]. 北京:人民出版社,1980:219.

② 马克思,恩格斯. 马克思恩格斯全集(第46卷[下])[Z]. 北京:人民出版社,1980:219-220.

③ 马克思,恩格斯. 马克思恩格斯全集(第25卷)[Z]. 北京:人民出版社,1974:97.

④ 马克思,恩格斯. 马克思恩格斯全集(第46卷[下])[Z]. 北京:人民出版社,1980:217.

⑤ 马克思,恩格斯. 马克思恩格斯全集(第46卷[下])[Z]. 北京:人民出版社,1980:212.

的一种手段具有浓厚的实用主义色彩。

在维护和巩固红色政权这一总体社会目标的指引下，着重发展两个方面的科技：一方面是军事科技，主要是少数科技精英为主导的核物理等高精尖科技研究，采取了政策扶持、荣誉激励等相应措施，举世瞩目的“两弹一星”是其中的主要成果；另一方面是工业实用技术，以生产一线的工人阶级为主体，主要进行的是生产工作中的工艺技术层面的改进。这种以政治目标为核心的科技发展体制在巩固政局的同时也带来了一些弊端。其一，其导致了科技发展的两极分化。一方面，导弹、核武器等国家安全领域的尖端科技飞速发展，达到国际前沿水平，另一方面，民生科技非常落后。其二，对于基础科学和中层技术的忽视，使得以知识分子为主体的中坚力量难以有效发挥其在推动科技和社会进步中的应有作用。最终，这种以政治为中心、政治取向决定科技发展道路的模式随着“文革”的结束而逐步退出历史舞台。

然而，这一指导方针是依据当时中国所处的特殊历史阶段以及具体国情提出的，有其历史必然性和合理性。它代表了新中国第一代领导人对马克思、恩格思科技思想依照中国国情进行探索性应用的第一步，同时也是我国现代科技发展的开端。

3. 邓小平——对外开放，科学技术是第一生产力

改革开放以后，随着全球经济快速发展，中国面临着如何在日益激烈的竞争中尽快改变落后面貌的时代课题。这一时期，党的工作由以政治为中心向以经济建设为中心转移，科技发展进入以经济为导向的阶段。

从世界范围看，当今世界各国的竞争，说到底是综合国力的竞争，而这种竞争越来越表现为科技竞争，即科技进步越来越影响世界发展的进程，科学技术的重要地位越来越明显地表现出来。邓小平抓住时代的脉搏，以其卓越的智慧和敏锐的洞察力，于 1988 年创造性地提出“科学技术是第一生产力”这一科学论断。邓小平同志从科学技术促进社会发展的战略高度指出，整个社会主义历史阶段的中心任务是发展生产力，这才是真正的马克思主义。同时强调“四个现代化，关键是科学技术的现代化”。

邓小平同志的一系列正确论断，为党和政府制定方针政策和发展战略奠定了理论基础。这一系列论断既是“实现四化的关键是科学技术现代化”观点的理论升华，更是对毛泽东科技思想的巨大发展，进而成为建设有中国

特色社会主义理论的重要组成部分。在此基础上,邓小平进一步倡导科技创新,调动科技工作者积极性,提出科技体制改革,促进经济全面发展,并提出实施科教兴国战略,关键是人才。这一系列对创新、体制改革和科技人才建设的重要思想与科技作为第一生产力一起成为科技北京理念至关重要的思想渊源和指导方针。

4. 江泽民——科教兴国,大力推动科技进步

江泽民在全面继承邓小平科技思想基础上,不断探索,不断总结,进一步丰富和发展了马克思主义的科学技术思想,提出科教兴国、科技创新等重大决策。同时,还提出以市场换技术等相应措施,从而在实施层面对为什么要发展科技、如何发展科技这两个重要问题的具体路径进行了有益探索,对于推动科技的发展具有重要意义。

在 1995 年 5 月召开的全国科学技术大会上,以江泽民为核心的党中央向全党和全国人民发出号召:全面落实邓小平科学技术是第一生产力的思想,投身于实施科教兴国战略的伟大事业,加速全社会的科技进步,为胜利实现我国现代化建设的第二步和第三步战略目标而奋斗。把科技与教育提高到事关国家兴衰的历史高度,创造性地提出“科教兴国”战略方针。

进入 20 世纪 90 年代后,面对高科技迅猛发展的挑战和迎接知识经济的到来,江泽民提出了“要迎接科学技术突飞猛进和知识经济迅速兴起的挑战,最重要的是坚持创新”。① 并强调科技创新“越来越决定着一个国家、一个民族的发展进程”。② 而且他还创造性地提出了“把以科技创新为先导促进生产力发展的质的飞跃,摆在经济建设的首要地位”。③ 明确提出了科技创新是实现第一生产力的根本动力,丰富和发展了邓小平关于“科学技术是第一生产力”的思想。

5. 胡锦涛——自主创新,建设创新型国家

进入 21 世纪以来,世界新科技革命发展的势头更加迅猛,科技已经成为国家的核心竞争力。如何在紧跟世界前沿科技的同时尽快形成我国自己的核心科技?如何在科技高速发展的同时实现科技的可持续发展?如何使科技更好地服务于人民?这一系列问题成为新的时代诉求。正是出于对以上

① 江泽民. 江泽民文选(第 2 卷)[M]. 北京:人民出版社,2006:237.
② 江泽民. 江泽民文选(第 2 卷)[M]. 北京:人民出版社,2006:392.
③ 江泽民. 江泽民文选(第 2 卷)[M]. 北京:人民出版社,2006:392.

问题的思索,以胡锦涛为核心的新一代领导集体提出了科学发展观。自此,科技发展进入以人民福祉需求为导向的新阶段。

现阶段,信息科技、生命科学和生物技术、能源科技和空间科技等高技术领域的新突破和相关产业的迅速崛起,引发世界范围内的产业结构的调整和升级,科技竞争成为国际综合国力竞争的焦点。世界各国尤其是发达国家把推动科技进步和创新作为国家战略,大幅度提高科技投入,重视基础研究,重点发展高技术及其产业,加快科技成果向生产力转化,以利于为经济社会发展提供持久动力,在国际经济和科技竞争中争取主动权。而中国目前的企业自主创新能力明显不足,重大技术装备和核心技术多依赖进口,关键技术自给率低,已成为制约经济发展的一大难点。

正是基于现阶段我国发展所面临的巨大机遇和挑战,胡锦涛提出"提高自主创新能力,建设创新型国家"①作为国家发展战略核心的重要思想。这代表新一代中央领导集体在领导全国人民建设有中国特色社会主义的伟大实践中,不断探索和不断总结,全面落实邓小平、江泽民科技思想,在科学发展观的指导下,坚持以人为本,全面、协调、可持续的科学发展观,并以科学发展观指导新时期我国科技发展,坚持自主创新,建设创新型国家,代表了科技作为第一文化力与第一生产力的有机结合,使人的全面发展作为社会价值目标顶端的具体体现。同时,也是科技北京提出的最为直接和根本的理论依据。

三、科技北京是对经济增长与可持续发展理论的具体实践

经济增长问题一直是经济学研究的最重要的主题之一,其理论形态经历了古典、新古典及新经济增长理论的演变过程。其中,新古典经济增长理论、新经济增长理论以及新制度经济学经济增长理论对于理解科技北京内涵具有理论指导意义。

1. 经济增长理论观点概述

1939 年英国经济学家哈罗德在主流经济学家中第一个提出了现代经济增长理论。差不多同时多马也独立提出了与哈罗德模型结构和结论相似的

① 胡锦涛. 在中国共产党十七次全国代表大会上的报告[M]. 北京:人民出版社,2007:2.

模型。哈罗德提出的现代经济增长理论的核心是资本的不断形成是经济持续增长的决定性因素。在哈罗德—多马建造的经济增长模式中，有四个外生给定的参数：储蓄率、资本—产出比、劳动力的增长率以及技术进步率。现代经济增长理论发展的历史就是将哈罗德—多马模式中的那四个外生给定参数内生化的历史。

1956 年索洛发表了关于经济增长的具有里程碑意义的论文，开始创建新古典经济增长模型。索洛模型将人均掌握的技术水平给定条件下的资本—产出比、资本—劳动比和劳动生产率都变为经济增长模型的内生变量，为此后的经济增长理论模型研究确立了基本的准则。

1962 年诺贝尔奖获得者阿罗提出“边干边学”模型，认为人们是通过不断学习来获取知识的，技术进步是知识的产物、学习的结果，是经验的不断总结，经验的不断总结又带来技术进步。

“新经济增长理论”是 20 世纪 80 年代中期出现的一个宏观经济学理论分支。新经济增长理论的代表认为有阿罗、罗默、卢卡斯等。阿罗和罗默打破了索洛模型的假设前提，内生化了技术进步在经济增长中的作用，并深化了人们对技术进步积极作用的认识，实现了外生技术进步论向内生技术进步论的转变。

罗默以 1986 年和 1990 年的两篇论文为基础，把技术变革内生化，建立了一个内生技术变革的长期增长模型，指出技术知识不仅能形成自身的递增收益，而且能使资本和劳动等要素投入也产生递增收益，从而实现经济增长的规模递增效应；同时，积累的知识自然地会有外部效应，技术的外溢性大大促进了技术变革，从而增强了经济增长的规模递增效应。由此认为，技术变革是知识积累的结果，知识积累致使技术变革成为经济长期增长的原动力。技术进步的外溢性是经济持续增长的基础。

20 世纪 80 年代罗默、卢卡斯等人将人力资本概念引入经济增长理论，强调智力资源在经济增长中的重要作用，认为人力资本才是经济增长的主要源泉。美国经济学家舒尔茨把资本分为物质资本和人力资本，认为通过教育、卫生等方面的投资，把一般的人力资源转变为具有较高质量（包括体力、智力、技能等）的人力资本后，能够产生“知识效应”和“非知识效应”，促进经济增长；并且，人力资本能够产生递增效益，可以扭转资本和劳动要素边际收益递减的趋向。因此，舒尔茨认为人力资本是使经济稳定增长的保证。

1986 年罗默发表了《递增报酬与长期增长》一文，对于干中学的模型进行了修改。他认为知识是生产函数中的一种投入，包括知识在内的资本具有外部经济技术正效应。一方面，生产和投资过程自身增进了人力资本的积累，这种积累通过提高生产率来促进经济增长；另一方面，每个厂商都会从别的厂商那里获得新的知识，并使其知识存量的增加对产出发生影响，投资促进知识积累，知识积累会使经济增长，经济增长又会刺激投资，三者之间构成了互相推动的良性循环。

结构效应理论是经济增长理论中的重要分支。其代表人物包括剧烈变动这一理论的代表人物包括帕西内蒂、罗斯托、罗宾逊、塞尔昆、库兹涅茨和钱纳里等结构主义经济学家。结构效应理论认为，经济增长是生产结构转变的一个方面，而结构转变通常是在非均衡的条件下发生的，因此，劳动和资本从生产率较低的部门向生产率较高的部门转移能够加速经济的增长，亦即结构效应是经济增长的一个源泉，同时结构效应理论也承认经济的快速增长会带来经济结构的剧烈变动。

罗斯托认为，经济增长本质上是一个部门变化的过程，它根植于现代技术所提供的生产函数的累积扩散之中，这些发生在技术和组织中的变化只能从部门加以研究。他用三个方面的论据来支持他的观点：第一，现代经济增长对技术创新的吸收本来就是一个产业经济部门的过程；第二，现代经济增长是主导产业经济部门依次更替的结果；第三，引进新的重要技术或者进行技术创新只能是产业经济结构不断联系、相互作用而使产业结构升级的结果。

在克服新经济增长理论忽视制度在经济增长中的作用的过程中，新制度经济学经济增长理论逐步形成。新制度经济学家诺斯等人提出，对经济增长起决定性作用的是制度因素及其创新，而在制度因素中产权制度的作用最为重要，导致制度变化的诱因和动力是产权的界定与变化。

2. 可持续发展与科技创新互为前提

可持续发展理论与实践的核心，是追求经济子系统、社会子系统、自然子系统的协调发展。整个系统发展的可持续能力虽然由这些子系统的共同作用而决定，但最根本最关键的因素还取决于科学技术进步与创新的作用。

一组结构有序、功能独特、对外部激励产生影响、有一定自我调节能力和自组织能力的要素、属性或对象的集合,称为系统。产生突破性认识的"可持续发展系统"具有以下三个基本特征,即这一新概念特别强调"整体的"、"内生的"和"综合的"含义。

所谓"整体",是指在系统各种因果关系的分析之中,不仅仅考虑人类生存与发展所面临的各种外部因素,而且要考虑其内在关系中必须承认的各个方面的不协调。发展的总进程应如实地被看作是实现"妥协"(Compromise)的结果。

所谓"内生",依照数学上的常规表达,是指描述系统内在关系和状态的方程组中的各个依变量集合,以及这些变量的调控将影响行为的总体结果。在实际应用上,"内生"被认为是一个国家或地区的内部动力、内部潜力和内部的创造力,如其资源的储量与承载力、环境的容量与缓冲力、科技的水平与转化力等。

所谓"综合",代表着涉及发展的各个要素之间互相作用的组合,包含了各种关系(线性的与非线性的、确定的与随机的等)的层次思考、时序思考、空间思考与时空耦合思考。既要考虑内聚力,也要考虑排斥力;既要考虑增量,也要考虑减量,最终要把发展视作影响它的各种要素的关系"总矢量"。

可持续发展研究的对象,要比目前已出现的大系统或巨系统还要复杂,它所包含的基础特征,诸如空间排布、等级层次、演化轨迹、系列分化和空间效应等,常作为建造系统时的基础因素加以考虑。可持续发展系统所包括的各个要素和属性之间,或它们与系统的外部环境之间,不断地进行物质、能量和信息的交换,并且以"流"的形式贯穿于其间,从而形成一个动态的、系列的、层次的、实行自我调节和反馈的相对独立的体系。

人口膨胀、资源与环境退化等全球性问题的产生,从某种意义上说,是来自于人类社会活动中日益进步的科技手段的不合理运用,而可持续发展问题的解决又必须依靠科技进步来实现。面对这一似乎相悖的逻辑关系,在实现可持续发展目标的过程中,我们必须首先对科技进步与科技创新的作用进行重新反思,充分认识科技进步与科技创新的两面性,认识其对可持续发展带来的负面影响,并不断加强人类自身的可持续发展教育。科学技术是一把双刃剑,它在给我们带来巨大福祉和生活便利的同时,也带来了一些消极的后果。马克思在考察资本主义条件下科学技术作用时曾指出:"在我们这个时代,每一种事物都好像包含有自己的反面。……技术的胜利,似乎是以道德的败坏为代价换来的。随着人类愈益控制自然，个人却似乎愈益成为别人的奴隶或自身的卑劣行为的奴隶。甚至科学的纯洁光辉仿佛也只能在愚昧无知的黑暗背景上闪耀。……现代工业和科学为一方与现代贫困和衰颓为另一方的这种对抗，我们时代的生产力与社会关系之间的这种对抗，是显而易见的、不可避免的和毋庸争辩的事实。”①这表明，科学技术的发展并非在任何时候都能使人摆脱贫困，都能促进人们的身心发展。对科学技术的滥用，也会使科学技术“表现为异己的、敌对的和统治的权力”②。

近代工业革命以来，随着科学技术的进一步发展，实现了物质财富的巨大增长，但由此引发的人口增长过快、粮食短缺、能源和资源枯竭、环境污染和生态失衡等“全球性问题”则是人类为此付出的沉重代价。全球性问题的出现从一定意义上说就是科学技术被人类广泛应用于自然后，人类却又失去对其进行有效控制而引发的一系列具有全球性质的问题。正如英国著名历史学家爱德华·卡尔所指出的：“每一发明、每一改革、在历史进程中发现的每一技术不仅有它积极的一面，而且有它消极的一面。代价总是要有人来承担的。我不知道在发明印刷术多久之后，批评的人才开始发现它有助于散布错误的意见。今天，对由于汽车的出现而带来的公路上的死伤感到哀悼，这是很寻常的事情；甚至有些科学家对自己发现了解放原子能的种种办法，感到遗憾，因为它可能而且已经作为造成巨大灾难的用途。”③

3. 经济增长与可持续发展理论对科技北京建设的启示

经济增长和可持续发展理论对于科学、深刻、全面地认识科技北京建设的内涵具有重要指导意义。科技北京建设不仅仅要全面促进科学技术的进步和发展，更为重要的是全面促进经济增长，造福于人民。这一理论给我们的启示是多方面的。

第一，科技北京建设要充分认识人的作用。要提高对全社会成员的科技素养提升的认识，不仅要注重科技投入，更要积极主动地为社会所有成员的科技素养的提升创造良好的社会条件。因为人的科学素养提升在科技北京建设的过程中具有基础性、标志性的意义。一是，全民科技素养的提升是科技北京建设的人才生存发展的基础，没有全民科技素养的提升，科技创新

① 马克思，恩格斯．马克思恩格斯选集(第1卷)[Z]．北京：人民出版社，1995：775.

② 马克思，恩格斯．马克思恩格斯全集(第47卷)[Z]．北京：人民出版社，1980：571.

③ 爱德华·卡尔．历史是什么[Z]．北京：商务印书馆，1981：160.

社会环境就不完善,创新人才的成长基础就不扎实。二是,科技北京建设的核心任务是实现科技创新系统成为北京经济社会环境可持续发展的内在基本动力。而全社会人的科技素养水平是此任务能否完成的基础,没有全民的科学素养大幅提升,科技创新文化氛围就难以完善,科技就无法真正成为社会发展内在的核心动力,科技异化问题就无法根本解决。三是,科技北京建设的根本目的是实现人的全面发展,而科技素养提升是公平地实现全社会所有人全面发展的基础,也是克服科技创新鸿沟现象、克服人群中因为科技知识占有的差别导致的新的社会不平等不公平的基础。

第二,要正确认识科技作为第一生产力的前提条件,努力完善科技创新制度环境,尤其是完善知识产品生产、应用、智力要素投入、评价、价值实现的制度环境,为科技真正成为城市发展的内在支撑创造制度环境。因为,科技本身的两面性,导致科技不是必然地就成为社会发展进步的内在的核心动力;或者说是科技在真正意义上成为第一生产力是有严格条件的。只有科学技术成为生产力中的独立的、中心要素时,才有可能真正成为第一生产力。

农业经济时代,以掌握手工工具的劳动者的体力为生产力的中心要素,在工业经济时代以机器这种科技化的劳动资料为生产力的中心要素,科技还不是生产力的中心要素,即还不是第一生产力,因为科学与技术还不是独立的生产要素,以创造科技知识的智力劳动为中心要素的知识生产,仍然不可能从物质生产中脱胎出来。所以至今对于绝大多数地区来说,科技尚未成为真正意义上的第一生产力,资本投入仍然是经济增长的主要因素。

科技作为第一生产力是建立在知识生产力基础之上的。知识生产力是以创造高科技知识的智力为中心要素、以智力劳动的物质条件为从属要素、以信息为基础要素、以创造高科技知识及其物载化(如承载软件的磁盘、光盘等)为目的的生产力。换而言之,知识生产力是把创造高科技的主观知识和物载知识有机地融为一体的生产力。只有这样的生产力,才能从物质生产力中相对独立出来,成为立足于物质生产力之上的知识生产力。而这样的生产力,必然以智力劳动者的才能和社会关系的高度发展为前提。只有高度密集地有机组合的高科技知识群体的团体智力,才能从生产力的物力要素中独立出来,成为生产力的中心要素,从而使知识生产力从物质生产力中相对独立出来。由此可见,为知识生产力的发展创造优良的社会环境,尤其是符合知识生产力发展规律的制度环境十分重要,甚至成为能否实现科技北京建设目标的关键前提。

科技北京理念强调科技创新与经济增长可持续发展的核心要素相结合的实践过程。在今天,经济增长的核心要素是人、资本和制度,而科技创新的核心要素同样是人、资本和制度。更有甚者,在今天,科技本身就是资本,如高智发明已经成为一种重要的资本融入当今的经济发展之中。科技北京建设正是经济增长理论的具体实践,这一实践已经在中关村国家自主创新示范区取得了显著成效。

四、科技北京是对科学、技术与社会关系的重新审视和界定

在不同的社会文化与制度背景下,人们对于科学、技术与社会之间的关系的理解也不同。在我国,科学和技术这两个不同的概念总是联在一起被当作同一概念来使用,忽略了科学与技术的区别,科学与技术的真正内涵难以得到正确的理解,导致人们在对科学技术发展问题上的过分功利性、实用性,仅仅把科学技术看作是生产变革的工具,而忽视科学技术在制度层面与精神层面的作用与意义,这非常不利于科技创新。因此,需要对科学与技术的关系进行重新审视和界定。要借鉴 STS 和可持续发展理论等国际新兴学说,对科学、技术与社会的关系进行更为深入的思考和定位,唯有从理论层面厘清它们之间的关系问题,才能在科学北京的具体实践过程中给予正确的引导,全面实现科技北京的建设目标。

科技北京的理念,不仅仅是要让科技成为北京经济社会发展的支撑,更为重要的是强调科技与社会、物质与精神、科技与人文、人与自然的和谐发展,强调人的自由全面的发展,强调人性的张扬。这在根本上是与 STS 研究不谋而合的,或者说 STS 对于科学、技术与社会新型关系的研究成果,为科技北京的提出奠定了理论基础,而科技北京理念则生动而具体地展现了 STS 理论的实质。

1. STS 理论的缘起和发展

科学(science)、技术(technology)、社会(society)的研究简称为 STS 研究,它探讨和揭示科学、技术和社会三者之间的复杂关系,研究科学、技术对

社会产生的正负效应。其目的是要改变科学和技术分离,科学、技术和社会脱节的状态,使科学、技术更好地造福于人类。

科学、技术、社会是人类文明的三大支柱。在20世纪60年代以前,已经有一些学者关注和研究STS关系。1938年,美国学者R. K. 默顿发表了《17世纪英国的科学、技术与社会》一书,第一次提出了"科学、技术与社会(Science,Technology and Society)"这个新概念,并强调要对它们的"互惠的关系"进行经验的、定量的研究。1939年,英国学者J. D. 贝尔纳出版了《科学的社会功能》一书,在马克思主义指导下,对科学与社会的关系,科学的政策、管理和发展战略进行了研究,并指出"科学和社会的繁荣昌盛都有赖于科学和社会两者之间的正确关系"。居里夫人、爱因斯坦等科学家也精辟论述了科学技术的"双刃剑"特点。他们特别强调科学家的社会责任问题。C. P. 斯诺则大声呼吁要对被割裂的科学文化和人文文化进行沟通和融合。

从20世纪60年代开始,在实践层面上,由于严重的战争和环境生态问题,越来越暴露出了科学技术在有正面影响的同时,也存在负面影响,科学技术绝对的善行受到质疑;同时,在学术领域出现了科学技术批判思潮、科学技术研究的外在主义导向和越来越多的新兴交叉学科,科学、技术与社会的相互关系开始成为一个重要的社会和学术问题,从而作为一个独立的对象进行了研究,成了一门新兴学科。

STS强调科技与社会、物质与精神、科技与人文、人与自然的和谐、协调发展,是一种新的价值观和发展观,又是一种新的教育观、科技观和方法论。它不仅对当代世界快速、稳定、健康发展和解决生态环境、资源、能源、人口等全球问题产生重大影响,而且将开创人类美好的未来。①

2. 科学技术对社会发展的巨大推动作用

近代以来,科学技术以其强大的社会职能对社会的发展发挥着巨大作用。这些职能除了认识职能、生产力职能之外,更为重要的是推动社会发展的职能。科学技术推动社会的发展主要体现在以下几个方面:

(1)推动社会生产方式的变革

第一,科学技术的发展,对社会经济产生着越来越大的影响,主要表现

---

① 殷登祥,威廉姆斯,沈小白. 技术的社会形成[M]. 北京:首都师范大学出版社,2004:前言.

为从根本上改变了社会生产的面貌,引起了社会经济结构的变化。20 世纪以来,科学的发展及其在技术上的应用,从根本上改变了社会生产的面貌,促使现代生产的全部物质技术基础发生了深刻的变化。科学首先推动了动力革命、材料革命和生产工艺过程的革命。特别是由于电子计算机和互联网的产生和应用,生产的控制系统和组织形式也正在出现革命性的转变。社会经济的面貌和结构,随着生产科学化的加深,由"粗放型"向"集约型"过渡。这种转变表现为:首先,工业在物质生产领域中的作用提高,工业产值在物质生产总产值中占的比重增加;其次,在工业生产内部,"知识密集型工业"或"技术密集型工业"部门,占据越来越重要的地位;最后,非生产部门,即第三产业(服务业、现代服务业),或知识密集型服务业在国民收入中所占的比重不断增长,成为经济结构变化的一般趋向。

第二,科学技术的发展,使得经济的增长和生产的发展方式发生了变化,不断地由粗放型转变为集约型。由于科学的发展和应用,使得生产确立在科学的基础之上,也使得生产的发展、经济的增长更多地采用集约化方式,而不是粗放的方式,即科学技术的进步、科学管理的因素在提高劳动生产率中的作用,已经超过了通过扩大生产规模和工人数量的作用。据统计,20 世纪初期,大工业劳动生产率的提高,只有 5% ~20% 是采用新的科学技术所取得的;到了 70 年代,劳动生产率的提高,则已主要是依靠科学技术的进步,科学技术的进步所占的比重已经高达 60% ~80% 。

第三,现代科学和技术和生产的紧密结合取得了巨大的经济效益,创造和开发出巨大的物质财富。科学技术不仅能创造出全新的生产手段和生产领域,而且能有效地节约资金、原料和劳动。所以,今天的科学研究已有了重要的社会经济意义,产生着惊人的经济效果。不但是应用研究,甚至是纯科学的研究,一旦应用于生产,也会产生巨大的经济效益。科技进步已成为衡量一个国家和地区综合竞争力的重要标志。正因为如此,科学技术的发展日益受到各国政府的重视,各国用于科学研究的投资日益增大。据统计,美国国民经济从 20 世纪 70 年代至 90 年代,平均每年增长 3. 5% ,其中就有 1. 8% 来自于科学技术的进步;日本在 1965—1970 年经济高速发展时期,国民经济实际增长率平均每年为 11. 4% ,其中有 4. 4% 是靠科学技术因素取得的。科学技术对经济增长的贡献率已达 80% 。

(2)推动社会生活方式的变革

为了更好地说明这个问题,我们不妨向前追溯两百年。那时,世界上绝大多数人都生活在农村,除了一些小型的手工业之外,农业是人类主要的生产活动。农民使用古老的生产工具,日出而作,日落而息,艰辛劳动,而收获甚微。绝大多数人没有受过教育,人的生活圈子十分狭小,社会生活的进展也异常缓慢。

但是,随着一系列科学发现和技术发明,社会进化的步伐大大加快了。首先是动力革命,蒸汽机、内燃机、发电机、电动机代替了人力、畜力和风力、水力,开创了大机器生产的时代;紧接着,电报、电话、电灯、留声机、收录机、电影、电视、汽车、火车、轮船、飞机,以及化学药品、人造纤维、电子计算机、互联网等一系列发明,给人类物质生活和精神生活带来了广泛的、深刻的影响。现代化的交通工具和通信工具,缩短了时间和空间,整个地球变成了一个地球村。特别是科学技术的发展,使自然力和技术装备取代了人的体力,甚至开始取代人在生产中的控制职能,从而从根本上改变了人类劳动的性质、内容和条件,人类的劳动从由体力支出为主逐渐转变为以脑力支出为主。同时,人们有更多的时间进行学习,从事更富有创造性的工作,也有更多的时间去从事精神生活和娱乐,从而消除由片面的分工而造成的影响。科学技术的发展为人类获得更加全面的发展创造了必要的条件。

尤其是面对伴随着科技发展而来的知识爆炸,人们必须不断地更新和充实自己的知识库,好去适应自己发展的需要。因此,学习已日益变成生活的重要内容,终身教育成为人们生活的生存理念。由于计算机分担了人脑的记忆、联想、判断功能,使得我们能够把更多的时间和精力放在大脑的创造功能上,精神世界更丰富了。显然,科学技术正改变着人类的生存环境,使人类从狭窄的生活圈子里解放出来,开拓了人类生活的广阔天地。

(3)推动人类思维方式的变革

20 世纪以来,自然科学发生了深刻的革命,一系列新的发现、新的突破改变了人们的一些传统观念和思维方式,有力地推动了哲学和社会科学的研究,现代自然科学开始了向社会生活的全面渗透,科学思想、科学方法、科学精神广泛地深入到人类精神、文化生活的各个领域。也就是说,科学技术已成为人类精神文明的一个重要组成部分。

近代科学技术发展在把人们从宗教神学的藩篱中解救出来的同时,也使人们的思维摆脱了传统的狭隘性和落后性。现代科技革命对人的思维方式的影响也更大、更具体。新的科学理论和技术手段动作对思维主体、思维个体和思维工具的影响，掀起了一场人类思维方式的新变革。在现代科技革命条件下，人们具有的新的科学知识机构和组织结构，能够运用类似于突变理论、模糊数学等新的理论工具和现代化技术手段去研究一系列新现象、新领域、新问题。电子显微镜和射电望远镜强化了人的感觉能力，电子计算机强化了人的思维能力，新的视觉化技术使形象思维、抽象思维有机地结合起来，使人们的认识能力产生了新的飞跃。

(4)推动社会管理方式的变革

随着科学技术的发展，社会管理方式也在发生着深刻的变革。这种变革主要体现在以下几个方面：一是推动社会管理理念变革，即由过去呆板的标准化管理，逐步转变到以人为本的人本化管理；二是推动社会管理方式改进，即管理决策的民主化、程序化、制度化；三是完善社会管理组织体系，即社会管理组织的精简化与高效化；四是提升管理手段，尤其是微电子技术、电子计算机技术和互联网的普及和广泛应用，使得管理信息化程度不断得到提升。

3. 科学技术的负面影响

科学技术是一把双刃剑，它在给我们带来巨大福祉和生活便利的同时，也带来了一些消极的后果。马克思在考察资本主义条件下科学技术作用时曾指出："在我们这个时代，每一种事物都好像包含有自己的反面。……技术的胜利，似乎是以道德的败坏为代价换来的。随着人类愈益控制自然，个人却似乎愈益成为别人的奴隶或自身的卑劣行为的奴隶。甚至科学的纯洁光辉仿佛也只能在愚昧无知的黑暗背景上闪耀。……现代工业和科学为一方与现代贫困和衰颓为另一方的这种对抗，我们时代的生产力与社会关系之间的这种对抗，是显而易见的、不可避免的和毋庸争辩的事实。"①这表明，科学技术的发展并非在任何时候都能使人摆脱贫困，都能促进人们的身心发展。对科学技术的滥用，也会使科学技术"表现为异己的、敌对的和统治的权力"②。

---

① 马克思，恩格斯．马克思恩格斯选集(第1卷)[Z]．北京：人民出版社，1995：775.
② 马克思，恩格斯．马克思恩格斯全集(第47卷)[Z]．北京：人民出版社，1980：571.

近代工业革命以来，随着科学技术的进一步发展，实现了物质财富的巨大增长，但由此引发的人口增长过快、粮食短缺、能源和资源枯竭、环境污染和生态失衡等全球性问题则是人类为此付出的沉重代价。全球性问题的出现从一定意义上说就是科学技术被人类广泛应用于自然后，人类却又失去对其进行有效控制而引发的一系列具有全球性质的问题。正如英国著名历史学家爱德华·卡尔所指出的："每一发明、每一改革、在历史进程中发现的每一技术不仅有它积极的一面，而且有它消极的一面。代价总是要有人来承担的。我不知道在发明印刷术多久之后，批评的人才开始发现它有助于散布错误的意见。今天，对由于汽车的出现而带来的公路上的死伤感到哀悼，这是很寻常的事情；甚至有些科学家对自己发现了解放原子能的种种办法，感到遗憾，因为它可能而且已经作为造成巨大灾难的用途。"①

五、科技北京是中西方科技文化的碰撞与融合

中国传统科技思想是建立在农业文明基础之上的，它与建立在现代工业文明基础之上的西方科技思想有着很大的不同。中国传统科技思想具有在顺应自然基础上的重实用、轻理论，重历史、轻逻辑，重整体功能、轻内部结构的特点；而西方科技传统则具有自由探索、求实创新的科学精神和善于理论概括、量的抽象、理论化和体系化、制度化的研究艺术等特点。科技北京理念正是在这二者的碰撞与融合中得以孕育。

在二者的碰撞与融合中，我们不仅看到中西方不同的文化传承中对科技所持有的不同观点，也从更为深层的角度看到中西方这种文化差异所带来的科技制度、科技文化方面的不同，从而从更高的层面对目前我国科技创新能力薄弱、科技成果滥用严重等问题进行更为深入的解读。中西方科技文化的这种碰撞与融合使得科技北京建设不仅从实践途径上大力推进科技发展、提倡科技创新，同时从科技体制和科技文化等更高的层面进行系统化的改革，从而使科技北京成为体系化和制度化的促进科技创新、提升国家整体竞争力的重大举措。

---

① 爱德华·卡尔．历史是什么[Z]．北京：商务印书馆，198：160.

1. 中国科技文化传统的特点

中国传统科技思想根植于中华民族的经济、政治和文化生活中，中国科技文化传统具有如下几个特点。

(1)中国科技思想在农业文明中孕育

中国传统科技思想不是一个独立的变量，它是嵌在古代社会中的一个开放系统，由非常稠密的反馈环与社会连接起来。中国古代科学技术说到底是在农业文明的基础上产生发展起来的。相应地，传统科技思想也是在农业文明的基础上产生的。

中国古代农业文明时代的特点，从经济上讲，就是自给自足的小农经济和依附封建特权、缺乏独立的城市工商业经济的盘根错节；从政治文化上讲，就是完整、系统的以儒家文化为主的中央集权专制制度和教育感化制度相得益彰；从政策措施上讲，就是“重农抑工商”和“重文轻技”政策的珠联璧合。在农业立国的国度里，农业需要丈量土地、观测天象，由此产生了为农业服务的数学和天文学，当然也产生了直接服务于农业的农学。而农业文明还需要休养生息，需要战胜疾病和自然灾害，因此产生了服务于农业文明的医学。中国古代最为发达的四大科学——天文学、数学、农学、医学都直接或间接与农业文明有关。而在技术方面，大量的技术发明如铁犁、水车、石磨等是与农业的生产工具和生活用具密切相关的。因此，带有浓郁的农业文明气息的我国古代科学技术，决定了传统科技伦理具有农业文明特有的精神气质。

(2)科技在社会实践中发展，但始终受到社会体制的约束

传统科技植根于古代农业文明，并在古代科技实践中成长壮大。实践是认识的起点，认识是在特定的社会实践中形成和发展起来的。科技思想作为一种自觉的社会认识，根植于一定的社会生活，来源于社会科技实践，因科技实践的发展而发展。

人类的科技实践是科技思想的萌芽之土。在漫长的原始社会，在人类科技发展的童年，科技实践活动与生产活动交织在一起，科技实践活动还没有从生产中独立出来。然而，正是这种与刀耕火种联系在一起的科技实践，催生了传统科技思想从无到有，从萌芽而发展壮大。概言之，科技实践活动是传统科技思想的基本来源和发展的动力。主要表现在以下几个方面：

一是在科技实践活动中，直接或间接提出各种各样的问题，成为传统科

技思想产生发展的前提。原始社会，当科学技术没有从产生中分离出来，科学技术的力量潜伏未显，科技思想只能以曲折、幻想的形式存在于神话传说之中。在春秋战国时期，医学有了一定程度的发展并广泛运用于医疗实践，为了调节医生之间、师徒之间、医患之间的关系，就产生了以扁鹊的“六不治”为代表的医德思想。而天文学、数学、农学等科学的出现和相应的实践活动，尤其是中国古代人文社会科学的出现和繁盛，催生了中国古代知识的发展和繁荣。而在大型水利工程、城市建筑工程、军事工程以及各种手工业技术活动中，中国古代营造伦理、技术伦理萌生其中。同时，在中国古人认识和改造自然的过程中，逐渐认识到环境对于我们自身生存和发展的重要意义，由此也出现了大量保护环境、协调人与自然关系的生态伦理思想。科技的发展提出新的特殊的道德要求，对科技伦理作出新的论证，推动着传统科技伦理的进步。

二是科技实践活动的发展丰富了传统科技思想的内容体系。中国传统科技思想内容博大精深。当我们对传统科技思想进行逻辑梳理的时候，我们发现，它大致上沿着五条路线在发展：知识、技术、工程、医学和生态。古代科学、技术、工程、行医等活动逐渐在历史上出现和发展，知识、技术、工程、医学、生态科学也相继出现和发展。科技水平随着科技实践的发展而丰富和扩大。科学技术每前进一步，科技伦理和科技道德必然会改变自己的形式和内容。可见，科技实践活动的发展丰富了古代科技思想的内容体系。

三是科技发展推动科技职业道德的产生和发展。随着科学技术的进步，人们利用、改造和控制自然能力的逐步增强，生产技术水平不断提高，社会分工也日益扩大，在此基础上，陆续开辟了新的产业部门与社会职业。尤其值得一提的是从春秋时期开始，我国出现了“学者传统”和“工匠传统”的分工现象。前者是以从事科学、教育等为生的脑力劳动的阶层，后者是以制陶、冶炼、建筑、纺织等为生的体力劳动者阶层。从“学者传统”中，产生出科学家职业伦理，而从“工匠传统”中，就产生出工匠职业伦理。当然，科学家职业伦理和工匠职业伦理可以进一步细分。事实上，我国传统对史德、师德、医德、畴人（古代指从事数学、天文学等研究的科学家）以及匠人道德等都有许多论述，制定了不少道德规范，这些其实大多属于科技职业道德规范。

（3）缺乏有效的科技发展的动力机制

尽管中国科技思想传统存在着独特的价值，但由于其根植于农业文明的,也有着非常明显的时代局限和统治阶级特色。中国传统科技文化中缺乏一种有效地促使人们征服自然和改造自然的动力机制。第一,传统科技文化缺乏一种外在的超越性。传统文化是一种入世的理性工具,它追求个人人生价值的实现。这种人生哲学缺乏一种超出世俗之上的通过对外部世界的追求来超越自己的信念。与此相反,西方文化具有浓厚的超出世俗之上且通过对外部世界的追求来超越自己的信念。第二,传统科技伦理文化缺乏一种内在的驱动力。传统科技伦理文化追求天人合一、真善同一和道技合一,强调人与外部世界的和谐与适应,过分偏执于此,则会忽视人与自然的差别、冲突,缺乏一种个人命运与外部世界的悲剧性紧张与忧患意识,缺乏现代社会发展所必需的怀疑批判精神和征服世界、改造世界的进取精神,消磨人们锐意进取的意志和改革现实的主动性,从而也失去科学发展的动力。

必须指出的是,这里所言的缺乏有效的科技发展的动力机制,是与西方传统相比较而言的。事实上,传统科技文化曾经指导和推动中华民族科技走向一个个辉煌。

(4)缺乏有效的科技发展的理性工具

中国传统科技思想文化中缺乏一种有效些促进科技发展的理性工具。韦伯曾经指出,中国传统文化的理性是一种“实质理性”(Substantive Rationality),而不是形式理性(Formal Rationality),即只注重内在的价值判断,因人而定来处理问题,缺乏一种明确清晰的逻辑边界,没有一种确定的可操作的方法和程序系统。也就是说,传统文化注重内在的精神价值,忽视对操作性技艺的追求,而科技的发展需要的是 种形式化、程序化、重事实、可操作的理性,即形式理性,这恰恰是传统文化中非常缺乏的内容。

如传统数学以实用为前提,其尖端成就始终与天文学高度发达的测天技术和大规模的测天活动为伍,长期为天文学的附庸,最终服务于历法的改进,以至形成一门综合性的“历算之学”,其特点是重应用轻理论、重算不重证,含有过多的直觉和经验成分。不仅在量之间进行推导和运算方面缺乏内在逻辑,未能形成严密的演绎体系,而且始终没能使用抽象的符号形式,一直用模糊有歧义的汉字符号来叙述各种运算,这就妨碍了数学发展成为公理化的、纯理论性科学。中国传统科学容忍思想的模糊性和认识的不精确性,究其原因,很大程度上在于中国传统数学和逻辑存在着严重缺陷。因此，我国传统科技伦理文化重实质理性，轻形式理性，致使中国古代虽然拥有先进的技术却没能形成一套完整的科学体系，导致了中国在科技发展的开始阶段就已先天不足。

(5)理论内容和实践方式的局限

中国传统科技思想作为农业文明的产物，它是为了解决当时人与自然的矛盾而展开的，由于农业文明的一般局限，它的理论内容和实践方式都存在着突出的局限性。

从理论内容上看，传统科技伦理文化具有两个不足：(1)理论内容深度不够。虽然传统科技伦理的理论视域比较开阔，几乎涉及了古代科技伦理应该涉及的方方面面。但除了医学伦理发展比较成熟、技术伦理的批判性相对深刻、生态伦理的思考相对有洞见外，一般都是偶尔闪亮的科技道德之光，没有进行深入细致的研究，表现为朴素的思想和天才的猜想。(2)逻辑体系杂乱无序。尽管传统科技思想内容十分丰富，在这一点上可以和其他任何民族媲美，但是它没有形成比较系统的逻辑体系。它不像传统伦理思想那样，经过了世世代代思想家的凝练和提升，体系完善，逻辑严密，而是散见在历史典籍之中。

从实践方式看，作为人类解决农业文明时代的科技与道德问题的传统科技思想，也表现出在科技伦理实践方面的作用限度。例如，传统科技伦理以道义论为核心的“天人合一”观，导致它对自然的研究主要是为了仁义道德寻找理论依据，就像中世纪对自然的研究是为了证明上帝的智慧一样，与现代工业文明的要求撇开伦理研究自然的经验主义和科学主义相矛盾。又如，在人类对待自然的道德实践方面，中国传统科技伦理并没有形成一整套合理约束人们行为的科技伦理规范，从而有效地调节人们对待自然的行为。它除了统治者的法令之外，主要是依赖个人的道德修为，以自律的形式来实现对自然的改造。但是个人的静思默想、参悟、亲征等修持活动，只能使少数具有上根资质和悟性的人才能达到天人合一的境界，而不能使芸芸众生超凡入圣，深入它有助于人们提高自己的生存境界，克服物质消费和精神需要的失衡，减少人类因过度消费导致的环境破坏，但是它对于改变当代天人失和的现实状态，其作用严重缺乏群众基础，因而也是非常有限的。

2. 近代西方科技文化传统特点

西方近代科学于1543年诞生于文艺复兴的发源地意大利，就有其深刻的社会文化因素，这些社会文化和制度因素主要包括：古希腊深厚的、丰富多彩的自然哲学思想和学院式知识研究传播体系为近代科学的诞生和发展提供了优良土壤或坚实基础；古罗马的文化和制度安排；在文艺复兴运动中被一再弘扬的人文主义精神是近代科学诞生的催化剂；基督教鼓励基督徒研究上帝的创造物——自然界，以便更好地认识上帝；西方哲学中一贯的“主客二分”思想促使实验方法的诞生和普遍运用，而这为促进科学的发展与创新提供了强有力的体制安排和工具。

(1)古希腊深厚的自然哲学是近代科学的坚实基础

古希腊文化的一个鲜明特点就是自然哲学非常繁荣，古希腊哲学家几乎都是自然哲学家。最早的米利都学派的三个代表人物泰勒斯、阿那克西曼德、阿那克里米尼都是自然哲学家，其后的毕达哥拉斯学派、亚里士多德的逍遥学派、芝诺的斯多亚学派、伊壁鸠鲁学派等也几乎全都是自然哲学学派。克塞诺芬尼、赫拉克利特、巴门尼德、芝诺、阿那克萨哥拉、恩培多克勒、德谟克利特等著名哲学家都有专门的论自然的著作问世，尤其像亚里士多德的《物理学》，留基伯和德谟克利特的《大宇宙秩序》、《小宇宙秩序》，伊壁鸠鲁的《物理学》，已经建立起了具有严谨逻辑结构的、完整的自然哲学理论体系。

古希腊自然哲学的繁荣应归功于古希腊人热衷于认识自然界，揭示自然界奥秘的价值取向。古希腊人把认识自然界看作是最有价值的学术活动，正如亚里士多德所说：“显然，他们是为了求知而从事学术活动，并无任何实用目的。”在他看来，“求知是人类的本性”。[①] 因而人们为了摆脱对自然现象，尤其是对像火山爆发、地震、洪灾、瘟疫、疾病、日月星辰、纷繁复杂的物质形态这些常见的自然现象的无知，就必须认识自然界，对各种自然现象进行试探性解释。

古希腊人热衷于探索自然界的价值取向以及多种多样的自然哲学思想为文艺复兴后近代科学的诞生及其发展奠定了坚实的基础：哥白尼的“日心说”几乎是阿利斯塔克“日心说”的复活，现代原子理论和基本粒子理论显然是留基伯、德谟克利特原子论的延续，亚里士多德对时间、空间、运动、静止、位移和力的研究无疑为伽利略、牛顿的运动学和动力学提供了借鉴，而欧几

① 亚里士多德. 形而上学[Z]. 北京：商务印书馆，1959.

里得几何学不仅是笛卡尔的解析几何，罗巴切夫斯基、黎曼的非欧几何的前奏，并且为整个西方科学如何构造简单的、逻辑上自洽的理论体系树立了光辉榜样。今天，我们可以毫不夸张地说，没有古希腊丰富的自然哲学思想，就不可能有近代科学的诞生及其发展。

(2)古罗马的文化和制度安排

欧洲古代文化的另一个重要组成部分是罗马文化，罗马文化深受希腊文化的影响，但它同时也形成了自己独特的文化：第一，在政治上，施行共和政体与法律制度。古罗马采取由选举产生国家官吏的共和政体，设有元老院和平民大会两级议会机构，而且还形成了法律诉讼制度。古罗马把这些制度推广到自己的领地，奠定了西方民主共和制的基础。民主体制对促进杰出的人物轻松而正派地显露出来起到了决定性的作用。第二，在语言上，罗马人借用和修改了希腊字母来拼写自己的语言，形成了对世界语言影响最大的字母系统——拉丁字母，后来成为法语、意大利语和西班牙语的基础。拉丁语后来被推广到世界各地，成为古代的国际语言。第三，在科技上，注重实用工程和崇尚实用的精神。他们的建筑技术非常发达，但理性思辨的成果却比较少。古罗马的这些文化特色同古希腊文化相互补充，形成了希腊—罗马文化结构，产生了许多科学家，取得了相当大的科学技术成就。

(3)人文主义精神为近代科学的诞生扫清了思想障碍

众所周知，欧洲文艺复兴运动的核心是人文主义，人文主义的主旨是鼓吹个性解放和人的自由，崇尚理性，摒弃神启。随着文艺复兴运动和宗教改革运动的深入，追求思想解放、追求个性自由、追求人权、崇尚理性、探寻真理之风在整个欧洲大地上蓬勃兴起。经过这一场持续了大约300年的轰轰烈烈的追求思想自由运动的洗礼，近代科学诞生的思想障碍被彻底扫除了。正如丹皮尔所说："但人文主义者毕竟为科学的未来的振兴铺平了道路，并且在开阔人们的心胸方面起了主要作用。只有心胸开阔了，才有可能建立科学。假如没有他们，具有科学头脑的人就很难摆脱神学成见的学术束缚，没有他们，外界的阻碍也许竟无法克服。"①很明显，丹皮尔把西方近代科学的诞生归功于人文主义解放了人的思想，使人们挣脱了宗教神学成见的枷

① 丹皮尔．科学史[Z]．北京：商务印书馆，1975：157.

锁,因而可以自由地进行科学探索。对此,罗素也指出:“文艺复兴思想家们再一次强调了以人为中心,在这样的思潮中,人的活动应当以其自身价值而受到重视,科学的探索因此也开始以新的惊人步伐向前迈进。”①

如果说古希腊丰富多彩的自然哲学思想为西方近代科学的诞生奠定了坚实基础,那么文艺复兴运动的人文主义精神则为促进西方近代科学的诞生注入了超强的催化剂。人文主义精神对西方近代科学的诞生所起的作用主要表现在以下几个方面:

第一,人文主义精神为近代科学奠定了思想基础。中世纪人们的思想被深深地禁锢在教会和神职人员的思想控制的桎梏中,人们的任何思想和言行都必须符合他们对宗教教义的解释,否则就属于异端邪说。文艺复兴中人文主义精神的弘扬促使人们把研究问题的注意力从天上转到地下,从神转到人,从注重上帝与人之间的关系转到人与人之间的关系和人与世界之间的关系。这样一来,在人文主义思想的推动下,古希腊人的那种注重研究自然界奥秘的传统得到了全面继承和发扬。探索自然界不仅成为合法,而且成了人们热衷的事。

第二,人文主义精神培养了近代科学的奠基人。英国学者布洛克指出:“人文主义的中心主题是人的潜力和创造能力。但是这种能力,包括塑造自己的能力,是潜伏的,需要唤醒,需要让它们表现出来,加以发展,而要达到这个目的就是教育。”②正是在人文主义思想的影响和激励下,欧洲从13~15世纪陆续办起了许多世俗学校,这些学校的主要目的是培养能够适应社会、能够为社会服务的各种有教养的人。在这些世俗学校里,人文主义思想教育占有重要地位。正是在教育的目的就是把每个人的创造性潜能都充分挖掘出来加以现实地发展这种人文主义教育理念的直接影响下,13~15世纪创办的世俗学校不仅培养出了大量艺术家、哲学家、思想家、政治家、历史学家,同时也培养出了一大批一流科学家。现在我们看来,如果没有人文主义传统在西方的全面继承和发扬,就不可能有近代意义上的学校和教育,当然也就不可能诞生出像哥白尼、达·芬奇、伽利略、开普勒这样近代科学的奠基人;而没有这一批近代科学的奠基人,近代科学的诞生当然就是一句

① 罗素. 西方的智慧[Z]. 北京:文化艺术出版社,1997:362.

② 布洛克. 西方人文主义传统[Z]. 北京:三联书店,1997:45.

空话。

第三,人文主义精神为近代科学的诞生营造了良好的学术氛围。对于学术研究而言,自由平等地相互争鸣、质疑、批判极为重要,因为不同理论和学说之间的自由平等争鸣,可以导致学术上的优胜劣汰,从而有助于正确理论的脱颖而出,错误理论被人们所否定。这无疑会极大地丰富学术研究、推动学术进步。近代以来,西方国家之所以在哲学、政治学、经济学、教育学、社会学、自然科学各学科领域提出了一个又一个的新理论、新学说、新观点、新思想,其主要原因就是由于西方国家能够平等自由地提出个人的学术观点,自由地表达言论,自由平等地进行相互争论。而这又不得不归功于人文主义的影响。西方人文主义传统从文艺复兴到21世纪的几百年时间里,尽管经历了许多变化,但是有一点却是一贯的,这就是自由主义。自由主义既是人文主义的一贯传统,也是人文主义精神的核心,因而它对西方社会的各个领域所起的作用也最直接、最明显、最重要。从世界科学中心转移的过程和原因看,我们有充分理由相信,开放的民主政治制度和宽松自由的学术氛围是促进科学繁荣的重要条件,而这些正是人文主义精神所结出的果实。

(4)实验方法的诞生和普遍运用

在古代科学还未真正独立地成为人们认识自然界的一种活动时,它以一种潜在的形式被包容在自然哲学体系中,系统的实验方法还未诞生,因而作为对自然界抽象地、总体地、思辨地、笼统地解释的自然哲学和对自然界具体地、精确地、分门别类地解释的科学都无法得到经验的严格检验。但当文艺复兴后伽利略发明了用系统的实验方法对科学知识进行严格检验,因而科学成为"实证知识"时,西方近代科学就完全脱离作为"形而上学"的自然哲学体系,走上了独立发展的道路。

实验方法的普遍运用不仅促进了近代科学的独立,而且也极大地推动了近代科学的迅猛发展,因为通过实验人们不但可以获得大量系统的、精确的、典型的、定向的科学事实,从而为科学研究提供高质量的感性材料,而且还可以对科学假说进行严格检验。很显然,如果没有实验方法,近代科学将寸步难行;如果没有实验方法,近代科学实际将成为不可能。

3. 中西科技文化传统的碰撞与融合

从以上的分析可以看出,与基于工业文明基础上产生的科技相比,传统中国农业文明社会价值体系在科技价值观、技术主体的地位、技术主体之间的关系以及在科技伦理与政治制度之间的关系上存在着重大差别。具体表现在以下几个方面：

第一，从科技价值观上看。农业文明时代的劳动者以农民为主，以手工业者（工程师）为辅；而在工业文明时代，劳动者以工程师为主，农民退居次要地位。也就是说，在农业文明时代，技术主体的数量和规模远远小于工业文明时代。同时，在农业文明时代以犁、水车、石磨为代表的劳动工具在生产过程中发挥作用还极其有限；而在工业文明时代，以蒸汽机为代表的劳动工具在生产中发挥了极大的作用。技术的神力改天换地，人们“可上九天揽月，可下五洋捉鳖”，技术的作用被放大成为人们崇拜的对象，这样，在科技价值观上的分野就形成了：农业文明时代容易产生轻视技术的观念，而工业文明时代容易产生崇拜技术的观念。

第二，从人在技术中的地位看。与前述相联系，在农业文明时代，儒家科技思想适应了封建社会科学技术发展的需要，社会系统的目标价值体系决定了技术发展的目的性，基本上反映了地主阶级的科技利益，奠定了封建社会科技思想的基础。但儒家在重义轻利的道德原则背景下形成了“轻技重道”的文化传统。这种文化传统必然与今天科学技术的发展要求有抵牾。

传统文化和制度安排的差异使科技主体的主观能动性没有充分发挥。从近代工业文明的发源地英国的历史来看，即使是在黑暗的中世纪，他们所谓的“封建”制度也跟我们所理解的“封建”制度存在重大差异。英国式的封建制度安排实际上是君主与贵族分权制，庄园贵族在自己的领地拥有行政和法律权利，君王和贵族各司其职。公元1215年约翰王与贵族协商后颁布的法典《大宪章》充分表明了这一点，《大宪章》中最显著的两条：第一条是国王必须公正地对待每一个人；第二条是如果法律没有判处一个人有罪，国王也没有权力干涉。契约和法律的精神注入英国人的血液，21年后国会的成立完善了这一制度安排，即王在议会，王在法下。尽管这一制度在以后的发展中出现了几次反复，比如1619年，查理一世也搞过“君王神授”，但最终走向了断头台，“光荣革命”以后更加突出了君王由“神授”改为“民授”这一特点。1688年以后君主立宪制逐渐确立，人文精神深入英国人的骨髓，“自由、平等和博爱”等普世价值得到加强，为工业革命和走进现代作了充分的准备。人文精神和由此产生的制度安排激发了个体创新和创造的能力，文艺复兴以来奠基的现代科学和技术优势充分发挥出来。最明显的一个例子就是这种制度安排下诞生的专利制度,英国早在16~17世纪已形成专利制度,18世纪专利制度已经比较完善。美国前总统林肯讲过一句精彩的话:专利制度就是给天才之火浇上利益之油。人生而平等的价值观,与民可使由之不可使知之的价值观,与诗经中“普天之下莫非王土,率土之滨莫非王臣”的价值观作比较,普世价值观更接近人性本质,更符合时代气息。

现阶段形成的科学发展观体现了科学与人文两种文化,科学主义和人文主义两种思潮的统一。科学发展观“坚持以人为中心,认为人的发展才是发展的目的”。传统发展观是“人文关怀”缺失的发展观,它所关注的是“如何发展得快”,对于“怎样的发展才是符合人的发展”这样一些具有价值观意义的问题则没有给予考虑。正如美国学者威利斯·哈曼指出的那样,在传统发展观的支配下,虽然人们在解决“如何”一类问题上相当成功,使发展的速度越来越快,但与此同时,对“为什么”这种具有价值观含义的问题却变得模糊起来,迷失了发展的方向。

在传统发展观的支持下,人们片面运用科学技术的成果,造成生存环境的破损,从而也引发了哲学上的人类中心主义和非人类中心主义的争论。但是,“人们对于善待地球没有争论,争论在于如何分析产生这种严峻形势出现的思想根源,用什么思想为指导来解决这个问题”。党的十六届三中全会提出的科学发展观尽管是针对环境问题提出的,但它却蕴涵了科学主义与人文主义的统一,因为它既坚持科学精神,又倡导人文关怀。对于科学发展观可以从四个方面来认识,即人本、全面、协调、持续。其中,人本是核心,全面、协调、持续是人本派生出来的。人本体现的是人文精神,体现的是对人的主体地位的认识,对人的利益和价值的肯定和尊重。全面、协调、持续反映的是科学理性,只要人类社会前进的步伐不停止,就一刻也不能停止对世界的改造。科学与人文两种文化,科学主义与人文主义两种思潮,在科学发展观的旗帜下完全可以统一起来。只要我们牢固树立和落实科学发展观,科学与人文就一定能够走向融合。

社会系统价值观的影响,技术工具发挥作用的空间还相当有限,技术推动社会进步的魔力还没有充分展现,生产效益的提高主要依靠劳动者自身,因而技术主体的地位相对较高;而在工业文明时代,由于技术在生产中作用的提高,人力的作用相对下降,因而自然会形成轻视人力的科技伦理观念。

第三,从技术主体之间关系看。在中国农业文明时代,技术主体主要处在单个的、家庭式的手工作坊中从事技术活动，在家庭或家族利益共同体中，技术诀窍可以代代相传，而对外必须进行技术保密，这样技术的外传和协作成为稀有之物，西方工业文明前夜学院式的知识传播体系没有得到建立，因而技术主体之间产生了以竞争为主、以合作为辅的相互关系；而在工业文明时代，技术主体处在大规模的企业或企业集团内部共同进行生产活动，在企业内部，技术主体之间是协作关系，在企业外部技术主体之间虽然存在竞争关系，但由于凭借技术的有偿转让或互利而使合作也变为可能，这样技术主体之间就形成了竞争与合作并重的相互关系。

第四，从科技伦理与政治关系看。在农业文明时代，政治制度与科技之间存在着一定的关系，一定程度上制约科技的发展。在中国传统农业文明中，封建专制制度占统治地位。封建地主阶级为了维护其宗法专制统治，将一些虚妄的知识和非人道的行为作为维护封建伦理纲常的手段。

而在工业文明时代，由于科技的进步，科技在政治社会中的作用的加强，政治制度与科技之间的关系变得更加紧密。以生态伦理为例，在工业文明时代，无论是国际政治组织还是各国政府都对生态伦理给予了重视。自工业革命以来，许多国家就开始在环境保护方面进行立法。英国从 19 世纪初就陆续出台了一些环境法规。表明国外很早就重视用法律来规范和引导工程技术人员的环境行为。我国从 20 世纪 90 年代至今，才陆续制定和颁布了《环境保护法》、《环境影响评价法》、《水污染防治法》、《固体废物污染环境防治法》、《环境噪声污染防治法》以及《建设项目环境保护条例》等，建立了环境保护责任制度，明确了政府、企业和个人的环境法律责任。1992 年里约热内卢召开的联合国环境与发展会议上，将可持续发展确立为人类社会的共同发展战略，在世界各国引起强烈反响。由此可见，工业文明时代，政治制度对科技发展的目标性的干预明显加强了。

正是在中西方文化不同科技思想和科技文化的碰撞和融合下，科技北京理念应运而生。科技北京建设不仅注重科技发展，也注重人文关怀，注重作为科技发展的主体“人”的作用和培养。同时，也对环境污染等相关问题给予了充分的关注，使科技北京不仅成为科技和经济发展的推进器，更是实现人的全面发展的助力手。

六、科技北京是对科学发展观的实际应用

可以这样说，科学发展观是中国共产党在更高层次上对马克思主义科学观的回归，是马克思主义科技思想在当代的最新发展。科学发展观是我国经济社会发展重要指导方针，是发展中国特色社会主义必须坚持和贯彻的重大战略思想，是中国共产党关于发展的本质、目的、内涵和要求的总体看法和根本观点，是对社会发展规律的科学把握。

科技北京理念是对科学技术社会化与社会科学技术化这一知识经济社会发展的本质特征的正确认识，是深入贯彻落实科学发展观，尊重科学，遵循“科技是第一生产力”客观规律，按照客观规律办事的具体表现。科技北京理念运用科学发展观，在把握科技与经济社会发展的关系中，充分认识人的全面发展是经济、社会发展的根本目的和基础，也是衡量发展的核心指标。科技北京不仅仅包含在物质层面（经济发展的动力源）上科技与经济的互动关系，更重要的是科技北京更加注重科学价值观、科学精神对人的精神塑造、对人的全面发展以及对社会进步的促进作用。

1. 科学发展观的内涵和基本要求

科学发展观的深刻内涵和基本要求是：

——坚持以人为本，就是要以实现人的全面发展为目标，从人民群众的根本利益出发谋发展、促发展，不断满足人民群众日益增长的物质文化需要，切实保障人民群众的经济、政治、文化权益，让发展成果惠及全体人民。

——全面发展，就是要以经济建设为中心，全面推进经济建设、政治建设、文化建设和社会建设，实现经济发展和社会全面进步。

——协调发展，就是要统筹城乡发展、统筹区域发展、统筹经济社会发展、统筹人与自然和谐发展、统筹国内发展和对外开放，推进生产力和生产关系、经济基础和上层建筑相协调，推进经济建设、政治建设、文化建设、社会建设的各个环节、各个方面相协调。

——可持续发展，就是要促进人与自然的和谐，实现经济发展和人口、资源、环境相协调，坚持走生产发展、生活富裕、生态良好的文明发展道路，保证一代接一代地永续发展。

科学发展观的第一要义是发展，核心是以人为本，基本要求是全面协调

可持续发展。这三个方面相互联系、有机统一,其实质是实现经济社会又快又好发展。

坚持以人为本,全面协调可持续发展,这是科学发展观的深刻内涵和基本要求。而要实现这一点,就必须大力发展科学技术、增强科技自主创新能力。科技自主创新能力的薄弱,愈益成为制约我国经济社会健康发展的瓶颈,妨碍我国经济结构的调整和经济增长方式的转变,使我们付出更大的资源、环境代价。只有把科学技术真正置于优先发展的战略地位,大力增强国家的自主创新能力,建设创新型国家,才能在国际竞争中抢占先机,牢牢把握发展的主动权,这也是科技北京建设的首要任务。

2. 科学发展观的核心

科学发展观的核心是坚持以人为本。以人为本,就是以实现人的全面发展为目标,从人民群众的根本利益出发谋发展、促发展,不断满足人民群众日益增长的物质文化需要,切实保障人民群众的经济、政治和文化权益,让发展的成果惠及全体人民。科学发展观强调的以人为本,这个“人”,是人民群众,这个“本”,是人民群众的根本利益。以人为本是发展的目的,以经济建设为中心是达到这个目的的手段。在经济发展的基础上,不断提高人民群众物质文化水平和健康水平;尊重和保障人权,包括公民的政治、经济、文化权利,不断提高人们的思想道德素质、科学文化素质和健康素质;创造人们平等发展、充分发挥聪明才智的社会环境,妥善处理人民群众根本利益和具体利益、长远利益和眼前利益的关系,就能使广大工人、农民、知识分子和其他群众越来越充分地享受到经济和社会发展的成果。①

以人为本这一科学发展观的核心在三大北京理念中得到充分体现。三大北京理念作为指导北京经济社会发展的理念体系,三者相互联系不可分割。人文北京建设是未来新北京经济社会发展的目标,也是三大北京理念中的核心。以人为本不仅体现在人文北京的建设中,同时在科技北京与绿色北京中也充分体现着深切的人文关怀。在科技北京理念中,在处理科技与经济社会发展的互动关系中,以人的全面发展为根本目的,所以科技北京不仅仅包含在物质层面上(经济发展的动力源上)科技与经济的互动关系,

① 人民日报评论员.深刻理解科学发展观的精神实质——二论树立和落实科学发展观[N].人民日报,2004-03-25.

更重要的是科技北京还包括了科学价值观、科学精神对人的精神塑造、对人的全面发展以及对社会进步的促进意义。另外,科学发展观以辩证唯物主义和历史唯物主义为理论基础,崇尚尊重客观规律、按照客观规律办事的原则,坚持科学发展原则,这些原则正是科技北京理念所遵循的基本原则。

3. 科学发展观的本质

科学发展观的本质是实现国家发展战略的整体构想,即既从经济增长、社会进步和环境安全的功利性目标出发,也从哲学观念更新和人类文明进步的理性化目标出发,全方位地涵盖“自然、经济、社会”复杂系统的运行规则和“人口、资源、环境、发展”四位一体的辩证关系,并将此类规则与关系在不同时段或不同区域的差异表达,包含在整个时代演化的共性趋势之中。

从科学发展观的本质出发,科学发展观具有三个最为明显的特征:

其一,它必须能衡量一个国家或区域的“发展度”。发展度强调了生产力提高和社会进步的动力特征,即判别一个国家或区域是否在真正地发展、是否在健康地发展、是否在理性地发展,以及是否在保证生活质量和生存空间的前提下不断地发展。

其二,是衡量一个国家或区域的协调度。协调度强调了内在的效率和质量的概念,即强调合理地优化调控财富的来源、财富的积聚、财富的分配以及财富在满足全人类需求中的行为规范。即能否维持环境与发展之间的平衡、能否维持效率与公正之间的平衡、能否维持市场发育与政府调控之间的平衡、能否维持当代与后代之间在利益分配上的平衡。

其三,是衡量一个国家或区域的“持续度”,即判断一个国家或区域在发展进程中的长期合理性。持续度更加注重从“时间维”上去把握发展度和协调度。建立科学发展观的理论体系所表明的三大特征,即数量维(发展)、质量维(协调)、时间维(持续),从根本上表征了对发展的完满追求。

第二章 科技北京理念的内涵

“人文北京”、“科技北京”、“绿色北京”是科学发展的有机整体，“人文北京”是对城市主体——城市人和人的文明状态的描述，是人的主体地位和城市文化的集中体现；“人文北京”是可持续发展的目的，也是拉动城市不断发展最基本最重要的内在动力；“科技北京”描述的是以科技创新为核心的创新系统及其不断创新与城市经济社会系统之间的关系，不断的科技创新是支撑和推动人文北京目标实现的基础和手段，没有持续不断的科技创新，城市的主体“城市人”可持续的发展就会是一句空话；“绿色北京”理念是对人与环境之间的和谐、互动状态的描述，是对人减少对环境的负面影响、维持良好的城市新陈代谢和持续发展状态的表述。人与自然的和谐是人健康持续发展的基本条件与前提，如果没有这个前提，人的可持续发展就失去了基础，所以说“绿色”是推动可持续发展的保障。

由此可以看出，“人文北京”、“科技北京”与“绿色北京”的建设具有内在一致性。其中，“科技北京”是“人文北京”和“绿色北京”得以最终实现的基础和具体途径，“人文北京”、“绿色北京”是新的时代背景和全球经济发展新趋势下，对“科技北京”提出的新的理论指导和具体要求，同时也是“科技北京”得以顺利实施的结果和终极目标。三个北京的建设既是在首都工作中贯彻落实科学发展观的战略任务，也是今后一段时期首都发展的基本方向。

鉴于此，“科技北京”概念的界定及其内涵与“人文北京”、“绿色北京”有着极为密切的关联。本章将结合“人文北京”、“绿色北京”的相关理念，从科学、技术和北京三个关键词及其关系入手，对科技北京的概念进行界定，之后以“一个核心”和“三个标志”为着眼点，展开对“科技北京”概念内涵的具体诠释，在此基础上进一步总结和提升“科技北京”的本质属性。

一、科技北京概念界定

1. 科技北京概念界定依据

科学发展理论、新经济增长理论、STS理论是科技北京内涵研究的主要理论支撑。其中，科学发展观集中反映了以人为中心的可持续发展思想，该思想以提高人的生存质量为核心，使人与自然的关系、人与环境的关系、人与人的关系不断优化，经济效益、社会效益和生态效益有机协调，从而使社会发展获得可持续性。新经济增长理论比较系统而科学地揭示了科技创新与经济增长的关系，认为科技进步是经济增长的源泉，同时也是内生于经济系统的一个变量。STS理论是关于科学(Science)、技术(Technology)与社会(Society)的研究，它探讨和揭示了科学、技术和社会三者之间的多维复杂关系，研究科学、技术对社会产生的多方面影响。上述理论研究所揭示的科技和社会进步与经济增长之间的关系及其发展演变规律对于科学界定科技北京内涵提供了有力的理论支撑。

科技北京是由“科学”、“技术”与“北京”三个名词组合而成的新概念，这一概念反映了科学、技术与北京的关系，在这一核心关系中又包含了科学与北京、技术与北京以及科学与技术之间的多元关系。依据STS的研究成果，尽管科学与技术存在本质区别，但是科技一体化、科技社会融合化已经成为当代科技和社会发展的基本趋势。科学、技术更多地作为一个整体以“科技”的面貌出现，与社会发展的各个要素发生联系。科技要素对城市系统的影响不仅体现在器物层面，推动社会生产方式的变革、推动社会生活方式的变革，同时在制度层面推动社会管理方式的变革，在精神层面推动人类思维方式的变革。这就要求我们在界定科技北京内涵时，要充分体现科学与技术对社会影响的层次性、广泛性与深刻性，更要突出科技对城市主体——人的影响。

从城市共性的角度分析，北京城市作为一个复杂巨系统，不仅是经济体还是社会体和环境体，科学技术与北京的关系不仅包括科技与经济发展的关系，还包括科技与社会进步的关系以及科技同生态环境健康发展的关系。

用联系的观点看待科技与北京的关系,科技北京不仅包括科学技术对北京经济社会环境发展的影响,还包括经济、社会、环境对科学技术发展的影响的双向关系。所以理解科技北京,不能仅从单一纬度、单一方向、单一内容理解,必须从科技与北京、北京与科技发展的双向关系上,从科技与经济、环境、社会多纬度上全面分析。

从首都城市的特性出发分析科技与北京的关系,北京科技创新体系的特殊地位,决定科技北京建设不仅关系到北京城市自身的发展,还会对周边地区的发展模式、国家创新体系建设甚至我国科技创新体系在国际的地位产生极大影响。这就使得我们在界定科技北京内涵时不仅要从科技北京内部结构分析其内涵与本质,还要从科技北京与外部环境的关系入手分析其功能定位与特性。首都北京科技创新体系在区域、国家、国际上独特的功能决定了科技北京的独特性质和地位,以及与其他科技城市建设的区别。

2. 科技北京概念表述

我们认为科技北京可以这样概括:

科技北京包含三层意思:一是,在首都城市发展中充分发挥科技资源优势,将科技创新深入社会运行的每个环节,使科技创新成为城市发展的内在的根本动力,使北京的经济持续发展、社会的进步与环境优化建立在科技创新并实现产业化的基础上,进而实现北京的科学发展;二是,依靠科技创新加快经济结构调整和经济发展方式转变,切实把经济发展转变到依靠科技进步、劳动者素质提高、管理创新的轨道上来;三是,通过完善科技创新、成果转化机制、科技资源市场配置机制、人才凝聚与成长发展机制、科技管理创新机制等,营造良好的创新环境,推进自主创新,源源不断地产出高水平的科学发现与技术发明,为创新型国家建设提供强大动力。

科技北京具体包含以下几层关系:

第一,科技北京要以实现城市的科学发展为出发点。科学发展是科技北京的核心。首先,依靠科技创新带动经济结构调整和经济发展方式转变是科学发展的前提;其次,将科技创新深入社会运行的每一个环节,使科技成为首都城市发展的内在的、根本动力;最后,使北京的经济持续发展、社会演进与环境优化建立在科学技术有所突破并实现产业化的基础上,实现科技进步与经济、环境、社会的全面、协调、可持续发展是科学发展的目标。

第二,科技北京要以人和社会的全面发展为着眼点。首先,以科技文化建设为基础，将科学方法、科学信念、科学思想与科学精神渗透到北京社会中的每一个角落，为广大公众理解与接受，并内化为自觉的社会生活规范，以此带动人的科学素养全面提高，进而以人的现代化推动社会现代化发展；其次，推进科学技术在城市管理和建设中的应用，利用科技创新破解城市管理和建设中的重大难题，通过科技创新改善公众生活质量和提高生活水平，促进社会进步；最后，要以科技创新带动城市管理创新、制度创新，努力构建充满活力、富有效率、更加开放、有利于科学发展的体制机制。

第三，科技北京要以强化高端创新、强力辐射功能为着力点。充分发挥首都的科技、智力优势，以增强自主创新能力为出发点，提升知识创新、技术创新、产业创新和服务创新能力，以完善的区域创新体系为基础，发挥"国家科技极"高端引领、强力辐射的作用，将北京建设成为国际科技创新枢纽和全国新经济策源地，提升北京与全球资源对接，为创新型国家建设提供支撑的能力。

综上所述，可以看出科技北京有如下特征：第一，科技北京是一种理念，是符合科学发展观的、关于北京科学发展的理念；第二，科技北京是一个战略，是"人文北京、科技北京、绿色北京"三大战略的有机组成部分；第三，科技北京是一条途径，是经济结构调整以及发展方式转变的途径，是社会发展的途径，是人的全面发展的途径；第四，科技北京是一个目标，是科技进步，同时也是城市科学发展的目标。

以上是对科技北京概念进行的简要概括，下面将就科技北京概念的内涵进一步展开论述。具体说来，科技北京概念的内涵可以概括为"一个核心、三个标志"。其中，一个核心是"科学发展"，三个标志是"科技与经济的一体化"、"科技与环境协调化"、"科技与社会融合化"。这"一个核心、三个标志"是对科技北京概念内涵的具体阐释和生动体现。

二、科技北京的核心是科学发展

科技北京的核心是科学发展，包含三层递进的内容：第一，"发展"是科技北京的前提；第二，"科学发展"是科技北京的本质；第三，实现人与社会的全面发展是科技北京的目的。

1. 发展是科技北京的前提

发展是人类永恒的主题。作为理念，科技北京是关于发展的理念；作为战略，科技北京是关于北京发展的战略。发展是科技北京的前提，也是科技北京的根本和首要任务。

从哲学角度看，发展指事物由小到大、由简到繁、由低级到高级、由旧物质到新物质的运动变化过程。唯物辩证法认为，运动是物质的根本属性，而前进的、上升的、进步的运动即是发展。发展的本质是新事物的产生和旧事物的灭亡，即新事物代替旧事物。从经济学角度看，发展意味着从不发达的状态中解脱出来，发展实质上是一个摆脱贫困和实现现代化的过程。

在北京经济快速发展30年之后，谈发展问题具有十分重要的现实意义。首先，北京经过30年的快速发展，今后是否还能够保持以往的发展速度？其次，北京是否还需要继续快速发展？我们的回答是肯定的，一是北京未来一段时间内仍有可能以较高速度发展。二是北京今后需要继续以较高速度发展。这里用较高速度而不用快速主要是出于国内和国际两个方面的考量：一方面，经过之前的快速发展期之后，北京的经济已经进入相对平稳的增长期，增速有所回落。另一方面，尽管相对于自身来说增速放缓，但相对于国际其他国家同期的经济增长水平来说，北京的经济增长速度仍处于高位。因此，这里用较高速度来定义北京接下来的发展趋势。

(1)北京具有继续较高速增长的可能性

第一，北京发展势头强劲。北京市经济总量由改革开放初1978年的100.8亿元上升到2010年的13777.9亿元，按可比价格计算，年均增长率超过10.54%。21世纪以来，北京市地区生产总值增速继续增高，保持了11.74%左右的增长速度①(按1978年不变价计算)，显示出强劲的发展势头。

第二，按照部分国家的发展规律，北京有可能继续较高速发展一段时间。从人均GDP状况来分析，2009年北京市人均GDP是1978年的56倍，2002年人均GDP按2000年汇率折算为3437美元。2005年北京市人均GDP达到44969元，折合5457美元。2010年人均GDP已经超10000美元。按照世界银行在《2002/2001世界发展报告》中的划分标准，北京市社会生产

① 数据来源：主要依据北京市统计年鉴2010年和2011年北京统计手册的数据。

力发展处于世界中等偏上国家和地区的水平。从国外的经验看，一个国家或地区的高速增长期往往出现在人均GDP在3000美元左右，而且这一高速增长期大多会持续较长时间。如日本从1961到1973年保持了12年的高速增长，GDP年均增速达到9.8%；希腊从1961到1973年平均7.7%的增长速度保持了12年；截止到1994年，韩国的高速增长已持续了11年；新加坡与中国香港地区的高速增长期则达33年之久。北京人均GDP超过3000美元是在2002年，距今只有9个年头，按照各国发展惯例推算，北京经济继续保持一段时期的较高速增长是有可能的。

第三，北京经济已经初步走上良性发展轨道，为今后持续高速发展奠定了基础。从20世纪90年代开始，北京经济结构进入调整升级阶段，尤其是进入新世纪，这一调整步伐明显加快，至今已经初步形成可持续发展的良性格局，为今后一段时间的以较快速稳定发展奠定了坚实基础。

从1995年北京服务业增加值第一次超过地区GDP的50%至今，产业结构“三、二、一”格局已经根本确立。2010年北京服务业增加值占GDP比重已经超过75%。服务型经济格局为从根本上解决以往重化工业为主的发展格局带来的环境问题奠定了基础，这可以通过北京近些年相对能源消耗大幅降低的数据中得到印证：2000年万元GDP耗能1.31吨标煤，2009年为0.54吨标煤，下降了约60%。城市环境因产业结构的调整也得到改善，2009年二氧化硫排放量为2000年的53%，化学需氧量的排放为2000年的55%，空气好于二级以上的天数从2000年的177天上升到2010年的286天，这些都为北京的持续快速发展奠定了基础。

(2)北京保持较高速度发展的必要性

北京未来不仅具有继续保持较高速度发展的可能性，也具有发展的必要性和紧迫性。

第一，服务经济时代来临，服务经济大发展将会带动北京经济持续发展。经济服务化是20世纪末开始北京经济发展中最突出的特点。一方面，服务业占国民经济比重超过70%；另一方面，“工业等生产型产业内部的服务性活动发展与重要性增加，从而改变了这些产业单纯生产的特点，形成了生产—服务型体系。这反映出服务活动在经济领域的广泛渗透。”①经济服

① 夏杰长.迎接服务经济时代来临[M].北京：经济管理出版社，2010：50.

务化将为服务业发展带来又一次巨大的发展机会。尽管北京经济服务业已基本实现，但是全国经济服务化即将到来将为北京服务业的快速发展带来前所未有的机会。因为，不仅现代经济增长越来越依靠服务业的发展，同时服务业成为经济发展方式转型、实现可持续发展的重要支撑，服务业作为促进其他产业增长的过程产业，将在大发展中进一步强化商品生产推动力的作用，在刺激商品生产、促进其他产业发展的同时也为自身发展带来了新的空间。作为全国最先进入服务经济时代的城市，无疑全国服务经济时代的到来将对北京服务业发展带来极大的促进。

第二，北京科技资源优势将进一步转化为产业发展优势，促进北京持续高速发展。北京作为国家的科技资源中心，在创新型国家建设战略深入实施的背景下，国家科技扶持明显向北京倾斜，这不仅进一步完善了北京的科技体系，提高了北京科技服务的功能，也强化了北京科技资源优势向产业优势转化的基础，北京作为国家科技中心的战略地位要求北京必须保持高速发展带动全国经济持续发展。

从上面的论述可以看出，从改革开放 30 年来的发展趋势以及现有的基础来看，北京都具有继续以较高速度发展的可能性和空间。与此同时，作为首都，北京不仅是全国的政治中心，也是全国的经济和文化中心，担负着全国经济建设试点和带头人的重任，并且北京目前的各项发展还相对不够完备，因此仍需要加大力度促进北京的全面发展。

然而，我们也看到一些地区为了单纯追求 GDP 的增长而造成资源的滥用和环境的破坏，甚至是经济本身因为发展不均衡所导致的产业结构不合理等一系列隐患，决不能因为片面追求发展的高速性而忽略了发展的稳定性和持续性，更不能以牺牲资源和环境为代价换取暂时的高速发展，因此，科技北京最为首要的任务和最为核心的理念就是要科学发展。

2. 科学发展是科技北京的本质

科技北京是根据首都城市特点与时代需求，以科学发展观为指导提出的北京科学发展战略。其本质就是科学发展，即在科学发展观指导下，将科技创新作为城市发展的内在驱动力，以科技创新为龙头、市场为导向，促进产业结构由能源依赖型向知识驱动型的转变，实现以知识经济和绿色经济为主体的新型经济发展模式，同时注重全社会科学文明以及全民科学素养的提升，最终实现人和社会的全面发展。

(1)科技北京建设要以科学发展观为指导

其一,以辩证唯物主义为科学发展的指导思想。把辩证唯物主义的方法论贯穿到城市改革发展稳定的全过程中。辩证唯物主义的方法论就是要求在改革发展稳定的过程中充分运用辩证法的思想,就是牢牢地把科学技术当做第一生产力、第一建设力、第一管理力,就是卓有成效地把握经济社会发展的基本规律、科技创新的基本规律,就是少走弯路或不走弯路。

其二,以人的素质创新为科学发展的基础与根本。科技发展要坚持以人为本,其基本内涵是科技发展依靠人、科技发展为了人、科技发展服务人。时刻牢记经济发展的根本目的是满足人的不断增长的需求,人的发展是社会发展的核心和基础,没有人的发展,经济和社会发展就没有意义。既要高度重视科技人才的培养与引进,同时也要将普遍提升人们的科技素养作为重要任务,应特别强调科技创新与科技普及并重的方针,充分发挥政府和社会各方面的作用,使广大人民群众分享现代科技文明的福祉。并且人的发展要建立在人的素质不断创新基础上,既包括观念的创新,也包括知识的创新,还包括生活习惯与思维方式的科学和现代化,最终以人的科学素养的全面提升,带动人的现代化,以此支撑科技发展、社会进步。

其三,坚持在物质、制度与精神层面全面建设科技北京。科学技术在人类文明进程中的作用从来就不是单一的,科学技术作为社会生产力中的第一要素,推动人类社会的物质文明发展,同时科技文化作为第一文化力,推动着社会进步,引导着人类社会文明发展的方向。这要求我们不能仅仅从科学技术的工具性、实用性出发,功利主义地看待科技北京建设,仅仅将科技北京建设作为推进经济增长的过程,只在器物与物质层面建设推进科技与物质系统的融合发展,而忽略科技文明在制度与组织层面、价值与行为规范层面的建设与推进,这样的科技北京建设是不科学的、不完整的,也是不能持续的。

(2)科学发展要以城市发展的科技化为基础

城市的科学发展,是以经济系统的科技化为前提的。具体体现为城市产业结构的科技化与城市经济增长的科技化两方面。

1)产业结构的科技化

产业结构的科技化主要标志是基于高新技术的产业成为城市产业结构中的主体。在服务业中,形成以创新型服务业为先导,以现代服务业为主体的服务产业格局。这里有三个概念需要厘清：

第一，行业先导。所谓行业先导是指在行业发展中具有引导作用，以其快速增长拉动行业整体稳步发展，作为行业先导的产业往往处于产业技术生命周期早期、处于快速上升阶段，这些行业未来会成为行业的主体。

第二，行业主体。所谓行业主体，是指行业的主要组成部分，其增加值在行业中占绝大部分。

第三，创新型服务业。主要是指“以网络技术、信息通信技术等高新技术为支撑、技术关联性强，以服务为表现形态，服务手段更先进、服务内容更新颖、科技含量和附加值更高，且兼具高新技术产业和现代服务业优势的一种高端服务行业或服务业态”。[①] 创新型服务业是现代服务业的核心内容与高端环节，是现代服务业中增长最快、最具发展潜力的产业。主要包括以下几类服务业：第一类是由于技术进步而从高新技术产业分离形成的服务业形态，如软件产业、网络游戏、移动增值服务等；第二类是依托科技进步的生产性服务业形态，如研发、系统集成、技术交易、咨询、工业设计等新兴服务行业；第三类是科技、经济和文化融合而成的创意产业；第四类是其他服务行业通过高技术产业提升能力、质量和效率而形成的相对独立的服务业态，这种服务业态只在原来的服务基础上被赋予了新的发展内涵，如电子银行、电子商务、远程医疗、远程教育等。[②]

创新型服务业应成为科技北京服务经济中的主导。具体说来，通过强力促进科技创新转化，为创新性服务业发展奠定基础，促进该行业的产业增加值在地区生产总值中比率达到20%以上。按现有数据统计，2010年北京创新型服务业增加值占当年地区生产总值的8.4%。[③] 另外，要促进高新技术与现代服务业的融合，通过促进两者的融合构建制造业和服务业两条腿协调走路的发展模式。因为经过高新技术武装的生产性服务业往往更能发挥对制造业发展质量的提升作用，从而便利其改变增长方式，也会带动现代服务业增加值与服务效率的提高。

现代服务业是指在工业化比较发达的阶段产生的那些依靠高新技术和现代管理方法、经营方式以及组织形式发展起来的，主要为生产者提供中间

---

① 夏杰长，等．高新技术与现代服务业融合发展研究[M]．北京：经济管理出版社，2008：4.

② 夏杰长，等．高新技术与现代服务业融合发展研究[M]．北京：经济管理出版社，2008：6.

③ 数据来源：根据北京市统计局2011北京统计手册数据计算。

投入的知识、技术、信息相对密集的服务业,以及一部分传统服务业通过技术改造升级和经营模式更新而形成的现代服务业。现代服务业是北京服务业的主体,2010 年北京现代服务业增加值已经达到 6894.4 亿元,占当年服务业增加值比重为 66.74%,占 2010 年北京地区生产总值的比重为 50.0%,发展服务业对于北京经济的意义重大,但是增加现代服务业的比重,促使服务业与制造业形成良性互动关系,对于北京来说意义更加重大;实践发展证明,制造业与服务业良性互动的主要途径就是发展基于高新技术的现代服务业,通过促进高新技术与现代服务业的耦合,得到服务业与制造业双赢的结果。对于制造业来说,产业结构科技化在制造业上的具体特征就是基于高新技术的现代制造业成为制造业的主体,形成以高技术制造业为先导、以现代制造业为主体的产业发展格局。

这里需要强调的一点是,虽然应该大力发展创新型服务业,但是北京也要适度发展制造业,这是北京实现产业结构科技化的前提,原因有以下几点:

第一,北京适度发展现代制造业是国家对北京的产业定位。国家的 2004 年国务院批复的《北京城市总体规划》(2001—2020)中,对北京的产业发展定位为“加快发展现代服务业、高技术产业,适度发展现代服务业,积极促进农业产业化经营”,现代制造业重点领域是高端、高效、高辐射力的产业。

第二,适度发展现代制造业符合北京的首都城市功能定位。作为国家的科技创新中心,通过技术创新为本市、区域与国家的产业发展提供引领、支撑、提升作用是首都城市重要的功能定位,北京发展现代制造业应以高技术制造业为主导,优先发展高端、高效、高辐射的高技术制造业,通过技术服务与技术辐射,不仅解决自身的发展问题,也可以充分发挥首都科技创新体系在全国、区域、自身经济发展中的支撑、引领、提升战略功能定位。

第三,发展现代制造业是保持北京科技创新中心功能发挥的重要前提。现代制造业不仅是基于高技术发展起来的产业,同时也是高技术的基本载体,离开了现代制造业,高技术发展就没有了出口,高技术产业化就无法实现。北京作为全国的科技创新中心尤其是技术创新中心和研发中心,大力发展高技术制造业,适度发展现代制造业,不仅是确保区域经济增长,解决就业的需要,更是国家科技创新中心发展的需要,是科技创新成果产业化的需要。

与此同时，北京的制造业应是建立在高新技术的基础之上。应以现代制造业为主体，以高技术制造业为先导。首先，作为国家的科技创新中心、研发中心，北京要大力发展高技术制造业，它是高新技术产业化的主要载体，离开了发展高技术制造业，北京的科技创新成果转化就失去了基础，科技创新中心地位就难以为继。其次，部分高技术产业与知识创新源头存在相邻效应，这类产业往往总是会聚集在该产业技术创新源头地。例如，那些与知识创新联系紧密的、以科学知识为基础的产业，如电子信息产业，计算机设备产业，飞机和航天器产业，医疗、光学和精密仪器制造业，生物医药行业等行业，这些行业的技术发展快，产业带动效应突出，企业技术研发与前端知识创新、技术创新关系密切，甚至技术上的每一点进步都需要产学研之间的紧密协作。由于这些特征，这类行业往往更多地聚集在科技创新源头地，形成产学研一体化的创新集群。所以，借助北京的科技创新源头地位，发展此类高技术产业，就成为北京的一种责任。当然，由此也进一步凸现了北京不仅是国家的知识创新中心、技术创新中心，还是国家的产业创新中心。具体说来，通过建设科技北京，本市高技术制造业增加值应在地区生产总值中的比例大幅提高，在规模以上工业增加值比重应该达到30%，2009年这一数值仅为19.9%。① 在高技术制造业快速发展的基础上，带动现代制造业行业的整体提升与稳步发展。

2）经济增长的科技化

经济增长的科技化具体体现在以下四方面：

第一，基于科技创新的产业增加值占GDP的比重要超过70%。之所以要将此指标确定为70%以上，是因为在产业结构中，基于高新技术的各类产业主要是现代服务业和现代制造业，考虑到这些行业大多处于产业生命周期的前段，不仅具有较高的产业增长率，同时也具有较高的利润率水平，所以这些产业的增加值应该在北京地区生产总值中超过70%。2010年北京地区生产总值为13777.9亿元，其中现代服务业、现代制造业这两个基于高技术的产业增加值总和为7926.9亿元，占地区生产总值的比率为57.53%。将这两个行业增加值所占比重确定为70%以上是有能力实现的，也是科技

① 数据来源：根据北京市统计局编辑的2011北京统计手册提供的数据计算形成。

作为城市内在驱动力所要求的。

第二,企业成为科技创新的投入主体。判定是否真正实现了城市的科技驱动,最基本的制度安排应该是以市场为科技资源配置的基础,最关键的环节是企业真正成为自主创新的主体,最有力的证明就是企业的研发投入比例大大高于政府,成为科技创新投入的主体。企业作为市场经济的主体,既是消费需求产品的提供者,又是消费动向最敏锐的感知者、最有行动能力的实施者,是科技创新产业化链条中绕不开、离不了的关键节点,这一特殊地位是任何经济主体都不能替代的。所以,企业对研发的投入程度直接决定科技创新的前途。这就是业界和学界都十分关注企业研发投入这一指标的原因。

长期以来,北京作为国家的科技创新中心,聚集着大量的高校和科研机构,政府科技投入规模逐年增长,带动企业科技投入增长。但是,企业的R&D 经费一直大大低于政府所占的比例。始终没有超过社会 R&D 经费总额的 50%,仅仅在 40% 上下徘徊。(见表 2-1)据此可以看出,北京的企业创新尚未成为科技投入的主体。

表 2-1　北京地区 R&D 经费支出

	2005 年	2006 年	2007 年	2008 年	2009 年
R&D 支出(亿元)	**379.5**	**433.0**	**527.1**	**620.1**	**668.6**
占 GDP 比例(%)	**5.45**	**5.33**	**5.35**	**5.58**	**5.5**
政府资金比例	46.5	44.5	50.2	48.49	52.27
企业资金比例	42.3	38.9	39.9	41.3	37.71
其他资金比例	11.2	16.6	9.9	10.21	10.02

资料来源:北京市统计局,2011 北京统计手册;北京市科委、北京市统计局,科学技术指标 2009;北京市统计局,2010 年 R&D 资源清查。

科技北京建设要彻底改变这一投入结构,要将大力提升企业科技投入积极性作为科技北京建设的重要目标。企业作为市场经济的主体,其行为是市场导向的,企业是否要加大对研发的投入不直接取决于政府,企业行为选择的主要依据是企业能否通过研发投入在市场上获得更高收益。当前影响企业研发投入积极性的主要原因是:

第一,许多行业的市场竞争还处于较低水平,停留在拼成本、拼价格、拼宣传、拼规模层面,企业通过规模扩张、降低成本、加大宣传,就能获得市场赢利，所以企业觉得没有必要进行研发投入，形成了企业发展的规模扩张路径依赖。

第二，部分企业有研发的欲望，但是缺乏研发的能力，资金不足、人才缺乏、市场前景不明等。

第三，部分企业更加习惯追随模仿创新者，生产山寨版的“创新产品”，这类企业得不到有效处罚，也无法保护源头创新企业的利益，久而久之，企业创新的积极性将会受到影响。

第四，部分企业习惯于躺在政府身上，直接或间接依靠行政力量生存，如行政垄断企业、行业垄断企业（在中国行业垄断都与行政权力有关）及其围绕在这些大企业身边的小企业，这些企业垄断国内市场，依靠垄断就获得了高额利润，所以没有基于市场需求的创新的动力。从企业数量来说，这类企业数量不大。但从企业规模来说，此类企业大多为大型、中型企业，其对经济的带动作用强，与各行业、企业关联度大，所以对企业整体的研发投入影响也大。

综上所述，在北京，引导企业加大研发投入的关键是进一步完善市场经济体制、健全竞争机制、打破行政垄断、加强知识产权保护，为每一个企业创造真正公平竞争的机会和公平发展的环境，这是确立企业自主创新主体地位的前提和关键，没有完善、公平的市场经济体制作依托，不能以市场为科技资源配置的基础，企业的自主创新主体地位永远不能建立，科技创新驱动城市发展也不可能实现。失去了科技创新驱动，科技北京就会成为一句空话。

3. 绿色发展是科技北京可持续发展的保障和必然趋势

我国以科技创新为驱动力的经济转型取得了令世人瞩目的进展。近些年，中国一直是世界上经济增长最快的国家之一，同时也是世界上国内储蓄率（指银行储蓄额占 GDP 的百分比）水平最高的国家之一。然而，“多年计算的平均结果显示，我国经济成长的 GDP 中，至少有 18% 是依靠资源和生态环境的‘透支’获得的，这种代价至今仍存在于我们的经济发展之中”。①资源及生态环境的恶化，对我国国民财富的积累与国民财富的质量产生十分重大的影响。

---

① 朱家位．“绿色 GDP”与绿色会计［J］．经济问题探索，2003（1）：101－105.

环境问题是一个全球性问题，世界经济繁荣的背后，人类正面临着因繁荣而将遭受的毁灭性威胁，即生态环境的严重恶化。“国际金融危机催生新的科技革命，世界可能进入创新集聚爆发和新兴产业加速成长时期，绿色发展成为一大趋势。不少发达国家已出台‘绿色新政’，制定未来发展战略，大幅增加研发投入，支持新能源、生物医药、信息网络等领域创新发展。全球范围内，绿色经济、低碳技术等正在兴起，抢占未来发展制高点的竞争日趋激烈。”①世界正在经历农业、工业和信息化之后的第四次浪潮——绿色发展。

随着环保意识日益深入人心，环保产业已经构成发达国家新的经济增长点，成为当前国际经济竞争的新热点，也是发展绿色经济的重点。“据不完全统计，环保技术和产品的全球市场在1992年已超过2500亿美元，而目前已突破6000亿美元，其中亚洲市场占40%。”②同时，人们的消费观念也发生了重大变化，更加注重环境保护，追求健康的绿色消费，绿色食品、建筑、服装、计算机等正以不可遏止之势席卷全球，并将是今后的主要消费方式。

全球绿色浪潮的掀起，势必会给国际社会经济生活的各个领域带来重大变革。我国原有的粗放型非绿色模式发展产生资源约束、环境约束，带来的经济发展具有不可持续性，而绿色经济与传统产业经济的区别在于，传统产业经济是以破坏生态平衡、大量消耗能源与资源、损害人体健康为特征的经济，是一种损耗式经济；绿色经济则是以维护人类生存环境、合理保护资源与能源、有益于人体健康为特征的经济，是一种平衡式经济。因此，关注和强化绿色经济对于当代中国具有非一般的战略性意义。

绿色经济是一种融合了人类的现代文明，以高新技术为支撑，使人与自然和谐相处，能够可持续发展的经济，是市场化和生态化有机结合的经济，也是一种充分体现自然资源价值和生态价值的经济。它是一种经济再生产和自然再生产有机结合的良性发展模式，是人类社会可持续发展的必然产物。发展循环经济（绿色经济要素）是落实科学发展观的具体实践，是全面实现小康社会目标的战略选择，是解决环境保护与经济发展矛盾、实施可持续发展战略的有效手段，是实现新型工业化的重要途径之一。

---

① 王东．当前世界经济形势分析与前景展望[N]．2011－09－19.

② 吴克烈．关于绿色壁垒的战略思考[J]．国际贸易问题，2002(05)：51－54.

中国应当以生态化、知识化和可持续化为目标，改造现存的资源消耗与环境污染严重的非持续性的黑色经济，建立和完善生态化的经济发展体制，推动科学技术生态化、生产力生态化、国民经济体系生态化，使21世纪的社会主义中国成为一个绿色经济强国。这是科技北京实现经济的可持续发展的保障，也是科技创新作为驱动力的新经济模式发展的必然趋势。

4. 人与社会的全面发展是科技北京的根本目的

努力实现经济的稳定、绿色发展，归根结底还是为了人与社会的全面发展。

人类社会进步的重要标志，就是生产力的进步和人的全面发展的统一。科学发展应该始终把提高人民的物质文化生活水平和健康水平作为出发点和归宿。传统发展观仅仅把生产力发展本身作为发展的目的，片面追求经济的增长，而忽视人的全面发展，使得人不仅成为创造物质财富的手段，也成为物的奴隶。这会不可避免地造成社会肌体的失衡，造成大量的社会问题，使社会的整个发展进程趋于畸形化，这种情况如果持续下去会直接危及人类的正常生存。

科学发展观的根本着眼点则在人，在于人的全面发展。社会是人的社会，人的全面发展对应着社会的全面发展，这使得社会发展以人的全面发展为终极方向，人的全面发展以社会全面发展为坚实基础。

人的发展状态和发展水平反映了社会发展的程度。全社会全民族的积极性创造性，对党和国家事业的发展始终是最具有决定性的因素。如果没有人的科学素养的提高，就不会有坚实的科技发展基础，如果没有人的现代化，社会的现代化、经济的现代化就没有了方向和目标。将科学精神、科技创新理念融入北京的经济社会发展建设中去，全面提高人的科学素养，将科学方法、科学信念、科学思想与科学精神渗透到社会中的每个角落，为广大公众理解与接受，并内化为自觉的社会生活规范，这既是科技创新文化环境的营造，也是科技北京建设根本宗旨的体现，因为科技创新的根本目的是提高生产力，而提高生产力的根本目的是满足人们日益提高的需求，最终是要实现人的全面提高。人的科学素养提高既是生产力提高的基础，也是人的全面发展的重要内容，还是社会全面发展的有力支撑。

三、科技北京的标志是科技与经济、环境、社会的一体化、协调化、融合化

科技北京建设过程是科技创新支撑、引领、带动北京城市经济、环境、社会全面发展的过程。具体体现为：经过科技北京建设促使科技系统与经济、环境、社会系统协调发展，最终达到科技与经济一体化、科技与环境协调化、科技与社会融合化发展。

1. 科技经济一体化

(1)科技经济一体化的概念、特征与本质

科技与经济一体化，是指科技进步与经济增长的内在统一及协同发展的动态关系，即在科技经济化与经济科技化趋势下所呈现的科技与经济相互交叉、渗透、融合，并最终导致科技与经济合而为一的现象和动态过程。科技北京是对科技经济一体化发展趋势的顺应，也是对其发展的积极主动的推进。

科技经济一体化对于实现科技北京目标具有关键意义。科技与经济一体化是科技北京的核心，没有科技与经济一体化，科技与环境协调化就没有了手段，科技与社会融合化就缺少了经济基础，科技对北京城市发展的支撑、引领、带动作用就无从谈起，科技北京就不能实现。

科技与经济一体化的过程实际上就是将科学技术转换为现实生产力，从而形成竞争优势的过程。科技优势不会自然而然地形成竞争优势，只有通过与经济的结合，使科学技术真正成为现实的第一生产力时，才能转化成竞争优势。围绕科技与经济的融合，科技经济一体化表现出以下四个主要特征：第一，经济主体科技化：形成数量众多、形态各异的科技经济共同体。第二，产业结构知识化：智力密集产业，即基于科技创新的高端产业成为产业结构中的主体；第三，经济发展科技化：经济增长建立在科技创新及其产业化基础之上；第四，市场知识化：知识市场发展完善。

(2)科技经济一体化面临的主要问题

北京是全国甚至在国际上也是科技资源最为密集的区域之一。但是长期以来科技与经济脱节问题始终比较严重，科技资源优势没有充分转变为经济社会发展的竞争优势。具体表现为：

第一，企业的技术创新主体地位尚未根本确立，不仅北京企业的研发投入比例从未超过50%，而且北京企业R&D投入强度普遍不高，即便是中关村，2009年企业的R&D投入强度也仅为1.9%，[①]与当年北京5.5%的研发投入强度（R&D经费支出占GDP的比例）形成鲜明对比。

第二，产学研之间的关系尚未理顺，主要是产学研合作的动力不足。产学研合作各方处于不同的领域，各自追求的目标和价值观念不一样，故使合作各方动力不足、活力不强。

第三，科技创新市场导向机制尚未建立。企业未能从市场中获得创新动力，高校与科研院所难以从市场中发现需求，科研与经济脱节现象比较普遍。

（3）科技经济一体化发展的战略重点

推进科技经济一体化发展，具体来说就是通过完善科学技术形成、增长、转化和渗透机制，将科技深入社会运行的整个过程和每一个环节，使科技成为城市经济社会发展的内在根本动力，使城市的经济持续发展和社会演进建立在科学技术有所突破并实现产业化基础上，达到科技与经济融合一体化发展的目标。主要体现在以下四方面：

第一，促进经济主体科技化。鼓励支持引导各类科技经济共同体快速发展。重点是支持以企业为核心，以产学研合作为基础，以技术创新（解决产业共性技术）为主要内容的产业技术联盟等各类科技经济共同体的发展。

第二，促进产业结构知识化。以现代服务业、现代制造业为支柱产业，同时成为整个经济的主体产业，以高技术产业为先导产业，引导产业发展方向，在高新技术产业不断做大做强的过程中，逐步扩充支柱产业规模、提升支柱产业质量，逐步提高支柱产业中的高端产业比率，实现高端高效；在不断的技术创新中发现培育潜导产业，尤其要以战略新兴产业为潜导产业的培养重点，力争在不断创新突破其发展技术瓶颈的过程中促进发展，以技术创新带动产业发展。

第三，促进经济增长科技化。北京经济社会发展要建立在科技创新驱动基础之上，即经济发展方式实现从投资拉动、资源投入拉动向依靠科技进步上来，科技创新成为城市发展的内在需求，城市的经济发展主要依靠科技

① 北京市统计局. 2011北京市经济社会统计报告[M]. 北京：同心出版社，2011：109，123.

创新及其产业化。通过完善首都创新体系,源源不断地产生创新成果,通过发展高新技术产业园区,将科技成果产业化,形成众多新经济增长点,以此带动首都经济的发展,并对周边地区的经济发展发挥引领作用。

第四,促进发展基础市场化。市场机制是科技经济一体化的基础,没有市场消费的导向、市场利益机制的激励、市场竞争机制的引导,就无法完成科技经济一体化。首先,要理顺政府与市场的关系,政府对科技创新及其产业化的支持、引导要建立在市场机制基础上,政府要将工作重心从直接抓科技项目产业化转变为主动为市场公平竞争秩序的发展提供制度保障;其次,要以市场为基础解决科技经济脱节问题,从以往的科技创新以科技发展需求出发,形成成果再向经济转化的科技推动模式、向科技创新的市场拉动模式转变,即通过以市场为需求导向的科研工作直接形成具有经济属性的科技成果,提高科技成果产业化及商品化的可能性,从而根本解决科技与经济的脱节问题。由于企业作为市场主体对于市场需求具有天生的敏感性,所以企业应从科技创新过程的源头就介入其中,一开始就形成科技经济一体化格局,最终在形成科技成果之后,依托市场转化为商品。这样不仅解决了科技经济脱节问题,也解决了企业的技术创新主体地位问题。

2. 科技环境协调化

所谓科技与环境系统的协调发展,是科学技术与环境系统互动的一种结果及其表现形式,是指各自独立的科技与环境系统之间所表现出的一种和谐一致、配合得当的密切关系。协调的目的是使互动各方存异求同,其本质是在保持对方独立即不消灭对方的基础上实现多方关系的和谐发展。①

(1)科技环境协调化发展目标

促进科技与环境协调化的发展的根本意义在于:一是将城市环境改善、资源节约、可持续发展建立在科技创新支撑基础之上;二是将生态文明渗透于科技创新过程、体系中,以生态理念引领科技创新发展方向。基于这一发展意义,结合北京科技与环境发展的特性,此目标可以具体化为将北京建设成为我国“绿色科技创生示范区”。

“绿色科技创生示范区”,是指以城市资源高效利用为核心、以改善人民

---

① 蒋美仕,周礼文,雷良. 科学技术与社会互动的结果及表现形式[J]. 中南工业大学学报(社会科学版),2001(4):352-355.

生活质量为导向、以绿色科技全面应用为支撑，具有综合性、原创性、服务性和辐射性于一体的科技应用与示范的区域体系。该示范区是中国最新绿色科技的展示区，是新兴绿色科技的孵化区，是全国绿色科技应用过程的教学区，是绿色科技应用于城市环境发展的实验区。

所谓绿色科技，指的是以保护人体健康和人类赖以生存的环境、促进经济可持续发展为核心内容的所有科技活动的总称。绿色科技涉及能源节约、环境保护以及其他绿色能源等领域。目前，我国的经济发展模式正处于一个转型的关键时期。在这个时期，新能源、新材料、智能电网等一大批新型的产业将成为未来社会发展的主流产业，这些产业都是绿色科技应用的典型代表。这里所说的绿色科技，其实质是一种保持人类持续发展的科技体系，它强调自然资源的合理开发、综合利用和保护增值，强调发展清洁生产技术和无污染的绿色产品，提倡文明适度的绿色消费方式和生活方式。绿色科技是现时代生态文明对科学技术为社会和自然界服务的方向性引导和生态化规范，促使生产技术逐步转向节约资源与能源、保护生态环境、提高经济效益、满足社会需求的生产体系。

(2)科技环境协调化发展面临的主要问题

第一，人们对宜居城市的愿望要求与生态环境质量不高之间的矛盾。不论是作为国家首都，还是作为积极推进国际化建设的大都市，还是北京人民对生态环境质量的高度期待，环境质量的高要求都与现在环境质量总体水平不高成为一对矛盾，制约着宜居城市的发展。

第二，资源紧缺与资源浪费之间的矛盾。北京是自然资源极为缺乏的城市，尤其是水资源、能源等极为短缺。但是长期以来，在资源极为短缺的情况下，北京大量可利用资源却没有充分利用起来，又成为资源最不节约的城市之一。根本解决北京资源短缺的问题出路在于科技创新，通过科技创新，将以往不能利用的垃圾、废物、废水、废液、废气充分回收利用起来，使之成为新的资源，这是促进科技与环境协调发展的第二个突破口。

第三，城市管理复杂化要求与管理智能化程度不高的矛盾。伴随着城市化进程的加快，城市管理的复杂程度倍增。如何解决城市道路发展汽车增多与环境质量提升的矛盾？如何解决城市基础设施快速发展与设施安全监控的矛盾？如何用科技创新解决上述问题，成为促进科技环境协调发展的重要问题。

(3)科技环境协调化发展的基本路径

以绿色科技创新支撑生态城市建设:生态城市是指人类生存发展环境的和谐达到理想状态的城市,表示城市中生命和环境关系间的一种整体、协同、循环、自生的良好组织和秩序。

以科技创新支撑生态城市建设有两大任务:

第一,以绿色科技创新支撑城市垃圾减量化、无害化、资源化。垃圾资源化要形成产业链,从分类、收集、运输、处理、再利用,各个环节需要新技术和新工艺,需要科技创新和管理创新。垃圾生化处理、无害化、废旧电子垃圾处理、焚烧发电等迫切需要新技术的支持。北京作为中国首都迫切需要在经济发展的同时实现资源节约与环境友好,而这一双重压力的出路就在于通过绿色科技创新和制度创新实现可持续发展,依托绿色科技创新和绿色技术产品的自身持续竞争力实现经济社会全面发展。总之,解决垃圾的资源化问题是科技北京建设的重要任务。

第二,以科技创新带动绿色交通发展。"绿色交通是指采用低污染、适合都市环境的运输工具,来完成社会经济活动的一种交通概念。"①汽车尾气排放是北京大气污染的重要来源,倡导绿色交通,对于降低环境污染、提高城市环境质量具有重要作用。以科技创新支撑绿色交通主要体现为三方面:一是以新技术手段降低汽车污染,主要是发展绿色能源汽车。二是以新技术手段支撑轨道交通的快速发展。三是以科技创新支撑城市智能化发展,提高人们的出行效率和城市交通管理的科学化水平。

以绿色科技创新驱动生态环境改善:着重改善大气环境、水环境。针对改善大气环境需要做到以下两点。首先,找准大气污染的关键污染物。根据唐孝炎教授的研究,导致北京大气污染的关键污染物是臭氧和可吸入颗粒物。其次,要针对上述特征采取措施。例如,针对周边的二次污染物对本市影响较大的特征,在控制一次污染物同时,重视对二次污染物的监测与控制;努力降低大气污染物排放,加强污染控制与环境监管的区域联动,严格控制污染物排放;加快制定控制二次污染的政策、法规和标准。

针对改善水环境,首要的问题是控制人口过快增长。北京是一座人口

---

① 顾海兵. 绿色北京需要绿色交通[M]. 人文北京、科技北京、绿色北京论集. 北京:同心出版社,2009:371.

密集、水资源短缺的特大城市。目前北京人均水资源占有量仅为280立方米，为全国平均水平的八分之一，世界人均的三十分之一。尽管近年来随着产业结构的不断优化升级，重化工业不断退出本市，耗水相对降少的第三产业得到大力发展，使得北京市的万元GDP水耗从2000年的127.81立方米大幅下降到2010年的25.91立方米，但实际用水量却几乎一直保持在35亿立方米左右，并且随着人口的不断增加，这种用水量降低的空间也相应减少，水资源短缺的压力逐渐增大。与水资源严重短缺形成鲜明对照的是，北京的人口规模扩张速度始终不能降低，近几年一直保持3.5%左右的增长速度，导致水资源短缺日益严重。由于新增人口主要是外来人口，致使这一问题具有高度敏感性与政治性，所以至今尚未有破解对策。这无疑倍增了北京水资源的压力，成为制约北京发展的瓶颈，也成为影响首都城市功能发挥的最大障碍。这一切加剧了科技创新破解资源制约难题的紧迫性，用科技创新解决水资源短缺、水环境污染、水资源循环利用等问题就成为科技环境协调化发展的首要问题。

以绿色科技创新带动绿色产业发展：首先，鼓励绿色产品开发与生产，从绿色设计入手，在产品生产的源头导入生态理念，设计高质量、低污染、节能、环保、易回收、耐用产品；推行绿色包装，采用易回收、可降解、简单化的绿色包装；实施绿色生产，提高能源与材料的利用率，避免使用有害材料。其次，大力发展绿色产业。以技术创新支撑新能源产业、环保产业发展，集中力量，解决新能源产业发展中的共性技术问题，针对城市不同用户对于新能源需求的个性化要求，有针对性地进行研发，尤其要解决能源行业垄断与新能源入网使用中的制度建设问题，将绿色能源行业发展落到实处。最后，建设一批绿色工程，主要包括循环利用生态工程、可再生能源及能源清洁利用工程、绿色超市工程、生态交通示范工程、生态建筑示范工程等，为生态城市建设提供保障，为产业发展打造新经济增长点。

3. 科技社会融合化

作为城市子系统之一的社会系统，科技社会融合化是指城市科技子系统与城市社会子系统的融合发展。所谓科技与社会融合发展，是指科技与社会在互动中，通过相互磨合而形成的密不可分的有机统一状态，即科技与社会的一体化。它不是科技与社会的简单叠加，而是“我中有你、你中有我”，融合为一个整体。融合是个过程，是将科技与社会结合成新形态的社会系统(或者是新形态的科技系统),即科技化的社会、社会化的科技,融合的结果是科技与社会的一体化。

(1)科技社会融合化的基本目标

科技社会融合发展的基本目标是在社会系统的各个层面全面推进科技文明。第一,社会主体的科学化,即全面提高人的科学素养,将科学方法、科学信念、科学思想与科学精神渗透到北京社会中的每个角落,为广大公众理解与接受,并内化为自觉的社会生活规范,进而以人的现代化推动社会现代化发展。第二,社会制度与社会组织的科学化。通过完善社会与科技管理、健全科技创新制度、推动新型科技创新组织发展,促进科技与社会在制度与组织层面的融合发展。第三,社会价值观与行为规范的科学化。通过弘扬科学精神、宣传科学思想、普及科学知识、发展科技文化,营造浓厚的科技创新文化氛围,在价值观层面实现科技文明的社会推进。

(2)科技社会融合发展面临的主要问题

第一,全民的科技素养水平较低。调查显示:北京市公民具备基本科学素质的比例由 2007 年的 9.2% 提高到 2010 年的 10.0%,明显高于全国 3.27% 的平均水平。但是与国家的科技中心这一地位相比,还不匹配。

第二,适应知识经济时代特征的科技管理制度体系尚未建立。现行的许多科技制度和政策是建立在工业经济制度体系与思想观念基础上的,与知识经济要求、知识产品生产规律不符,在一定程度上制约了科技创新的发展。

第三,科技创新文化环境发展滞后。首先是社会伦理道德环境建设滞后于经济科技发展,科技伦理制度缺失,加剧了科技异化现象的泛滥。其次,在北京市民整体文化素质大幅提高的同时,在科学精神、科学信念、科学思想方法方面的提高相对滞后,尤其是科学精神与创新精神,并没有在提倡科技创新的同时被高度重视。

第四,市场经济体制不健全,行政化严重制约科技创新发展。一是,市场在科技资源配置中的基础作用未充分发挥。二是,大型企业几乎都是垄断企业,且都是国有背景的企业,垄断市场、垄断资源使得这些企业技术创新动力不足。

上述问题是科技北京建设面临的迫切需要解决的问题,构成科技北京社会建设的重要内容。

(3)科技社会融合发展的主要途径

以"科技文明首善之区"为科技北京社会建设的总体目标,以科技创新的社会环境营造为主线,着力打造以科学精神为引领的科技创新文化环境,以人的科学素养全面提升为基础的创新人才环境,以符合知识生产规律的科技管理制度为核心的创新制度环境。

第一,打造以科学精神为引领的科技创新文化环境。所谓科学精神,是渗透在知识体系、科技创新活动过程之中的思想财富的升华。近代以来,科技精神的内涵被概括为五个方面:求真、求实、创新、存疑和敬业奉献。在现代,人们将其进一步提升,提出了与当代科技相一致的"高科技精神",其内涵包括创新精神、协作精神、风险精神、可持续发展精神、科技与人文相融合的精神、尽真尽善尽美的精神,以及依靠科技推动经济社会发展的精神等,这是科学的精髓。

为何要以科学精神为引领,打造科技创新文化环境?第一,伴随着知识经济时代的到来,科技与社会的联系越来越紧密,"科技与社会一体化"趋势越来越突出,科技对普通民众的关系越来越直接,也越来越明显,崇尚科学精神、遵从科学理念,已经成为科技创新可持续发展的重要社会前提,唯此才能推进科技创新。第二,科学精神是抵御消除科技异化现象的有力武器。科技的发展并不必然带来科学理念的社会普及,科技成果也不一定会导致社会的进步与繁荣。原子弹既是高科技成果也是毁灭人类最强大的武器,三聚氰胺既是一种科技成果,同时还是致人死亡的毒药。任何事物都具有两面性,科技既可以成为人类进步的手段与动力,也可以成为人类毁灭的工具。只有全社会尊崇科学精神,了解科技发展的实质,形成一种社会氛围,才能从根本上遏制科技成果的滥用,消除科技异化的影响。用科学理念打破愚昧和落后,用科学精神与制度抑制科技用于危害人类的方面,这既是社会现代化的基本要求,也是社会现代化的主要指标。

第二,打造以人的科学素养全面提升为基础的创新人才环境。由于社会进步的核心是人的进步,所以科技与社会发展一体化首先是人的科技化。在此基础上,才谈得到科技社会一体化。人的科技化是通过科学精神与科学知识的社会普及与渗透逐步实现的。尽管并不是每一个人都会直接参与科技创新活动,即便是知识经济时代,真正以科技创新为职业的人也不会成为绝大多数,但是整体上人科技化的发展状态和发展水平反映了社会发展的程度，也是科技人才成长的基础，全社会、全民族的积极性、创造性，对科技创新的发展始终是最具决定性的因素；如果没有人的科学素养的提高，就不会有科技人才成长与发展的坚实基础，如果没有人的现代化、社会的现代化，经济的现代化就没有了方向和目标。人的科学素养提高既是生产力提高的基础，也是人的全面发展的重要内容。

第三，打造以符合知识生产规律的科技管理制度为核心的创新制度环境。当前科技制度体系庞大、内容繁杂，几乎涉及了科技创新的方方面面，但是与我们制定这些科技政策的初衷相比，科技政策体系的效果并不令人满意，其中重要的问题就是一些科技政策是建立在工业经济制度体系与思维定式基础之上的。所以，尽快修订部分政策，使之更加符合知识经济发展规律，尤其是要针对知识产品创新规律制定相关政策，对于尽快提升科技人员的创新积极性、提高科技投入产出效率意义重大。

针对目前科技创新及其产业化发展过程中的主要问题，制度与机制建设的侧重点集中在以下五方面：

第一，科技创新激励制度体系建设。主要针对知识经济时代科技创新组织网络化发展的基本特征，将制度建设中心放在促进科技资源的高度凝聚和促进分散的智力要素结合成高度发展的科技创新团体智力这两方面。其一，解决长期以来影响科技创新智力要素投入的最大问题，即解决智力要素投入激励机制问题，核心是解决智力要素的合理评价与价值实现渠道以及利益补偿机制问题。其二，解决有效地将分散的智力要素有机组合成为科技创新团体智力的激励机制建设。我国成功的经验是在政府主导下，以重大科技项目集体公关为重要组织形式，逐步形成专业化的创新网络系统。

第二，促进科技成果产业化的制度体系建设。科技创新及其成果产业化是一个老问题，在科技北京建设中，因为科技创新的战略作用被空前提高，所以这一问题的严重性也相应倍增。科技北京建设中关于科技成果产业化问题的制度建设重点集中在企业作为科技创新主体地位的真正确立、知识创新系统与技术创新系统的有机结合这两个方面。

第三，科技创新正向激励制度以及预防和削弱科技异化现象的科技制度体系建设。这一制度体系建设的重点是针对现代科技发展中的愈来愈严重的科技异化现象，在科技制度体系建设中需要有目的地完善科技伦理制度、科技信誉制度建设和科技异化风险防范、惩治制度建设。建立科技成果应用的风险评价、检测、防范与惩戒机制，完善科技伦理制度体系，完善学校教育中关于科技伦理教育体系。

第四，完善市场经济体制，建立抑制行政化倾向对科技创新干预制度，完善促进企业自主创新制度体系。

第五，完善科技人才政策体系建设，在优化科技人才发展环境制度建设上下大力气，用优良的人才发展环境、普适性的人才激励制度，吸引高端人才，打造人才高地。

四、科技北京本质属性

1. 科技北京是“中国发展模式”新阶段的有益尝试

作为首都，北京的发展在全国起到模范和带头作用，该如何做到“又好又快”的发展一直以来都是社会各界关注的焦点问题，改革开放30年，中央和北京的各级领导一直在进行卓有成效的尝试。可以说，北京的发展模式既是中国发展模式中最为核心的部分，同时又是中国发展模式的先锋试点和风向标。北京如何发展不仅仅是一个城市的问题，而且还是关系到中国如何发展的大问题。

2008年金融危机过后，一枝独秀的“中国发展模式”备受瞩目，成为国内外学界热议的问题，同时也是一个争议很大的问题。目前，中国已经取得阶段性成果，但作为一种模式仍不成熟，也不完善。我们要清醒地认识到中国发展模式的成功是中国处于特定历史阶段的产物。现阶段，中国仍然属于发展中国家，相比于西方发达国家基础相对薄弱，在经济总量基数较低的情况下保持较高的增长比例相对容易，而若想一直保持经济又好又快发展，则需要我们对经济增长的驱动力有更为深入的思考和把握。科技北京的提出，无疑是对这一问题的最佳回应。它不仅是北京城市发展驱动模式的一次转变，同时也是北京在进行“中国发展模式”探索过程中的有益尝试。

(1)北京城市发展驱动模式的演变

在新中国发展历史上，对发展模式的探索从未间断，按照驱动力的不同，主要分为政治运动驱动型、重大活动驱动型两个阶段。

改革开放前，政治运动驱动经济发展模式大行其道。通过政治运动来集中经济发展目标拉动经济增长。但是，伴随国家政权的逐步稳固，这种模式已经逐步失去存在基础。改革开放以来，通过调整经济关系促进经济保持长期快速增长。如何在经济体制改革的阶段性目标基本实现后，继续保持经济的高速发展就成为政府亟待解决的大问题。此时，以亚运会的举办、新中国成立50周年大庆活动、奥运的筹办为契机，极大地促进了全国经济资源和政策资源向北京倾斜，促进北京经济持续多年的高速发展，生产总值和固定资产投入一直保持高位，据统计，2001年到2008年间的地区生产总值平均增长率为116.98%，社会固定资产投资平均增长率为114.08%。

在北京奥运成功举办、祖国60周年大庆活动顺利完成之后，长期以来依靠大型活动拉动经济的发展模式走到了顶点。北京究竟该如何发展成为市委市政府以及学界深入思考的谜题，在理性分析北京发展面临的背景与新时期发展要求等核心问题基础上，提出以“人文北京、科技北京、绿色北京”为核心的新时期首都发展战略，确定了科技创新对经济发展的内在推动作用，重新界定了发展与人、发展与环境、发展与科技等关系，成为新时期首都城市稳定持续发展模式的新探索。

(2)科技北京是新时期北京乃至中国发展模式的必然转变

科技北京的提出是科技奥运向科技北京的过渡，代表了我国经济发展模式从重大活动驱动型走到顶点之后，向以科技创新为驱动力的新型发展模式的转变。这一转变是由北京现阶段的物质基础和精神文明基础所共同决定的，北京乃至全国的发展进入一个新阶段的必然选择。

一方面，奥运会后，以重大活动驱动的发展模式难以为继，这是因为：第一，活动驱动经济发展的文化氛围很长时间不在了。奥运会等国际活动已经向世界展示了中国人民的实力，历史带给中国人民的大压抑得到彻底释放，在国际舞台上充分展示的中国人民，未来再举办任何国际活动都很难像以往那样高度积聚全国人民的关注与热情。第二，活动驱动经济发展的载体不存在了。经过多年城市基础设施建设的快速发展，再举办国际活动，不可能像以往那样带动更大规模城市基础设施建设的展开。第三，依赖外部投资拉动的空间越来越小。城市规模的过快扩张，使得北京经济发展越来越受到资源的制约，因此，北京必须寻找新的动力来拉动经济的持续发展。

与此同时，我们也看到，现阶段北京已经具备一定的物质基础和精神基础，特别是经过奥运会的全力建设，北京在交通、服务、活动场馆等基础设施的建设上取得了突飞猛进的发展，已经跻身世界城市的行列。另外，在相应的配套措施和政策、市民的精神文明素养等软件建设上也取得了一定进展。更为重要的是，改革开放以来，中国的经济建设取得了举世瞩目的辉煌成就，具有雄厚的经济基础和良好的发展势头。目前，亟待解决的问题是在保持经济稳定增长的前提下，进一步优化产业结构，实现资源的合理配置。在全球信息经济来临，世界强国将知识作为核心竞争力的国际背景下，将科技创新作为我国发展的新动力无疑是最为合适的选择。

正是基于对上述问题的深入思考，北京政府才提出了科技驱动型经济发展模式——科技北京。这不仅回答了北京如何发展的问题，同时科技北京也是中国发展模式的有益尝试和先行军。

(3)科技北京理念是对科技驱动型发展模式的高度概括

科技北京不仅是经济如何持续、健康发展的内在驱动力，更为重要的是，科技北京的提出，从器物层面、制度层面、行为规范和价值观念层面系统回答了如何实现科学发展观所提出的人与社会的全面发展这一终极目标。

第一，城市发展的科技驱动模式本质特征是科技系统与城市经济、社会、环境子系统建立内在驱动关系，以科技创新驱动城市经济发展、社会进步、环境优化，进而实现城市整体系统优化。经过科技北京建设，最终要达到在器物层面、制度层面、行为规范和价值观念层面，不同程度地吸收科学技术的影响。在此基础上，改变和调整社会系统自身结构、抛弃社会系统固有的糟粕，从而使社会系统自身结构产生更新与发展。经过科技北京建设促使科技系统与经济、社会、环境系统协调发展，最终达到科技与经济一体化、科技与环境协调化、科技与社会融合化发展。

第二，城市科技驱动模式的基本路径可概括为，其通过科技与社会经济互动，最终使科技创新系统成为城市发展内在驱动系统。从哲学角度考察，科技驱动城市发展，其过程是科技和社会(包括经济等)中的一方在受到另一方作用时所作出的一系列调整自己行为以配合对方的适应性反应过程。这一过程既是科学技术与社会经济系统之间的冲突不断消除的过程，也是科技、社会系统相互适应、接受、消化、吸收达到系统更新(变迁)的整合过程。从文化角度考察，科技驱动北京发展的过程可归结为以下两点：一方面，科技通过不断改变社会物质生产方式以丰富器物文化，改变社会消费方式和生活方式以满足社会个体、组织的物质和心理需求，以求真、求善和求美的精神改变人们的思维方式，丰富社会的精神文化，实现科技与社会的共同发展。另一方面,社会则通过经费资助、制度保障、规范约束和观念指导,即通过社会的科技化以达到科技与社会协调发展的目的。因此,科技与社会融合的本质,在宏观上也是最高层次上表现为科学精神与人文精神的统一;在微观个体和中观群体上表现为个性人格、组织心理和理想与科学精神的趋同。从经济角度考察科技驱动北京发展过程是逐步实现以下四化的过程:一是产业结构科技支撑化,主要是指科技创新及其产业成为产业结构的主体。二是要素配置市场化,主要是指科技等要素是以市场配置为基础,市场及其机制成为引领科技创新方向、实现科技创新价值、培养科技创新主体、处理产学研关系的基础。三是产业形态逐渐高端化,主要是指:①具备有比较优势的知识要素和科技要素存量态势,具有前瞻性的、基础性的和重大性的战略产业开发能力;②形成高人一筹的信息和高技术产业优势,取得在产业链条上服务于高端产业的研发和服务于中低端产业的生产性服务能力;③具备全球视野,成为全球新经济链条上连接中国和世界的关键节点,锻造外部经济世界和内部经济世界的连接通路;④形成创新文化的策源地,以保障"新经济策源地"得以持续。四是城市功能不断服务化,主要是指科技北京建设要以提高科技辐射能力为建设目标之一,通过不断的科技创新与创新辐射,支撑北京经济发展、支撑大北京圈经济一体化发展,引领全国产业技术发展方向,带动国家经济竞争力提升。

综上所述,科技北京是"中国发展模式"新阶段的有益尝试和高度概括,它不仅回答了经济如何持续、健康发展的内在驱动力是科技创新,更为重要的是,科技北京从器物、制度、行为规范和价值观念等多维度丰富和完善了新时期的"中国发展模式",使"中国发展模式"实现经济、政治、文化、人的现代化等社会全面发展与转型。

2. *科技北京是对新时期北京科学发展理念的抽象表达*

理念是人们经过长期的理性思考及实践所形成的思想观念、精神向往、理想追求和哲学信仰的抽象概括。之所以认为科技北京是一种理念,因为科技北京不仅反映了人们对以科技创新为内在动力的科学发展方式的向往与追求,更重要的是,科技北京这一发展模式是多年来北京人民经过长期理性思考、认真总结首都城市发展经验与教训、充分考虑北京的资源特征以及城市功能定位,尤其是在科技奥运的成功实践基础上得出的未来首都城市发展的基本结论。

北京作为国家的首都其区域发展问题历来就十分敏感，且社会关注度极高的问题。北京与世界上所有历史悠久的国家首都一样，是一个功能多元化的城市。它不仅是全国政治、文化中心，还是国家重要的经济、科技中心。1953 年制定的第一个“北京城市建设总体规划”明确提出了“首都应该成为我国的政治、经济、文化中心”。在这一规划指引下，北京已经发展成为我国北方最重要的经济中心。但是伴随着首都城市功能的不断叠加，首都城市的规模过度膨胀，引发了严重的大都市所具有的典型问题，尤其是以重化工业为核心的产业结构，引起严重的环境污染，致使环境承载压力过大、难以为继，在自然资源极为短缺的北京，高能耗、高污染、高资源投入的产业结构已经大大影响了首都城市和新功能的充分发挥。鉴于此，20 世纪 80 年代初中央书记处对北京的建设作出了四项指示，明确提出“北京作为首都，是全国的政治中心，经济发展要适合首都的特点，今后基本不再发展重工业”。1983 年修订的北京城市总体规划方案确定了政治中心和文化中心“两个中心”的城市性质。1991 年至 2010 年的《北京城市总体规划》确定的首都的城市性质为“北京是伟大社会主义中国的首都，是全国的政治中心和文化中心，是世界著名的古都和现代国际城市”。在这个规划中明显地略去了“经济中心”提法，目的在于更加突出首都的核心功能，限制其叠加功能。2004—2020 年的《北京城市总体规划》再一次强调了北京的首都核心功能定位，指出北京的发展目标是“国家首都、国际城市、文化名城、宜居城市”。甚至明确提出北方的经济中心是天津，北京仅是经济管理控制中心，这又一次把北京“要不要发展经济”和“怎样发展经济”的问题提了出来。可以说，北京的历届政府、北京人民、北京学术界从未停止过对此问题的深入探讨。结论是明确的，北京不能成为单一政治功能的首都，北京还要发展经济。具体理由如下：

第一，即便是国力有了较大提高的今天，发挥首都政治中心功能仍然需要甚至更加需要发展首都的经济功能。发挥首都政治中心功能不是一句空话，需要实实在在的经济基础作保障。现在的北京已经从解放之初上百万人口的大城市演变为有着 2000 万人口的特大城市，从基础设施到人民生活，每年需要投入巨额资金才能维持首都的正常运转和社会的稳定，显然这巨额的资金不可能完全依靠中央财政补贴来解决，也不可能依靠其他省份的长期支持，主要还是依靠首都城市自身的经济建设与发展，靠自身的经济积累与发展。首都的政治文化功能实现依然需要以首都城市自身的经济功能为依托和保障。

第二，首都城市多功能格局一旦形成，就会保持相对稳定性，不会因某项政策的改变而在短时间内根本改变。因为，首都城市作为文化中心与经济中心的地位一旦确立，就会形成在一定范围内的影响力与辐射力，形成与周边区域经济、文化等方面互动和能量交换结构和秩序，形成首都与其他地区在逻辑上的从属、交流关系以及力量上的对比关系。这种关系结构具有相对稳定性，不会因某项政策的改变而在短时间内发生根本改变。

第三，"大城市病"的治理要以地方经济的发展为基础。没有经济发展作为支撑，产业的升级、结构的调整、污染的治理、环境的恢复都不能进行。尤其是作为首都，北京的环境要求更高，环境污染带来的国际、国内影响更大，需要更大的治理力度和更多的资金投入，如果这一切完全依靠中央政府的资金投入，那么问题可能就会久拖不决，问题只能越来越严重，最终影响政治功能的实施。

综上所述，北京作为国家首都，强化其经济功能具有客观必要性。但是，到底要发展什么样的经济，或者说走什么样的发展道路，这一问题却长期未能彻底解决。直到奥运会后，北京市政府提出了"人文北京、科技北京、绿色北京"的城市发展战略，这一问题才在理念层面上有了一个比较清晰和完整的结论。即以科技创新为城市经济社会发展的内在驱动力，通过充分发挥首都的科技智力优势，加快经济结构调整和经济发展方式转变，切实把经济发展转变到依靠科技进步、劳动者素质提高、管理创新的轨道上来。科技北京就是要切实增强自主创新能力，推动科技创新，推进高新技术成果在城市管理与群众生活中的广泛应用，加快创新型城市建设；就是要大力推进改革创新，努力构建充满活力、富有效率、更加开放、有利于科学发展的体制机制。培育基于技术创新的潜导产业、扶持以高新技术产业为核心的主导产业，做大做强以高新技术支撑的支柱产业，支撑与推动北京经济的可持续发展，以高新技术为手段解决环境的可持续发展问题，在科技创新的基础上促进社会进步。

3. 科技北京是城市系统进化的本质反映

(1)科技北京是科技创新支撑下的城市系统进化

科技北京建设过程也是科技创新支撑下城市系统进化过程。系统进化是指"系统前进的发展，即从一种比较单一的情况逐渐演化到一种比较复杂的情况，但其含义已被扩大到包括倒退蜕变的现象，即从一种复杂的情况进展到一种比较单一的情况”。[①] 在此意义上，系统进化也可以称为系统演化。演化是系统的普遍特征，有两种基本方式。“狭义的演化是指系统由一种结构或形态向另一种结构或形态转变。广义的演化包括系统从无到有的形成、成长、成熟、蜕变”。系统演化的动力有的是来自系统内部，即系统各要素之间的合作、竞争、冲突等导致的系统规模改变，特别是系统要素关联方式的改变，进而引起系统功能、特性的变化和系统目标的实现。系统演化的动力也有来自外部环境因素，环境的变化及环境与系统相互联系和作用的方式变化，都会在不同程度上引起系统内部要素特征、结构的变化，最终导致系统整体特性和功能的改变。[②]

科技北京建设通过改变城市驱动系统结构，将科技作为城市驱动的主要因素，进而带动城市经济、社会、环境等城市各个子系统的结构、功能、目标、特性的变化，最终导致城市系统整体特性和功能变化。

科技北京建设是在政府主导下有目的、有意识地推进科技创新，促进城市系统转型变革的过程，即“有意识有目的地将城市系统结构、功能、要素之间的联系方式转换，继而创造出一种不同于以往的城市发展模式”。[③] 即从原来依靠外在的资源投入拉动经济增长模式，向以科技创新系统为支撑的内在持续发展模式转变。这意味着，科技真正成为了第一生产力，决定经济发展的根本要素从物力转变为智力，因此彻底解决了经济发展的可持续问题。

(2)城市系统进化的实质是生产力系统的转型

科技北京建设带来的城市系统进化，是建立在生产力系统升级的基础之上的。即首都城市的生产力系统从工业经济的生产力(人机生产力)转变为知识经济的生产力(知识生产力)，这是城市系统优化的本质。这种转变对于城市发展来说是根本性的改变，由于科技创新的核心要素是知识，将科技创新作为城市发展的内在驱动力，就意味着城市的发展将由此建立在了知识的投入、生产、分配、消费基础之上。首都城市也因此进入了真正意义上的知识经济时代，首都城市发展建立在知识生产力基础之上。

---

① 朴昌根．系统学基础[M]．上海：上海辞书出版社，2005：364－365.

② 吴慈声，张本照．区域创新系统的激发演化机理[M]．经济科学出版社，2008：32.

③ 乔治·史密斯．21世纪的生产力转型变革[Z]．中国沈阳：2006.

历史上伴随科技水平的不同，人类经历了不同的生产力形态。在古代，人们的智力基本上是只能创造经验知识的智力——经验智力。以这种经验智力和经验知识为主导要素的古代物质生产力，是以掌握手工工具的劳动者的体力为中心要素的落后的物质生产力——手工生产力。与经验性的古代智力不同，现代智力是能够创造科学和技术知识的智力。以这种科技智力和科技知识为主导要素的现代物质生产力，是以机器这种科技化的劳动资料为中心要素的发达的现代物质生产力——工业人机生产力。但在以传统工业为产业支柱的时期，科技智力还不是生产力的中心要素，科技智力和科技知识向物质生产力的转化，主要表现为科技智力和科技知识被合并于机器所代表的现代物力要素之中，作为物力要素的从属要素而存在。

知识生产力是一种新质生产力，是社会生产力发展的高度阶段产生的以知识为基础的生产力。知识生产力既不同于古代以掌握手工工具的劳动者的体力为中心要素的手工生产力，也不同于工业经济时代以机器为中心要素的现代物质生产力——人机生产力，而是以创造高科技知识的智力为中心要素、以智力劳动的物质条件为从属要素、以信息为基础要素、以创造高科技知识及其物载化（如承载软件的磁盘、光盘等）为目的的生产力。换言之，知识生产力是把创造高科技的主观知识和物载知识有机地结为一体的生产力。只有这样的生产力，才能从物质生产力中相对独立出来，成为立足于物质生产力之上的、能够生产严格意义上的知识产品的知识生产力。而这样的生产力，必然以智力劳动者的才能和社会关系的高度发展为前提。只有高度密集的有机组合的高科技知识群体的团体智力，才能从生产力的物力要素中独立出来，成为生产力的中心要素，从而使知识生产力从物质生产力中相对独立出来。由此可见，虽然知识创造力是从来就有的，但严格意义上的知识生产力却不是从来就有的，它是在现代物质生产力发展到很高阶段时才开始孕育和逐渐形成的一种全新的生产力。

在知识生产力之前就存在的、后来又成为知识生产力中心要素的知识创造力，是人类在向自然界的深度和广度进军中能够不断地“有所发现，有所发明，有所创造，有所前进”[①]的中心主导环节。由于知识创造活动是智力劳动者在认识现有事物的基础上在主观中改变现有事物、预想未有事物的

---

① 毛泽东．毛泽东文集（第8卷）［M］．北京：人民出版社，1999：325.

活动，具有很高的失败概率（需要几次、几十次、成百上千次的失败才可能成功），因此，以知识创造力为核心的知识生产力，不再是局限于现有知识范围的生产力，而是能够不断突破现有知识范围而高速增长、可持续发展但又伴随着巨大风险的生产力。这样的生产力一旦从物质生产力中孕育出来，就成了物质生产力的火车头。高技术的知识产品应用于物质生产力，必然导致物质生产力空前的大革命。在知识生产力的带动下，物质生产力将日益成为以主体智力（人的智力）为中心主导要素、以客体智力（即智能机，如电脑）为中心控制要素、以被主客体智力控制的机器为从属要素、以越来越少的体力为辅助要素、以天然自然物为基础要素、以生产知识化的高技术物质产品（不同于高技术物载知识的高技术物化知识）为目的的自动生产力。正如邓小平所说："当代的自然科学正以空前的规模和速度，应用于生产，使社会物质生产的各个领域面貌一新。特别是由于电子计算机、控制论和自动化技术的发展，正在迅速提高生产自动化的程度。"①"物质生产力的这种发展，必将使自动生产力最终取代现代的人机生产力而成为未来时代普遍的物质生产力。"②

从城市系统优化角度认识科技北京建设，其实质就是生产力性质的革命性改变，从工业经济时代的现代物质生产力，向以知识为基础的知识生产力转变，这意味着：③

第一，知识已经成为生产力中最重要的因素，生产力中的其他因素也将因此而改变。包括生产工具、生产对象和劳动者在内涵和质上都发生了重大变化，劳动者的脑力将占据主要地位，脑力劳动者构成劳动者的主体，生产工具和劳动对象则因科技知识含量而出现"软化"特征。科技、信息、管理和教育等知识性要素，也都成为了生产力发展的内生性因素。

第二，知识成为生产力增长的主要来源。发达国家经济增长的事实很好地说明了这一点，即使在发展中国家，各种经济数字也都说明知识越来越成为生产力增长的源泉。

第三，知识成为生产力的驱动或先导因素。在工业社会前期，知识与技

① 邓小平．邓小平文选（第2卷）［M］．北京：人民出版社，1994：87.

② 张耘，上进，等．知识市场研究，北京市科委规划课题（项目编号：RK99－03），2000－03.

③ 孙向军．知识生产力：一种新形态的生产力——对当代生产力变革的哲学考察［J］．天津社会科学，2004（5）：41－46.

术和生产之间的关系是从物质生产到技术再到科学，也就是人们在物质生产实践中发展出经验性的技术，再经过长期的积累，发展成为科学理论。物质生产是整个社会生产过程的起点，科学依赖于物质生产的发展规律，科学来源于生产，受生产制约、决定和推动。但是，到了 19 世纪末和 20 世纪初，随着科学的迅速发展和广泛应用，科学知识既可以来源于物质生产，也可以不再直接来源于物质生产；有的甚至首先来自科学实验，从专门的科学研究活动中创造出来，然后运用于实践，“而生产也开始由科学提供相关的知识理论，然后创造出相关技术，再由生产部门使用和推广，三者之间的关系成为从科学到技术再到物质生产”。今天，科学技术不仅成为生产的先导，而且成为一种驱动性因素，而这也是知识生产力成为一种新形态的生产力的标志。

第三章
科技北京建设的理论基础与分析框架

本章探讨的主要问题是科技北京建设的理论依据与分析框架。不仅要明确科技北京建设根本目的与发展目标，以及科技北京在其系统环境中的功能定位，还要明确科技北京建设的路径和方法。本章将从以下三方面分析上述问题：以科学发展观为导向，以人本论为理论支撑，明确科技北京建设的目标；以为人民服务精神为导向，以服务论为理论支撑，明确科技北京的功能定位；以辩证唯物主义为导向，以系统论为理论支撑，明确科技北京建设的路径与方法。

一、人本论——科技北京的目标导向

为什么要建设科技北京？这一看似十分清楚的问题，其实至今没有明确的答案，尤其是在以 GDP 为政绩考核的基本指标、科技异化现象大量存在且人们并未普遍认识的背景下，进一步明确科技北京建设的目的就显得更为迫切。

科技北京建设面临两方面的重要背景：第一是当前的社会制度存在缺陷，长期以来形成的一种以 GDP 为基本导向的政绩观使得人们仅仅认识到科技的工具性，没有认识到科技本身的人文性，没有重视科技的价值理性，也没有把科技的社会性、变革性的作用突出出来。导致了科学技术的恶用与滥用。第二是科技异化严重。随着科学技术日新月异、突飞猛进的发展，科技双刃剑的正负两方面作用同时显现，特别是负面作用越来越凸显。科技异化现象从隐到显、由小到大，大有与日俱增的趋势。科技异化集中表现在科技对自然的异化、科技对社会的异化以及科技对人的异化这三方面，已经对人类生存和发展造成了严重的威胁。在知识经济背景下，科技发挥的作用比以往任何时候都更为突出，科技子系统将成为社会发展的最核心、最基本的动力系统。此时，科技自身的问题都将凸显并严重起来，如三聚氰胺、苏丹红、瘦肉精等问题是科技异化的突出表现。科技发生异化，既有主观原因，也有客观原因。所谓主观原因，是指科技异化的根源主要在于科技应用的主体对科技的不恰当应用（滥用和恶用），即科技的社会属性；客观原因是指科技异化的发生是由于科技的自然属性导致的。

然而，科技异化现象的根源终究还是人的问题。因为，在科技发展的过程中，人类受到利益驱动的影响，往往偏离了科技发展是为了增加人类福祉这一核心目标。因此，在这样的背景下建设科技北京，必须要对建设的根本目的有清醒的认识，必须将以人本论为核心的科学发展观作为我们的指导思想。只有坚持以人为本，才能使我们正确认识科技与自然的关系、科技与社会的关系以及科技与人的关系。只有当我们把建设科技北京的根本目标紧紧锁定在为了人的全面发展这个定位上来，才有可能自觉抵制、有意识地减少科技异化带给人类的负面影响。所以说，建设科技北京要以科学发展观为指导、以人本论为核心，以此构筑科技北京建设的理论基石。

1. 科学发展观与人本论

党的十七大报告对科学发展观作了完整的阐述："科学发展观，第一要义是发展，核心是以人为本，基本要求是全面协调可持续，根本方法是统筹兼顾。"①以人为本与科学发展观有着非常密切的联系，具体体现在以下两个方面：

首先，"以人为本"是科学发展观的核心理念，胡锦涛同志指出，"坚持以人为本，就是要以实现人的全面发展为目标，从人民群众的根本利益出发谋发展、促发展，不断满足人民群众日益增长的物质文化需要，切实保障人民群众的经济、政治和文化权益，让发展的成果惠及全体人民。"②"以人为本"说到底是为了最大限度地满足人民群众的物质文化生活需求，把人民的利益放在首位。做到发展为了人民、发展依靠人民、发展成果由人民共享，从

---

① 胡锦涛．高举中国特色社会主义伟大旗帜为夺取全面建设小康社会新胜利而奋斗——在中国共产党第十七次全国代表大会上的报告[M]．北京：人民出版社，2007：15.

② 胡锦涛．在中央人口资源环境工作座谈会上的讲话[M]．北京：人民出版社，2004：2.

而最终实现共同富裕。坚持“以人为本”就要始终把实现好、维护好、发展好最广大人民的根本利益作为党和国家一切工作的出发点和落脚点。科学发展观把人的发展置于中心地位，既体现了人在发展中的主体性，也体现了人在发展中的价值归属。“以人为本”作为一种发展的态度、方法和方式，更加强调人在经济社会发展中的目的、地位和作用。

其次，“以人为本”体现了科学发展观的最终目的。马克思说过，社会主义社会是以每个人全面而自由发展为基本原则的社会，社会主义国家的发展离不开这个原则，“以人为本”与人的全面发展是统一的，现阶段只有坚持“以人为本”才是坚持了人的全面发展的基本原则。科学发展观以世界性的眼光来回应人类的发展问题，它以和平发展为前提，是指导世界五分之一人口发展道路的科学理论。它否定了综合发展观的“以物为本”，树立了“以人为本”的核心，并且为实现这一目的设计了基本方法和路径。科学发展观在中国的成功运用必将影响世界上别的国家发展。①

科学发展观强调发展的目的性，即发展为了人民、发展依靠人民、发展成果由人民共享，发展不只是为未来打基础，还要服务于当代。同时注重发展的协调性，即在非均衡的前提下全面推进又兼顾各方。科学发展观继承和发展了马克思主义社会发展理论，使之具体和生动，提出了可持续发展的理念，更加注重解决发展中的人与人、人与社会、人与自然之间的突出矛盾。马克思恩格斯的社会发展理论为科学发展观的形成提供了理论基础，科学发展观是对马克思主义发展观的发展和完善。

在以人本论为核心的科学发展观指导下的科技北京建设，其根本目的是通过科技作为经济社会发展的内在动力，使得经济社会实现可持续发展，最终使北京人民乃至全国人民享受经济社会发展带来的成果，不断满足人民日益增长的物质文化精神需求，满足人民全面发展的需要。也就是说，建设科技北京的根本目的是提高人民的福祉、满足人民全面发展的需要。所以，以人为本是科技北京建设的核心。在此意义上，科学发展观以人为本的理念在科技北京建设中可以概括为科技北京建设为了人、科技北京建设依靠人、科技北京建设服务人。

---

① 张平．增强公民科学素质 提高全民科学素养[J].2006(11).

2. 科技发展为了人

(1)人的全面发展是科技发展的终极目标

将科技发展的目标定义为人的全面发展主要出于以下两个方面的考量:

1)人的发展是发展的终极目标

人是社会存在和发展的主体,是社会有机体的第一要素。在马克思唯物史观体系中,人的主体性理论具有重要的基础性地位,它贯穿于唯物史观关于人的本质理论、人的发展理论、社会的本质与发展理论、人民群众创造历史理论、人与自然关系理论等等重要基础理论之中,构成唯物史观的一条重要理论主线和重要理论支撑。

反过来,社会发展是人发展的基础、条件和途径。社会是由一定的经济基础和上层建筑构成的有机整体,社会发展就是社会有机整体得到全面协调发展。人类社会的历史之所以是生产力不断发展的历史,深层根源就在于生产劳动所体现的人的自觉能动性、创造性。在生产力诸要素中,人是主体性要素,人是生产力系统中"硬件"和"软件"的创造者和操控者。

因此,人的发展既是社会发展的前提和手段,又是社会发展的目的和标志,因为社会是由人构成的,人是社会的"细胞",是社会的主体,是社会历史的创造者,离开了人的发展就谈不上社会的存在和发展,社会发展的最终目的是为了人的发展。

2)人与社会的协调发展是科学发展的基础

人的发展和社会发展的内在统一性学说在马克思理论体系中的地位,决定了必须综合运用马克思主义理论指导我国实践。人的发展和社会发展的内在统一不仅是一个理论问题,更是一个现实问题。

30 多年的改革开放,使我国政治、经济、文化领域里发生了巨大而深刻的变化。但是,中国目前正处于从传统社会向现代社会过渡的转型期,随着改革开放的深入和社会主义市场经济的发展,在改革和发展取得重大成就的同时,影响经济和社会发展的矛盾和问题也日益突出和复杂。从人的发展与社会发展的关系看城乡之间、区域之间、不同群体收入之间差距不断扩大,自然环境恶化、资源过度消耗、生态失衡等现象加剧了人与人、人与社会的纷争和对抗。社会发展是包括经济、政治、思想文化、生活方式、人的发展和现代化等方面在内的总体概念。其中各领域、各方面的发展并不是彼此孤立的，而是相互联系、相互制约，都是社会整体体系的组成部分。因此必须协调合作、共同发展，决不可单纯以经济增长作为社会发展的唯一目标。

因此，基于对当代中国社会发展和人的发展的现实状况的反思，用动态的眼光审视人的全面发展，把人的全面发展确定为科学发展观和社会主义和谐社会建设的价值诉求，这既不是出自某种关于人的抽象的、先验的观念，也不是凭着什么对“人”的崇高信念向现实发出的指令，而是对人的历史发展作出的科学分析和预见。

党的十六届六中全会明确指出：“社会和谐是中国特色社会主义的本质属性，是国家富强、民族振兴、人民幸福的重要保证。”这一科学判断，旗帜鲜明地表达了社会主义和谐社会的性质和定位，立足于经济、政治、文化、生态相互协调，使社会进步和人的发展有机统一。构建人与自然、人与社会、人与他人、人与自身四位一体的和谐社会，充分表明和谐社会归根结底是为了人的发展，从人本身出发考察社会发展，突出人在社会发展中的主体地位，以人的全面发展作为和谐社会的评判尺度。这在理论上重新确立了马克思在社会发展观上的人文关怀向度，确定了社会发展和人的全面发展的内在一致性，是在新的历史条件下，对马克思人的全面发展理论的进一步确证和发展。

党的十七大进一步提出的到2020年社会发展战略指出：“要按照民主法治、公平正义、诚信友爱、充满活力、安定有序、人与自然和谐相处的总要求和共同建设、共同享有的原则，着力解决人民最关心、最直接、最现实的利益问题，努力形成全体人民各尽其能、各得其所而又和谐相处的局面，为发展提供良好社会环境。”①

社会发展或社会现代化的最终目的和最高标准只能是人的发展，无论是经济的发展、科学技术的发展，还是人与环境的持续发展，归根到底都是为了人并围绕人的发展或者为人的发展创造条件。可以说，人的全面发展是科学发展的本质要求，应把人的全面发展和社会主义的现实任务、社会主义的历史使命密切联系起来。只有将社会发展和人的发展两个历史过程有机统一，使两者相互促进，并为人的全面发展制定切实可行的发展内容，科

① 胡锦涛．高举中国特色社会主义伟大旗帜为夺取全面建设小康社会新胜利而奋斗——在中国共产党第十七次全国代表大会上的报告［M］．北京：人民出版社，2007：17.

学发展才能变成现实。

(2)科学精神与人文精神是辩证统一的整体

人的全面发展是人类社会发展进步的重要成果,也是人类追求的理想。科学精神是人类在认识和改造客观世界的长期实践中积淀形成的宝贵精神财富,是在实践中服从真理、坚持真理、追求真理的求真、求实的自觉意识。科学精神对于完善人的精神世界和铸造完善的人格具有重大的促进作用,发扬科学精神、推动科学事业的发展,可以推动社会和人类的发展,可以促进人文精神的进步。大力倡导和培育科学精神、促进人的全面发展,对推进社会科学发展具有重要作用和意义。

人文精神是以尊重人,爱护人,关注和促进人民、人类利益和社会进步为核心的求善、求美的自觉意识。人文精神从根本上是以全面实现人的自由个性为目标,是为了人的自由而全面的发展,是人对于人的崇高尊严、人的无可比拟的价值、人的广泛的能力的信仰和实践,也是在具体历史条件下真、善、美辩证统一的集中体现。马克思认为,"'历史'可不是利用人作为工具以达到自己目的某种特殊的人格,它不过是追求着自己目的的人的活动而已。"①

科学精神和人文精神在实践中是辩证统一的,是融通互动、互动共生的。首先,科学精神和人文精神都是人类精神不可或缺的内在组成部分,是人类实践必不可少的精神动力。其次,人文精神不是单纯的非理性精神,而是追求真理、追求自由、追求解放的理性意识。最后,从某种意义上看,科学精神本身就是一种人文精神,这是因为,科学作为一种认识活动,为追求知识和真理而奋斗、为人类的福祉和自由而努力,所体现的正是最根本的人文精神;同时,科学精神深刻地影响着人的思想,影响文化的更新和发展。科学精神和人文精神是人类文明的灵魂,是推动人类社会向前发展的取之不尽、用之不竭的精神动力,二者有机统一结合将是人类文明进步的不竭源泉。

从上面的论述可以看出,科学精神与人文精神是协调统一的,而不是割裂和对立的。科学精神与人文精神的关系有一个历史演变的过程。在人类早期的文化母体中,二者完全是内在地融为一体的,无论东方还是西方都如此。科学就是文化的存在,不仅表现为形式上与哲学、宗教、艺术的浑然一体,更主要的是内容上与人的存在的统一,人始终都是科学的追求。

---

① 列宁. 列宁全集(第55卷)[Z]. 北京:人民出版社,1990:19.

随着社会分工的逐步深化，在人类步入近代工业文明之后，科学文化和人文文化的分野也逐渐凸现出来。近代科技文化与人文文化的分裂，使得自然科学技术愈演愈烈。在近现代的文化中，实际上一直存在着两种文化——科学主义与人文主义思潮之间的尖锐对立。理性与科技结合所形成的科技理性主义日益成为对人本主义的挤压。前者无限夸大科学的地位和作用，把科学理念不加限定地推广到人文科学的一切领域，导致了人文精神的失落。人本主义则无限夸大人的非理性因素，如人的意志、情欲、生命、潜意识直至本能的作用，造成科学精神和人文精神的严重分离。

实际上，人文精神并不简单等同于那种以文艺复兴中的原则为限制的“人文主义”。人文精神是对传统宗教的反叛，这同当时的科学精神是一致的。正是达·芬奇、莎士比亚等大师在人文领域主体性、创造性的贡献，才产生了哥白尼、伽利略在宇宙观上对宗教神学的反叛；有了牛顿的“力学体系”，以及达尔文的“进化理论”。科学精神与人文精神的割裂是对这两者的片面和歪曲的理解。

(3)科学精神与人文精神的融合是科学发展的重要条件

科学文化和人文文化被人为地割裂，其原因是多方面的。既有所谓的科学主义的偏激，也有人文主义的偏见，尤其是社会和公众片面地看重和强调科学的技术应用、经济效益和功利价值，而忽视和漠视科学的精神价值和文化意义。

从精神层面看，科学精神与人文精神具有统一性，科学技术改变物质世界的过程就是人的精神对物质进行能动的改变的过程。物质与精神只有在契合点时才能上升为意义和价值层面，才具有精神和文化功能。科学在本质上是一种充满人类理想和激情的并与人类自身发展、前途和命运息息相关的社会活动。科学技术的双重属性告诉我们：科学技术既是一种物质力量，具有生产力功能，是现代社会生产力发展的主要源泉，具有开辟道路、决定生产力发展水平及确定方向之作用，是第一生产力；同时，它也是一种精神力量，具有文化功能，它对精神文明建设起作用。

从文化方面看，文化本身都具有实践性。文化问题是马克思唯物史观的重要关注对象，马克思对于人的实践活动的整体性与文化的人化本质的论述构成其文化形而上的基础。马克思主义哲学认为文化是人的本质力量的对象化，是人类创造性劳动的结晶，是人类为了适应和改造自己的生存环境而进行的精神生产的产物。“自然界没有制造出任何机器,没有制造出机车、铁路、电报、走锭精纺机等等。它们是人类劳动的产物,是变成了人类意志驾驭自然的器官或人类在自然界活动的器官的自然物质。它们是人类的手创造出来的人类头脑的器官;是物化的知识力量。”①人参与历史的创造过程是通过实践完成的,正是由于实践人类创造了强大的物质文明和精神文明,科学文化与人文文化成为两大文明的重要表征。

由此,马克思和恩格斯提出了实践是科学与人文统一的基础。不仅把科学看作生产力,而且把科学与具体的经济制度和社会形态联系起来考察,从人类全部社会生活与实践的关系上去理解和把握科学与人文的关系,正确指出了科学与人文统一于人类社会实践活动,尤其是这一活动的基本形式——生产活动中。在实践中生成的社会,是人类对自然界进行改造的结果,是人化的自然,也是现实与理想、科学与人文、事实与价值、实然与应然的统一体,它既有源于自然的自然物质性、客观因果性,又有源于人的生命和精神需要与追求的人文价值性、主观目的性,高度体现了科学与人文融合的结果。科学精神与人文精神正是渗透于人类生活方式中的文化意识和观念,是与特定的人类生活方式的总体连为一体的。因此,两种精神得以生存的基础是现实生活世界,它们就是统一在人类的生产实践之中的。由此而言,科学精神与人文精神的融合是科学发展的基础条件。

3. 科技发展服务人

(1)科技异化——科技与人相背离

科技异化指在一定的社会条件下,主体的科技活动及科技活动所取得的科技成果,背离主体人的需要和目的,成为人难以驾驭的力量,并反过来控制人、统治人、危害人的特殊现象。科技异化主要指从科技活动中派生出、创造出与科技活动主体人相异化的力量。科技本是人的活动,是从属于人的力量,应服务于人,体现人的目的,满足人的需要,而现实中却出现了异常的状态:科技否定人的目的、否定人的价值、背离人发展和应用科技的初衷、危及人的生存和发展,人受制于科技、隶属于科技。这种异常即是我们所指的科技异化。

20世纪是科技迅猛发展的时代,也是科技的魅力和威力得以充分展现的

① 马克思,恩格斯. 马克思恩格斯全集(第46卷[下])[Z]. 北京:人民出版社,1980:219.

世纪。与此同时，科技异化问题也更为普遍和剧烈，伴随着科技的发展和广泛应用，科技异化问题存在于社会生活的众多方面。由于科技威力的强大，科技异化也对人类构成了巨大威胁。当今世界科技异化主要表现在以下方面：

第一，科技异化十分广泛。由于现代科技成果的广泛应用，科技所导致的问题也存在于方方面面，在现代工业生产中，科技成果的应用带来了环境问题；在农业生产中，大量使用化肥和各种药性很强的农药，结果破坏了土壤，干扰了生态平衡。同时，类似于三聚氰胺、苏丹红等新兴科技产品应用于食品加工，带来了不可估量了可怕后果。科技霸权和科技垄断造成了国家间矛盾。日常生活中，无论社会生活和个人生活都深受科技影响，科技异化如影随形，渗透到人们生活的各个方面。

第二，科技异化极为复杂。20 世纪的科技已完成了其社会建制，科技真正成了社会的重要部分，与社会政治、经济、文化等各个领域联系甚密，科技进入了“大科学”时代，某一科技成果的影响常牵涉众多方面和领域，因而，科技所带来的问题也具有多面性，各方面的问题又相互交织，科技异化问题也就变得十分复杂。人类在工农业生产中展现了其对自然的改造能力，这种能力使人甚至可以随心所欲地改造自然和利用自然。因此产生过度开发和污染导致物种的减少和资源的缺乏，也引发和加剧了各国为争夺有限资源而发生的矛盾、冲突和战争。在污染的环境中生活，人的身心也受到严重的影响，各种“现代疾病”威胁着人的健康和生命。基因技术的发展和应用威胁着生物多样性；网络技术带来网络犯罪、网络痴迷、数字鸿沟等新问题。科技在战争中的应用不仅危及生命，而且造成严重污染。

第三，科技异化程度不断增强。由于科技的发展，科技在许多领域的应用表现出强大的威力，这种强大的威力不仅体现在科技的建设性功能上，同样也体现于其破坏性效果中，科技异化的程度空前强化。高科技武器都具有毁灭性威力；工农业技术造成的污染，致使一些动植物的物种灭绝，使土壤退化或荒芜，并破坏着离地面遥远的大气臭氧层，直接威胁到人的生存；科技重塑的能力被误用或滥用，使科技不仅在自然生命上改变植物、动物和人，同时也在社会属性上改变着人，即在自然和社会的双重意义上重新塑造人，而其中存在的科技异化也进一步增强和加剧。①

---

① 陈翠芳．科技异化问题研究［D］．武汉大学，2007.

总体而言,科技异化使科技与人相背离,科技在发挥越发重要的不可替代作用的同时,对人类的生产与可持续发展造成威胁。其影响范围在扩大,其程度在加剧,科技异化仍是我们在新世纪不得不面对的巨大困境。正视科技异化,深入分析并寻求解决科技异化问题的有效途径,成了今天人类的当务之急。

(2)科技人化——科技与人的协调统一

关于科技异化产生的原因,国内外学者具有不同的观点。国外的观点集中于三个方面:第一,着重强调科技异化在于运用科技的外部因素,而与科技本身没有必然联系;第二,认为"科技异化"的主要原因不在于社会,而在于科技自身;第三,是马克思的观点,他认为异化的根源在于科技的资本主义应用,科技对人的奴役其实质是人对人的奴役。与此同时,我国大多数学者将科技异化的原因归纳为社会异化、人的异化以及技术本身的异化。

认识科技异化的原因,是消除科技异化的基础,根据各种可能的原因采取不同的措施,以求消除科技异化。但是,在如何消除科技异化的措施方面,学者的思路也有所不同。一种思路是从科技与人性的关系入手进行研究,寻找突破口,在此基础上提出以人类的最高利益为目标,以科技人化取代科技异化;第二种思路是从历史观出发,认为科技异化的根源在于历史本身的影响;第三种思路是沿着价值观的进路,把科技异化与社会价值结合起来研究,提出必须建立合目的性的社会价值观,建立合目的的技术价值评价规范,实施可持续发展战略。

科技人化是当前一种全新的科技观,科技人化也是消除科技异化的主要措施。"科技人化"可以界定为:科技的人性化、人文化、人道化,把科技完全建立在人的基础上,始终围绕人的个性自由、现实生存、未来发展进行,使科技复归于人的生活世界,并真正成为人的科技。其基本观点是:科技必须"以人为本","关心人的本身,应该始终成为一切技术上奋斗的主要目标"。[①] 强调科技人化的主要意义在于解决现代社会中各种与科技相关的问题,消除种种科技异化现象,使科技在人的掌握之中,能服从人的需求,消除科技中人被物化的现象,保证科技的发展和应用能增进人的最终幸福,特别是整个人类的最大幸福和最大利益。

---

① 李彦军. 产业长波、城市生命周期与城市转型[J]. 发展研究,2009(11):4-8.

消除科技异化必须以人性主导科技。科技是人的活动,人发展和应用科技的动机是为了人,而人的最基本特性——自然属性、价值属性、道德属性、意识属性等共同构成了人的本性,其中道德属性、价值属性和意识属性是人性的核心内容。在人性与科技的关系中,人性是主导,无论科技的发展程度有多高,都应始终以从属于人性、服务于人性为本分,人性发展和完善的需要及其进程支配着科技的发展和应用,如果违背了这一原则,科技将偏离其正常的轨道,科技异化就成为必然。需要以人性为基础对科技活动及其成果的全面审视,它包括几个基本方面:其一,审视科技活动及其成果是否有利于人的身心健康和协调发展;其二,审视科技活动及其成果是否有利于绝大多数人乃至整个人类;其三,审视科技活动及其结果是否符合人的长远利益。同时,应将以人性主导科技的原则贯穿于科技活动的整个过程,也就是要求对科技活动的各个阶段、环节进行符合人性的审视、判断和选择。科技人化的实现对策包括:确立正确的科技价值观;促进科技文化与人文文化的融合;构建以可持续发展为目标的现代科技伦理体系;建立合理的科技发展评价机制。

4. 科技发展依靠人

(1)科学发展中人的地位

发展观的基本问题是人与物的关系问题,包括两种状态,即以物为中心和以人为中心。以物为中心要么认为经济增长就等于发展了,一切问题就都解决了,要么就是极端的环保主义,认为人类应当回到从前。科学发展观中的"以人为本"蕴涵着对当代发展中是否应该坚持人本主义导向的回应。文艺复兴后,西方确立了人本主义的发展导向。"人本主义"、"人道主义"和"人文主义"的含义大致相同,人道主义的发展理念中内涵着以人为中心、以人为目的的意义,这些构成了现代发展观中的人本主义导向。但人本主义的发展导向在现代社会遭到挑战,被看作当代社会发展危机的主要根源,这种挑战表现为对"人类中心主义"的批判,认为人类是自大的,人类的优越感是无根据的。极端的人类中心主义和无节制的理性确实给人类带来了危机与灾难,但我们不能从一个极端走到另一个极端,因为危机与灾难不能通过另一个极端化解。

现代批判理论对人类生存状态的不安恰恰体现了其人本主义的关怀。马克思主义批判了人本主义在资本主义社会中的实现方式,但肯定了其内在的精神倾向,把人的自由和全面发展作为其最终理想,体现了马克思主义的人文关怀。“以人为本”的发展理念同样内涵着人文关怀,它肯定了人的主体地位和作用,这种肯定超越了片面的人类中心主义。“以人为本”在当代的动态内涵,即满足人们的物质文化生活需要,这是现阶段“以人为本”的具体体现。随着经济社会的发展和人民生活水平的提高,人民将会有更加全面的利益诉求,“以人为本”的内涵将会更加全面和丰富。

这种清楚的认识既能使我们对人类的未来发展保持着乐观的期待,而又不流于空幻的对“以人为本”寄予过分的期望。“以人为本”主张发展应以人民的根本利益为出发点和落脚点,发展依靠人民、发展为了人民、发展成果由人民共享。它不同于西方的个人主义,与之有着本质的区别,也不同于抽象的人本主义,而是把人放在具体的社会发展阶段,把“人”的范围限定为最广大的人民群众,没有任何的民族区别。“以人为本”的发展观强调通过物的发展来实现社会和人的全面发展,这是科学的新发展观,只有这样人在发展中的位置才是正确的。

人作为生产力中的主体性要素,在当今的科技与信息时代,又集中体现为人是先进科学技术的创造者和操控者。当前,随着高科技发展和经济全球化进程的加快,科技创新能力高低已经成为各国之间经济实力、综合国力竞争的决定性因素。科技的创新和科技向产业的转化都离不开科技人才,或者说关键取决于科技人才的质量和数量。掌握着先进科技与管理的科技管理人才已经成为当代先进生产力的主要代表者,科技人才的争夺则成为当今国际激烈竞争的焦点。因此,将发展生产力转到依靠科学进步和提高劳动者素质的轨道上来,为充分发挥人的主体性开辟了广阔的道路,也是新的时代条件下对以人为本的进一步肯定。

(2)公民科学素质提高是社会进步的助力器

公民科学素质建设是坚持走中国特色的自主创新道路,建设创新型国家的一项基础性社会工程,是政府引导实施、全民广泛参与的社会行动。

科学素质是公民素质的重要组成部分。公民具备基本科学素质一般指了解必要的科学技术知识,掌握基本的科学方法,树立科学思想,崇尚科学精神,并具有一定的应用它们处理实际问题、参与公共事务的能力。提高公民科学素质,对于增强公民获取和运用科技知识的能力、改善生活质量、实现全面发展,对于提高国家自主创新能力,建设创新型国家,实现经济社会全面协调可持续发展，构建社会主义和谐社会，都具有十分重要的意义。

我国学者郭传杰、褚建勋等人认为："科学素质是一个有结构的完整系统，它以基本文化素质为基础，内涵部分由不同的要素构成，外在部分具有不同的功能。在科学素质系统的结构认知中，在基本文化素质的基础上，科学素质可分为要素结构和功能结构两大板块，其中要素结构包括STS、意识、方法和知识；功能结构包括文化功能、参与功能、生活功能等方面。"①提高公民科学素质，首先要提高认识、科学规划、常抓不懈；第二，要加大科普力度，使公民学习和掌握科学知识；第三，要改革教育体制，紧抓不同教育阶段的科学素质教育；第四，要加大对图书馆、科技馆等基础设施的投入；第五，要塑造新文化环境。

综上所述，这种新文化应该以科学精神为核心，强调科学精神与人文精神的融合，倡导科学技术所形成的那种实事求是、客观公正的本性，否定迷信，不承认教条，不因循守旧，敢于创新的创新意识，学术自由民主，在真理面前人人平等的科学观念，以及为真理和正义而义无反顾的科学品格等。②

二、服务论——科技北京的功能导向

科技北京建设不仅会带来首都城市系统内部的结构调整，也必然影响北京城市系统在其外部环境中的功能定位，主要原因有以下几点：第一，北京区域科技创新体系在国家创新体系中具有"核心"的战略地位，科技北京建设必须凸显北京科技体系在全国创新体系中不可替代的龙头作用；第二，北京城市自身的经济功能正在从生产型向服务型转变，科技北京建设不仅加快了转变的速度，深化了服务的内容，也将最终确立"对外服务是北京自身持续发展根基"这一基本的发展格局；第三，在科技国际化、创新型国家建设的大背景下，北京对外科技服务的相对重要性将大幅提升，科技北京建设将进一步提升北京的科技资源的凝聚、整合与辐射力，国际科技创新枢纽功能进一步强化。由此可以看出，科技北京建设将进一步强化北京的"中心"功能，而对外服务则是"中心"功能的核心与本质。因此，培养服务意识、塑

---

① 郭传杰，褚建勋，汤书昆，等．公民科学素质：要义、测度与几点思考[J]．科普研究，2008，3(2)：26－33.

② 张平．增强公民科学素质 提高全民科学素养[J]. 2006(11).

造服务能力、提升服务质量就不仅是决定北京在发展环境中的功能定位的依据，衡量科技北京建设的价值尺度，更是北京精神的核心与北京持续发展的基础与根本；也是科技北京不同于其他科技城市建设的最突出特色。

1. 首都城市的本质特征与服务思想

科技北京建设之所以不同于任何其他城市的科技建设，是因为科技北京建设基于北京作为国家首都这一城市核心特性展开。“中心性”是首都城市的最突出的特征。中心性将直接影响着科技北京的本质特性。

(1)北京首都地位的服务性特征——城市中心性的本质是对外服务的相对重要性

首都城市的核心功能是国家的政治中心。在漫长的发展历史中，北京基于首都城市这一核心功能衍生出许多附属功能，它同时还成为国家的文化中心、科技中心、教育中心、经济中心、信息中心等。中心性成为首都城市最突出的特征。

中心性(Centrality)是城市地理学中的一个重要概念。德国经济地理学家克里斯塔勒在其《德国南部的中心地》[①]一书中最先提出“中心地”和“中心性”理论。该理论第一次将经济学的价值观点和地理学的空间视角结合，探讨了完全均质空间假设条件下，作为服务中心的城市在区域中所发挥的作用。“中心地”是指为自己及以外地区提供商品和服务等中心职能的居民点；“中心性”是衡量“中心地”等级高低的指标，是指“中心地”为其以外地区服务的相对重要性，换句话说，“一个地方的中心性等于它的重要性盈余(The Surplus of Importance)，即等于该地区对于隶属于它的一个区域的相对重要性”。[②]

美国社会学家伊万继续发展了“城市中心性”概念，他认为，中心性是反映城市在空间交互作用网络中地位的概念，所以应该用城镇间实际交互作用指标来代替工业专门化、城镇规模、城市地位等表示交互作用结果的指标来测量中心性。[③]

中心地理论在20世纪60年代引入我国，之后得到广泛应用。克里斯塔

---

① W C. *Central place in Southern Germany*[M]. NJ and London: Prentice Hall, 1966.

② W C. *Central place in Southern Germany*[M]. NJ and London: Prentice Hall, 1966: 149.

③ 周一星，张莉，武悦. 城市中心性与我国城市中心性的等级体系[J]. 地域研究与开发，2001，20(4)：1-5.

勒最早用电话指数作为度量中心性的指标，运用区位商的办法从中心地的电话总数中减去由中心地当地消费所产生的重要性。后来普莱斯顿提出简化的中心性计算模型，并用零售业和服务业销售总额的指标来计算中心性指数。马歇尔利用中心职能数和职能单元数的指标，沿用克氏的区位商方法计算中心性。伯纳茨和欧文通过量测城市个体间交互作用的量和方向，将中心性量化为实际操作模型。这些研究为计算中心性提供了基本思路。①

无论是区位商法、正常城市法，还是最小需求量法，其核心都是从城市服务总量中减去中心地自身消费的服务量，由此判断城市中心性的等级。由此可见，城市中心性的本质是对外服务的重要性减去为自身服务后的盈余。中心性概念的精神实质是对外服务的相对重要性。城市中心性概念的这个精神实质被各国学者认可和继承。

依据上述理论，北京作为全国最重要的、最高级别的中心城市，必然是对外影响最大、对外提供的服务相对最重要的城市，从上面的论述中可以得出以下结论：第一，北京这样的中心城市其基本功能是对外服务，依据其服务质量、服务规模、服务内容决定其中心等级；第二，中心城市的对外服务是其中心城市发展的基础与根基，离开了对外服务，中心城市的生存、发展就会失去动力，中心城市在与外部环境的关系中更加依赖于对外服务。在此意义下，不仅对外服务是中心城市形成与持续发展的根基，服务思想应是中心城市始终秉持的城市理念。

(2)北京经济结构的发展趋势——以服务业为主导

始于20世纪90年代中期北京经济步入一个新的历史发展阶段，基本特征是北京经济结构逐渐服务化，这表明北京正在从生产型城市转变为服务型城市。

从产业结构上分析，北京的产业结构服务化已经基本完成，从1995年至今已经形成了稳定性的“三、二、一”产业格局。从1995年开始，在北京的产业结构比重中，第三产业超过50%，首次超过第二产业成为首都经济的主导产业，2006年第三产业比重达到了70%，至2010年第三产业比重超过75%。与此同时，第二产业和第一产业的比重则下降为24.1%和0.9%。北

① 周一星，张莉，武悦．城市中心性与我国城市中心性的等级体系［J］．地域研究与开发，2001，20(4)：1－5.

京市这种稳定的"三、二、一"产业格局,是改革开放以来产业结构调整与优化成果的体现,反映出伴随知识经济时代的到来,一个开放国家的首都从生产型城市向服务型城市转变的发展过程,这种发展历程适应了首都城市功能定位与资源禀赋的要求,体现了首都城市现代化发展的内在要求。如表3-1和表3-2所示。

表3-1 北京的三大产业比重结构变动表

年份＼产业比重(%)	第一产业	第二产业	第三产业
1980	4.3	68.9	26.8
1985	6.9	59.8	33.3
1990	8.8	52.4	38.8
1995	5.8	44.1	50.1
2000	2.48	32.68	64.8
2005	1.4	30.9	67.7
2006	1.3	28.7	70
2007	1.0	25.5	73.5
2008	1.0	23.6	75.4
2009	1.0	23.5	75.5
2010	0.9	24.1	75.0

资料来源:1980—1999年数据来源于景体华《北京经济、社会形势分析与预测2000年经济社会蓝皮书》第422页,首都师范大学出版社,2002年;2000—2005年数据来源于北京市统计局《2011年统计手册》第26~27页。

表3-2 北京市三次产业从业人员及构成

年份	从业人员(万人)	第一产业	第二产业	第三产业	一产比重(%)	二产比重(%)	三产比重(%)
1978	444.1	125.9	177.9	140.3	28.3	40.1	31.6
1980	484.2	118.0	207.3	158.9	24.4	42.8	32.8
1985	578.4	97.1	254.3	223.4	16.9	44.2	38.9
1990	627.1	90.7	281.6	254.8	14.5	44.9	40.6
1995	665.3	70.6	271.0	323.7	10.6	40.7	48.7
2000	619.5	72.9	208.2	338.2	11.8	33.6	54.6
2001	658.9	71.2	215.9	341.8	11.3	34.3	54.4
2005	878.0	63.2	231.1	584.7	7.1	26.3	66.6
2006	919.7	60.3	225.4	634.0	6.6	24.5	68.9
2007	942.7	60.9	228.1	653.7	6.5	24.2	69.3

续表

年份	从业人员（万人）	第一产业	第二产业	第三产业	一产比重（%）	二产比重（%）	三产比重（%）
2008	980.9	63.0	207.4	710.5	6.4	21.2	72.4
2009	998.3	62.2	199.6	736.5	6.2	20.0	73.8

资料来源：北京统计信息网，北京市2010年度统计年鉴。

产业结构的服务化对北京的影响不仅体现在物质与器物层面，还将深刻影响北京的文化氛围与精神建设。一方面，服务业的职业规则与精神潜移默化地影响着人数最多的服务业从业者，平等精神、互利精神、合作精神、奉献精神、责任精神等服务理念中的核心思想潜移默化地影响着人们的行为规范，逐渐被社会所接受和遵循；另一方面，人们生活的服务化已经成为社会基本的生活方式，服务与被服务成为社会生活的最普遍的现象，服务精神与服务理念渗透在社会生活每一个角落，在此基础上衍生出的服务文化，在一定程度上已经成为人们普遍接受并自觉遵循的行为规则。服务意识、服务理念已远远超出职业规范领域，已经上升为社会普遍接受的行为准则。顺应这一潮流，遵循服务经济发展的规律，完善社会的服务理念是科技北京建设需要解决的重要问题之一，因为科技北京建设将极大加快北京服务业质量的提升与服务业结构现代化的进程，也将因此加快北京社会的服务理念的社会接受程度。

（3）北京作为国家科技体系龙头的核心功能——科技服务

北京是全国最大的科技创新中心，创新成果辐射全国。北京是全国科技创新资源最为密集的区域，每年产生大量的科技创新成果，这些成果以技术市场为主渠道，通过技术服务等方式辐射全国各地。

北京作为全国的技术创新中心地位，北京技术市场长期保持中国最大技术输出源的战略地位，辐射外省市和技术出口占总额比重最高年份达到78.4%。“十一五”期间，北京辐射外省市技术合同成交额由325.3亿元，增加到654.8亿元，年平均增长19.1%，累计2372.7亿元，占北京输出技术的43.8%。其中环渤海、长三角和珠三角对京技术依赖度①分别达40.3%、13.5%和21.6%。北京积极发挥首都高技术服务业高端、高效、高辐射的创新引领作用，不断深化与外省市的合作，对全国尤其是三大经济区域的发展产生了巨大的拉动作用。据测算，外省市对北京的技术依赖度超过50%的

① 对京技术依赖度=（吸纳北京技术/同期吸纳全国技术）×100%。

有十几个城市。

2010 年，北京技术市场技术合同成交额突破 1500 亿元，其中技术交易额(扣除非技术交易部分)突破 1000 亿元。北京输出技术合同 50847 份，成交额 1579.5 亿元，比上年增长 27.8%，是 2005 年的 3.6 倍。与此同时，北京技术合同成交额在全国的比重继续增长，2010 年技术合同成交额占全国总量的 40.4%(见图 3－1 和图 3－2)①。北京技术市场早已超出了任何区域性市场的功能边界，发挥着全国技术交易中心的功能和作用。

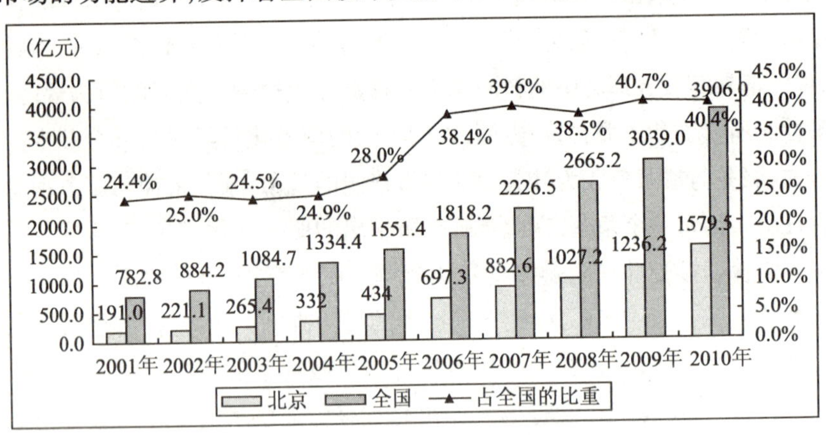

图 3－1　2001—2010 年北京技术交易额占全国的比重

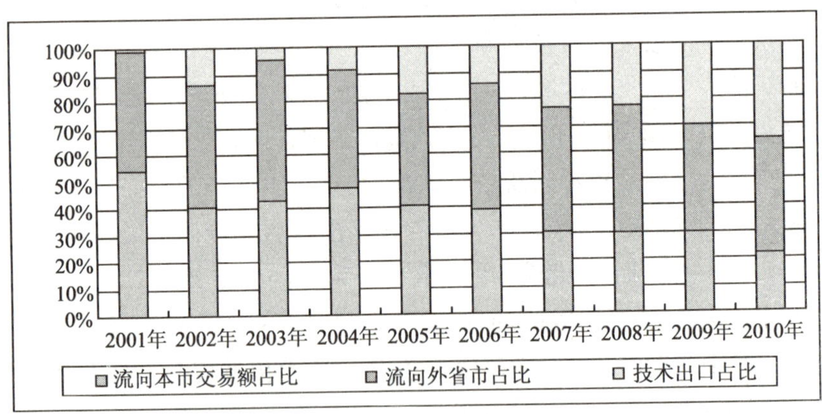

图 3－2　北京技术流向情况

① 资料来源：北京技术市场管理办公室．全国技术市场统计简报．

北京作为全国的科技创新中心，对全国的科技输出，越来越多地通过技术服务来实现，北京的研发服务业得到长足发展，已经逐步成长为支撑首都经济发展的重要力量。“十一五”期间，北京技术合同成交额中技术服务合同额的比重始终保持在60%以上，且呈上升趋势，2010年突破70%达到75.5%。北京市高新技术产业、科技服务业和信息服务业增加值从“十五”末的1573.3亿元增至2010年的3021.6亿元，年均增长14%，占同期地区生产总值的21.9%①，在形成服务主导型的产业结构中发挥了中流砥柱的作用（详见图3-3）。

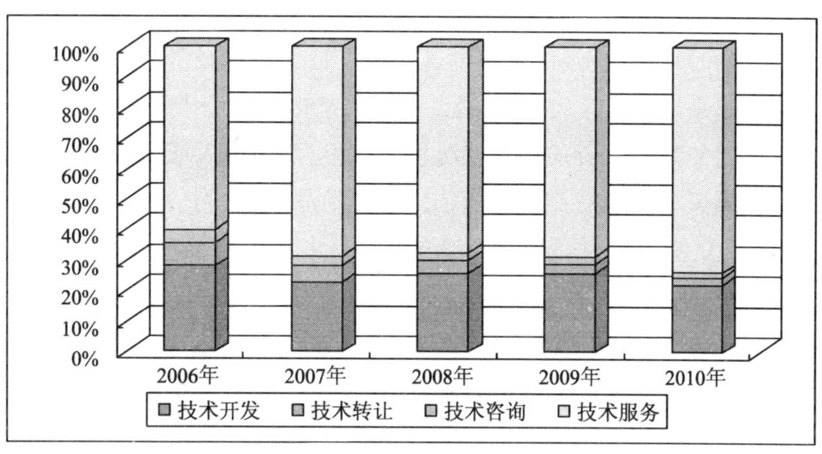

图3-3 “四技”合同构成情况

科技北京建设将进一步稳固北京的科技创新中心地位，也将进一步强化科技服务功能，对外科技服务将成为发挥北京对全国实现高端科技引领、支撑作用的主要载体，研发服务业也将成为未来北京服务经济中的重要支柱产业。

综上所述，基于城市的中心性特征形成的对外服务功能已经成为北京自身持续发展的基础。科技北京建设将极大强化北京的对外服务功能，继而进一步夯实北京自身持续发展的基础。

2. 服务理念的精神实质

（1）服务的含义

按字面解释，“服”是承担、从事的意思，“务”指事务、事情、工作。汉语

① 数据来源：北京技术市场管理办公室，北京统计局．2011北京统计手册．

大词典把“服务”解释为“为社会或他人的利益办事”。所谓服务就是为社会或他人办事,从事或承担有利于他人或社会的事务,为满足他人的需要提供帮助贡献力量,也即为社会或他人的利益而工作。

《辞海》则将“服务”诠释为“不以实物形式而以提供活动的形式满足他人某种需要的活动”。关于服务内涵的概括,可以追溯到18世纪中叶重农主义者对服务的定义:“农业生产以外的其他所有活动”,亚当·斯密(Adam Smith,1723—1790年)在其生产与非生产性劳动理论中对服务内涵作了进一步的修正,提出服务是“不产生有形产品的所有活动”。早期服务经济学家的服务经济思想集中体现在马克思、萨伊、巴师夏、瓦尔拉斯、李斯特和马歇尔等经济学家的著作中。近代西方经济学意义上服务的概念概括起来主要有三种含义:第一,如果某个人或企业提供某种帮助或使用价值而使其接收者的福利状况得到改善,则这个人或企业就是在提供服务;第二,服务是具有交换价值的无形交易品,其使用价值可以是瞬时的(娱乐)、重复使用的(信息)和可变的(专业化咨询);第三,服务是个人或企业有目的的活动结果,可以取得报酬,也可以不取得报酬。其中,代表性定义由经济学家希尔(Hill,1977)给出,他认为服务是指状态的变化,这种状态的变化可以发生在某个人身上,也可以发生在属于某个经济主体的物身上。这种状态的变化是另一个经济主体的劳动结果,所谓状态变化是强调服务的结果。这是从便于对服务进行经济计量的角度所作的定义,因此,具有较强的适用性。①

国内对服务这一概念的争论以20世纪90年代初李江帆教授《第三产业经济学》的诞生为标志告一段落。《第三产业经济学》一书首次全面系统地提出并论证了服务产品的概念。所谓服务产品,就是指非实物形态的劳动成果。服务产品与实物产品共同构成社会产品。黄少军从强调服务产权特性的角度对服务进行了定义:服务是一个经济主体受让另一个经济主体的经济要素的使用权并对其使用所获得的运动形态的使用价值。这里,经济要素的概念是指一切具有经济价值的客观对象,包括劳动、资本、知识等一切具有使用价值的客观物质财富。这一对服务内涵的界定与联合国1993年公布新的《国民经济核算体系》中服务不再是无形产品,而是“不是能够确定

① 曹跃群.中国服务业发展的现状及对策研究[D].重庆大学,2004.

其所有权的独立存在实体”相一致。

(2)服务的特性

服务的基本特征主要包括非实物性、即时性、不可储存性、所有权缺失、互动性和差异性。服务最本质的特征是非实物性即无形性,主要是指服务不存在实物形态,而是作为活动提供的,其使用价值可以是瞬时的(娱乐)、重复使用的(信息)和可变的(专业化咨询)。由于其无形性,所以服务不存在所有权交换问题,不能够注册专利,没有存量。基于服务的这一基本特征,衍生出即时性、不可储存性、所有权缺失性、互动性和差异性等其他的特征。即时性是指服务在生产与消费同时进行,并且在客户参与的情形下完成,当服务产品生产的同时,其销售、消费也同时在进行。不可储存性是指由于服务产品的无形性、非实物性决定了其不可储存性,长途客车上的空位或者饭店里的空房间虽然没有被消费,但是却无法保存其当时的使用价值。所有权缺失是指由于服务产品的无形性,顾客只能获得服务产品的使用权,而无法获得所有权。互动性是指服务生产过程客户是直接参与其中的,服务只有消费者的参与才能完成,消费者与服务者的互动是服务质量的重要决定因素。差异性是指服务产品很难规则化和编码化,往往每一个服务都有个性的一面,难以实现统一的服务产出和服务质量的精确测量标准,服务是不标准的和非常可变的,是因人而异的。

(3)服务的精神

尽管伴随着服务产业的发展学界对于服务的概念及其内涵有了一些讨论,迄今为止在哲学层面上对于服务的精神实质却鲜有研究,为数不多的讨论也仅仅是从政治学角度出发,在道德层面上对于为人民服务精神进行论述。这里,我们将尝试从服务的本质属性出发展开论述。依据服务的本质特性,我们认为服务概念中包含了奉献、合作、责任、平等以及利他五种精神。

1)奉献精神

依据服务是否付费,可以将服务分为有偿服务与无偿服务。在社会中的服务不一定都是需要付费的,有很大比例的服务是无偿的。所谓雷锋精神的本质特征就是为他人提供无偿的服务,也可以概括为为人民服务。这种服务是纯粹利他的,服务者只有奉献没有索取,是一心一意为他人、为人民、为社会、为国家作贡献。奉献精神是指为了维护社会公共利益或他人利益,个人能够自觉地让渡、舍弃自身利益的一种高尚品格。尤为重要的是,在公共利益与个人利益发生矛盾时,服务者将舍弃个人利益保全公共利益或他人利益,这种谦让的品格是奉献精神的核心。尽管在市场经济高度发展的今天,这种无偿服务并不构成社会化服务的主体,绝大多数的服务是取费的,但是即便是取费的服务,其发展的基础之一也是奉献精神。实践中当服务者与被服务者的利益发生矛盾时,那些具有奉献精神的服务者将最终赢得市场,而那些斤斤计较于个人得失的服务者往往最终失去消费者信任、失去市场。

2)合作精神

服务产品的生产过程同时也是消费过程,消费者与生产者共同参与才能完成一项服务,消费者与生产者的合作互动是服务产品生产销售的关键。所以,服务必须秉持合作精神,服务者要时刻想到消费者的需求,依据消费者的个性需求设计、生产、销售服务产品。服务产品的生产不仅需要服务者与消费者合作,还需要服务者之间合作,因为每一项服务的产生往往都需要服务者之间的通力合作。尤其是伴随着服务的社会化程度越高,服务行业的市场竞争就更加激烈,服务创新就成为赢得市场竞争的关键,此时更需要服务者之间合作以及服务者与消费者的合作。合作关系越密切越多,对消费者的需求了解越透彻,也就越可能产生创新服务产品,合作精神是服务产品生产的关键,更是服务创新的关键。

3)责任精神

服务产品的无形性与即时性,导致服务产品具有差异性。面对不同的消费者,即便是统一服务,因消费者的感受不同、认识不同,他们对服务质量的评价也会有所不同。一项服务对于服务者和消费者来说无论如何也不可能做到完全的信息对称,消费者与服务者之间总会或多或少地对服务质量存在认识上的差异。正是因为这种特征,服务质量的保证就更加需要责任意识。所谓责任意识是指服务者要对消费者负责,无论消费者对于消费产品的内容质量是否了解、了解程度高低,服务者都要自觉遵守服务标准,尽可能提供符合辅助质量标准的产品,不能因为消费者对消费信息的差异而提供的服务质量因人而异。由于关于服务质量的信息在服务者、管理者与消费者之间存在绝对不对称,所以服务者的责任意识就格外重要,甚至成为服务水平与质量的核心要素。

4)平等精神

平等精神在服务中体现在两方面:一是平等地对待每一个服务对象。由于服务产品的根本特性,在服务消费者与服务产品提供者之间存在天然的信息不对称,服务者就更需要坚持平等精神。平等地对待每一个消费者,无论贫富、地位高低、年龄长幼、对服务产品了解程度、新老客户应一律平等对待。二是服务者与被服务者坚持平等关系。既不要因为是服务者就感觉低人一等,更不能因为服务企业的规模、服务的垄断程度、消费者对服务依赖的刚性程度而把服务变成“管理”,凌驾于消费者之上。尤其是那些基于国家行政权力形成的行业垄断企业、消费者依赖程度很高的服务行业,更应该强调平等精神。

5)利他精神

在市场经济体制下,更多的服务是付费的,服务生产者与消费者之间是平等的经济主体,服务者只有通过为消费者提供满意的服务才能获得利益。这种服务是面对面的,是直接感知消费者需求的,也是以消费者的满意为前提的。所以,必须坚持利他精神。只有利他才可能实现自身利益,利他是互利的基础,互利才能共赢。利他精神包含两个方面:一是在遇到矛盾时要以消费者利益为先,以消费者的需求为服务生产的出发点与归宿;二是服务产品生产要建立有效的监督机制,使服务产品信息尽可能地在消费者与服务者之间做到信息对称,最大限度保护消费者利益。

作为一个以服务为基本功能的城市,服务精神、服务理念的尊崇具有重要意义。不仅是城市性质的要求,也是城市发展的需要。尤其是科技北京建设将极大地强化首都城市的对外服务功能,首都城市以往作为区域经济发展极,与周边地区与城市的关系将彻底改变。无论是区域经济一体化对北京经济功能的新定位,还是创新型国家建设对北京科技体系赋予的新任务,以及科技国际化背景下,北京在国际科技资源配置中的地位的新改观,都要求在首都城市与外部环境的关系中根本改变以往以“回波效应”为主的局面,转变为以辐射效应为主,成为以科技服务为载体,支撑引领全国的经济科技发展。这就使得北京将从以往居高临下的管理者成为服务全国科技、经济发展的服务者。这一功能定位决定北京应该将服务思想、服务精神作为北京精神的核心,以服务理念统领科技北京在全国的功能定位,统领科技北京建设的路径选择,统领科技北京发展价值评价,统领科技北京建设的行为规范。未来服务将不仅是北京的品牌，更是北京安身立命的根本。

3. 服务语境下的科技北京功能定位

科技北京建设在进一步强化北京对全国的科技创新服务功能的同时，也最终确立了首都城市“对外服务依赖型”的生存发展方式。北京与周边地区的关系、北京在全国的功能定位问题极大凸现出来，这成为影响科技北京建设最大的因素之一。北京经济发展任何时期都没有像现在这样高度依赖于对外的服务和对外关系，如果说区域经济一体化极大地推动了北京对外服务经济的发展，那么科技北京建设则进一步为北京的对外服务经济发展夯实了基础。

(1)科技北京建设中两大服务关系

作为国家首都，北京历来就存在需要妥善处理的两大服务关系，即服务中央与服务地方的关系、服务自身与对外服务的关系。但是，在不同的发展阶段这两大关系呈现出不同的特征，从而对北京的发展产生不同的影响。

1)服务中央与服务地方

作为国家的首都，为中央服务是首都城市的核心职能。中央对北京的首都职能提出具体的要求，即“四个服务”，具体包括为中央党政军领导机关服务，为日益扩大的国际交往服务，为国家教育、科技、文化和卫生事业的发展服务和为市民的工作和生活服务。这是北京工作的核心，也是北京一切工作必须遵守的基本原则。

在这四个服务中，前三项服务是为中央政府实施其国家行政管理控制职能、国际交往职能、国家文化教育中心职能服务的，第四项职能是为北京市民服务的职能。这样的城市职能划分是首都城市所独有的，基于首都城市基本职能所形成的服务中央与服务地方的关系也是北京所独有的。

在计划经济时代，服务中央与服务北京的关系统一在高度集权的管理体制下，全国是一个统一的政治、经济主体，北京市仅仅作为国家这个主体中的组成部分，没有独立的经济权、决策权。当时的北京只有一项职能，就是为中央服务。北京市民的需求是在中央的统一指挥下，通过中央指令、中央投资、中央资源聚集等方式实现的。

伴随着计划经济体制解体，市场经济体制逐步确立，中央与地方利益之间的差异逐步显现出来。妥善处理两者的关系也逐步成为北京市政府工作的核心之一。改革开放以来，两者的关系也经历了从分隔到协调与融合的变化过程，尤其是在政府职能服务化转型基础上，北京政府服务中央与服务北京市民的关系得到较好的处理：一是明确了为中央与为北京市民提供服务是北京市政府并行不悖的两项主要职责。二是北京市政府更加注重充分利用中央在京的各种资源为北京市民服务和为周边地区提供服务。三是北京市政府向所有市民(不分单位隶属关系)提供无差异的公共服务，两者的利益关系更加协调与和谐。

科技北京建设将进一步形成这种和谐关系：一方面，科技北京建设将最终使北京可持续的经济发展模式确立，这一发展模式将根本解决经济发展与生态环境的可承载问题、解决经济发展的科技驱动问题、解决产业结构的服务化高端化问题，这使得北京作为首都城市承载首都的政治中心、文化中心、国际交往中心功能进一步加强。一个环境优美、产业高端、服务理念导向的城市经济，有利于国家首都的国际交往，有利于服务型中央政府的塑造，有利于国家文化的发展。另一方面，科技北京建设将聚集在北京、代表国家最高水平的中央资源充分利用起来，实现了真正意义上的中央资源与北京地方经济的融合化发展。这种发展主要体现在以下几个方面：一是在积极主动为中央科技企业服务的同时，积极争取中央科技成果落地发展；二是积极主动为中央企业总部发展创造良好的发展环境，通过吸引聚集企业总部发展首都经济；三是积极利用首都城市的国际交往功能，积极主动推进城市国际化建设，不仅吸引大量的国际企业落户北京，还要以北京为依托，积极为国内企业走出去战略服务，促进北京作为国际科技创新枢纽功能的发挥。

这一切不仅带来服务中央职能更好地落实，也带来首都经济实实在在的发展，在为人民服务这一理念下很好地处理服务中央与服务地方百姓的关系。在为中央提供更多更好服务的基础上，北京经济得到快速、高效发展，北京人民的收入水平大大提高，真真正正得到实惠。

2)服务自身与对外服务

科技北京建设最终确立了科技创新驱动下北京可持续的发展模式。这一模式带给北京最大的变化就是科技真正成为北京经济发展的第一生产力，科技文化成为北京社会文化发展的第一文化力，双轮驱动北京经济社会发展。然而，北京科技在全国科技体系中独一无二的核心地位，又使得北京经济发展方式的变化必须建立在妥善处理对内服务与对外服务之间关系的基础上，即必须把北京经济可持续发展建立在对外服务的持续发展基础上，这种服务的核心是以科技创新为主导，以科技创新引领、支撑全国经济社会发展为基础，以科技创新商品化、产业化为主要内容。

科技北京建设使得一直以来不甚清晰的北京发展与外部周边地区发展之间的关系明晰起来。第一，科技北京将实现科技创新驱动北京发展的道路，北京基于技术创新及其产业化的现代经济格局，将极大改观以往北京与周边地区产业同质化、资源竞争化、市场分割化现象，形成与周边地区的产业互补、资源互补、优势互补，这将根本改变区域经济发展的极度不平衡现象，不仅为北京经济发展拓展出广阔空间，也将带动周边地区经济大发展。第二，未来北京自身的发展是建立在对外服务的发展的基础之上的。北京利用自身科技资源的优势为全国经济发展提供服务，其服务质量、服务层次、服务规模、服务效益直接决定北京经济自身的发展速度与发展质量，离开了全心全意地为整个国家科技创新服务、为国家经济竞争力提高服务、为全国产业技术升级服务这一主题，北京自身的发展就成为无源之水、无本之木。只有在科学界定上述关系之后，北京才能成为真正意义上的全国科技创新中心，才能真正成为全国科技发展的支撑力量。

(2)科技北京在全国科技、经济、生态、社会建设中的功能定位

科技北京建设必须突出首都特色。前述分析指出，北京最大的特点是中心性。北京作为国家首都，是国家最高级别的中心城市，不仅是政治文化中心、科技中心，同时也是国家最重要的经济中心之一。中心城市之所以能够成为中心，根本原因在于该中心不仅能够为城市本身服务，还能够为城市以外的地区服务，对外服务的相对重要性是衡量城市中心性的核心指标。基于对外服务的相对重要性是城市中心性的本质特征，也是中心城市发展基础，所以定位科技北京在全国社会经济生态建设中的功能，第一个原则是突出对外服务功能。要坚持服务理念，强化服务功能，完善保障制度。第二个原则是要充分利用首都资源优势，以科技创新支撑对外服务的发展。以科技创新及其产业化为基础，通过培育潜导产业、扶持主导产业、做大做强支柱产业，以研发服务为依托，积极主动地推进创新技术扩散、产业梯度转移，促进大首都圈经济一体化，支撑引领全国的产业技术升级，进而为全国经济竞争力提升提供技术保证。第三个原则是共赢原则。科技北京的功能定位要做到两个有利于：一是有利于北京与周边地区一体化发展，积极拓展

北京作为区域经济发展极的辐射带动效应，建立以科技创新为内在动力的一体化产业格局，实现北京与周边地区共赢；二是有利于区域科技创新体系在创新型国家建设中作用的发挥，实现科技北京对全国产业技术提升以及国际竞争力增强的支撑、引领作用，实现区域科技体系与国家科技体系共赢。

1）科技北京在创新型国家建设中的功能定位——国际科技创新枢纽

国际经济竞争科技化与科技发展的国际化是我国创新型国家建设的重要背景，北京作为全国的科技创新中心，科技北京建设必须要面对科技国际化所带来的机遇和挑战。

首先，要正确认识北京在全国科技体系中的战略定位。北京作为全国的科技创新中心，有三大特点：一是科技资源高度密集，二是国家科技创新源头，三是科技辐射作用突出。其次要正确认识国际化对北京科技发展的影响，科技国际化使北京成为国际科技资源配置的重点地区、国际科技网络中的重要节点，其基本特征仍然是科技资源的大进（跨国研发机构大量落户北京）大出（技术出口额占技术输出比例逐年增长）。科技资源的凝聚、辐射、整合已经成为北京科技体系最突出的功能，科技北京建设必须顺应这个特点，进一步提升北京的科技资源凝聚、整合与辐射能力，所以我们认为科技北京—区域创新体系建设的目标应是国际科技创新枢纽。枢纽是指“事物相互联系的中心环节”。枢纽的基本功能是科技资源的凝聚、集成、整合、能量转换与辐射。

“中心”与“枢纽”是词义相近的两个概念。这里之所以选用枢纽而不是中心是因为：中心更突出“中心”本身的核心地位，往往更强调科技资源的空间聚集，也更习惯用资源的空间聚集程度作为衡量其绩效的主要指标，显然这个提法更加贴近工业经济背景下的首都科技创新体系以极化效应（回波效应）为主的发展模式和其区域科技、经济功能；而科技创新枢纽更加强调科技资源、科技创新成果的大进大出的集散、整合、能量转换，也就是更加强调区域科技创新体系的创新资源整合与辐射效应。显然，这种提法更加符合当前北京服务型经济的本质以及发展趋势，更加符合国家自主创新示范区的本质要求。

2）科技北京在全国经济建设中的功能定位——新经济策源地

长期以来北京经济发展一直面临一个两难选择，即作为研发中心，北京高新技术产业尤其是高新技术制造业的发展受到水、土地等自然资源短缺的限制,同时高度发展的服务业又创新不足,难以充分发挥科技创新资源优势。科技北京建设必须解决这一问题。基本途径就是紧紧抓住技术创新成果产业化这一主线,在科技创新及其产业化发展的不同阶段,通过培育潜导产业、发展先导产业、做大做强支柱产业,把北京建设成为我国新经济发展的策源地。

策源地的本征特征是服务。这既是策源地自身发展的需要,同时也是策源地的地位所决定的责任和义务。首先,策源地往往是经济、产业发展初期阶段的地理中心。而经济、产业最终要发展壮大需要更大的市场支撑。因此,策源地如果要始终保持其在经济产业发展中的领先地位,必须要通过服务于周边地区,甚至服务于全国、全球来赢得更大的市场需求。通过需求的扩大和需求层级的提升来不断推动策源地科技的创新和科技成果的不断的转化。其次,新经济的发展不可能在全国范围内同时发生。必须在重点领域重点区域先取得突破,然后再不断向外围地区扩散。作为新经济的策源地必须将服务于周边地区作为自身的使命。

3)科技北京在全国生态环境建设中的功能定位——绿色科技创生示范区

科技北京环境建设目标是:将北京建设成为对周边地区乃至全国地区的环境建设具有明显带动作用的绿色科技创生示范区。以创生示范区为基本导向,以北京城市可持续发展为核心目标,在环境质量持续提高、污染物无害处理、智能化环境监测、全面循环经济推广四个方面,借助国内外最新科学技术,打造国家环境建设的样板城市,让北京成为区域乃至全国绿色科技的核心与龙头。未来,北京不仅仅是一座生态宜居城市,更是借助科技建立良好生存发展环境的样本与典范。

4)科技北京在社会建设中的功能定位——科技文明首善之区

科技北京建设在全国具有首创意义,科技北京的建设状况对于其他城市具有巨大的示范意义和带动作用。北京作为国家的科技创新中心,是科技资源最密集的地区,同时也是国家最高行政管理中心。长期以来,北京的科技创新成果及其产业化发展与其高度密集的科技资源条件和社会的需求相比还有较大的差距。尤其是近些年,学术界对于北京的区域科技创新能力评价在不断降低,与江苏、上海、深圳等地相比,北京的区域创新能力在全国的地位逐渐后移,这一切无不与科技创新文化发展的相对滞后、科技行政化现象比较严重有较大关系,这是科技北京建设必须面对的重要社会背景。针对这一现象,科技北京建设必须要在科技文化发展方面下大力量。基于此原因,科技北京建设不仅把科技文明的全面推进作为重要目标,同时把科技文明在制度与组织层面、行为规范与精神层面的推进作为社会建设的主要内容,并提出建设目标:将北京建设成为全国科技文明首善之区。希望通过科技文明社会建设,不仅推进为科技创新奠定更优良的文化制度环境,也希望在全国为科技创新的瓶颈——科技行政化问题的解决作出有益探索。

所谓全国科技文明的首善之区是指:北京要在科技文明建设方面走在全国的前面,成为这方面全国做得最好的城市。主要体现为在科技文明建设上要坚持建设质量的高标准、建设内容的高端化、建设过程的高效率。力图把首都建设成为在全国科技创新与转化能力最强、科技创新社会支持与保障机制最完善、科技创新文化氛围最浓厚、科技进步的矛盾制衡机制最健全、科技人才竞争与激励机制最有效、科学精神社会渗透最广泛深入的区域。其实质就是通过科学精神的全面社会渗透,完善社会创新文化机制,促进科技对社会第一生产力作用的发挥;通过科技的发展支撑以人的全面发展为标志的社会的全面进步。

三、系统论——科技北京的路径导向

在科技社会化、社会科技化发展的背景下,我们不仅要充分认识科技创新对于经济、社会、环境发展的战略意义,还须重新思量科技社会化条件下的城市发展各要素间的关联影响,必须系统性地对待科技发展与城市发展。城市是公认的复杂巨系统,科技北京建设实质上是科技创新支撑下城市(北京)系统优化,是一个集合的概念,更是一个有机的概念,绝不是简单的“1 + 1”问题。既然科技北京的实质是科技创新支撑下城市系统优化问题,那么只有系统论才是寻求科技北京建设路径最有力的理论支撑。

1. 系统和系统论

(1)系统

“系统”一词,来源于古希腊语,是由部分构成整体的意思,其含义最早可追溯到柏拉图(Plato)的《斐利布篇》(*Philebus*)、亚里士多德(Aristotle)的

《政治学》(*Politics*)和欧几里得(Euclid)的《几何原本》(*Elements*)等,它的意思是“总体”、“群体”或“联盟”。除去各种不同学科从各不相同的视角研究系统之外,人们也试图从一般意义上给出一种能描示各种系统共同特征的定义,即由若干要素以一定结构形式联结构成的具有某种功能的有机整体。在这个定义中包括了系统、要素、结构、功能四个概念,表明了要素与要素、要素与系统、系统与环境三方面的关系。

(2)系统论

系统论认为,整体性、关联性、等级结构性、动态平衡性、时序性等是所有系统的共同的基本特征。这些既是系统所具有的基本思想观点,也是系统方法的基本原则,它们表现了系统论不仅是反映客观规律的科学理论,同时具有科学方法论的含义,这正是系统论这门学科的特点。系统论的核心思想是系统的整体观念。贝塔朗菲强调,任何系统都是一个有机的整体,它不是各个部分的机械组合或简单相加,系统的整体功能是各要素在孤立状态下所没有的性质。他用亚里士多德的“整体大于部分之和”的名言来说明系统的整体性,反对那种认为要素性能好,整体性能一定好,以局部说明整体的机械论的观点。系统中各要素不是孤立地存在,每个要素在系统中都处于一定的位置上,具有特定作用。同时,要素之间相互关联,构成了一个不可分割的整体。要素是整体中的要素,如果将要素从系统整体中割离出来,它将失去要素的作用。

20 世纪 90 年代初,钱学森先生提出复杂巨系统理论。他指出开放的复杂巨系统应具有四个特征①②:(1)系统是“开放的”,也就是系统本身与系统外部环境有物质、能量和信息的交换;(2)系统包含很多子系统,成千上万甚至是上亿万,所以是“巨系统”;(3)系统的种类繁多,有几十、上百甚至几百种,所以是“复杂的”;(4)正因为以上几个特征,整个系统之间的系统结构是多层次的,每个层次都表现出系统的复杂行为,甚至还有作为社会人的复杂参与。

2. 系统论视角下的城市系统

城市运行涉及方方面面,问题既多且杂,将城市运行作为一个大系统来看待是较为合理的做法。这个大系统中包含着人的活动、资本流动、能源供

① 钱学森,于景元,戴汝为. 一个科学新领域——开放的复杂巨系统及其方法论[J]. 自然杂志,1990(1):3-10.

② 钱学森. 再谈开放的复杂巨系统[J]. 模式识别与人工智能,1991(1):1-4.

给、生活设施建设与维护、交通服务、废物处理等多层级相互耦合的系统，人流、资金流、物资流、能量流、信息流高度交汇。从国内文献来看，其实早在20世纪80年代，梅保华就提出了以开放系统理论[①]来理解现代城市系统的问题[②]，指出了城市系统的开放性、自组织性等特征，后来的研究又强化了这些特征，如谢爱平[③]等。学界普遍认为，一个健康的城市运行体系是一套繁多的多维度、多结构、多层次、多要素间关联关系高度繁杂的开放的巨系统。

(1)城市作为复杂开放系统的特征

第一，城市子系统数量巨大，层次分明。城市是一个包括城市经济子系统、社会子系统、环境子系统的复合系统，并且具有鲜明的层次性。(见图3-4)“城市系统具有层层叠叠的大系统套小系统，既有串行树枝状结构，也有横向蔓延的网络状、链状、原子结构状的‘系统元’，各子系统之间既有统一性，又有非均质性和各向异性，如经济系统、生活系统，实际上都是一种以人的活动和意识作为子系统而构成的社会系统，可算是一种特殊复杂的巨系统。”[④]

第二，城市子系统之间的耦合关系和互动性强。城市系统中，各个子系统之间不是孤立的，而是一个相互联系、相互影响、相互包容的整体。

第三，城市系统具有自组织性、自适应性和动态性。城市系统自身有一定的学习能力，具有自组织性、自适应性和动态性。自组织是指系统中许多独立的子系统在没有任何预设情况下进行相互作用、相互影响、自然演化的过程。自适应是指复杂系统应对变化的环境所进行的自我调整，在自我调整中，积极地“学习”，将所发生的一切都转化为对自身有利的东西。动态性表现在：系统总是处在发生、发展、老化的过程中；系统整体性也会突然发生改变，这种改变有外力的作用，也有系统中部分与整体的作用，且系统中某一微小“涨落”都有可能导致另一系统或整体的巨大变化。[⑤]

第四，城市系统与外部环境交换密切。城市是一个开放的系统，不断地

---

① 国外称“非平衡系统理论”或“非平衡系统自组织理论”，主要研究远离平衡的情况下，一个混乱无序的系统到达或形成稳定有序的新结构的条件和途径。

② 梅保华．开放系统理论与现代城市系统[J]．城市问题，1984(4)：35-45.

③ 谢爱平．论城市系统的运行特征[J]．福建论坛(经济社会版)，1993(4)：55-60.

④ 周干峙．城市及其区域——一个典型的开放的复杂巨系统[J]．城市发展研究，2002(2).

⑤ 贺邵兵，朱德米，周箴．城市系统的复杂性和参与式治理模式[J]．上海城市管理职业技术学院学报，2007(01)：56-58.

与周围环境进行物质、能量、信息的交换。随着城市内部系统日益复杂,外部环境影响日益增强,城市经济、城市环境、城市文化与外界关系日益密切。当外部的能力、物质、信息不停地输入城市中,引起城市内部不停地震荡、涨落、激化,生成新的能量、物质、信息,并向外部系统输出和辐射。城市越大,需要与外界交换的能量、物质、信息越多,其聚集和辐射的能量也就越强,这种交换量的大小是城市生命力强弱的标志之一。①

(2)复杂巨系统语义下的城市系统结构

复杂巨系统语义下的城市系统至少包括要素系统、环境系统和要素、环境系统两者之间的通路系统。每一个系统下又各自有着自己的子系统,如要素系统的经济子系统、社会子系统和生态子系统,环境系统中的国际环境系统、国家环境系统和区域环境系统等。每一层级的系统与子系统都有着自组织的能力,每个子系统的自组织运行又支撑着上级系统的运行与自组织,而上级子系统的自组织又指挥着下级子系统,各个子系统相互依存、错综繁杂,构筑起城市复杂巨系统。(详见图3-4)

1)经济子系统

城市经济子系统健康安全运行是城市系统安全运行的前提和重要基础。一个安全运行的城市首先必须是一个经济繁荣的城市。在城市化高速发展过程中出现的一些深层次经济问题,如贫富差异扩大、区域不平衡加剧、隐形失业凸显等,成为影响城市安全运行的负面的因素。因此,城市经济安全运行是改变城乡二元结构、推动城乡统筹发展、建设宜居城市的基础和关键。

城市经济的运行应该包括宏观、中观、微观三个层面的内容(如图3-5所示)。从宏观的层面来看,城市经济是整个国民经济最为重要的组成部分,城市经济的安全运行直接影响整个国家宏观经济的稳定、健康、可持续发展。而国家宏观经济的稳定、健康、可持续发展反过来又将促进城市经济的安全运行和发展,城市经济和整个国民经济形成了一种你中有我、我中有你、相互影响、相互促进的复杂关系。从中观层面来看,城市成为区域经济的重要增长极,成为带动区域经济协调、快速发展的引擎。尤其是一个城市的主导产业的发展状况将直接影响城市及其周边地区的辅助产业和基础性产业的发展。从微观层面来看,城市是城市居民工作、生活、个人发展的场

---

① 段汉明. 城市系统:复杂性与适应性的探索[J]. 西北大学学报,2003(5).

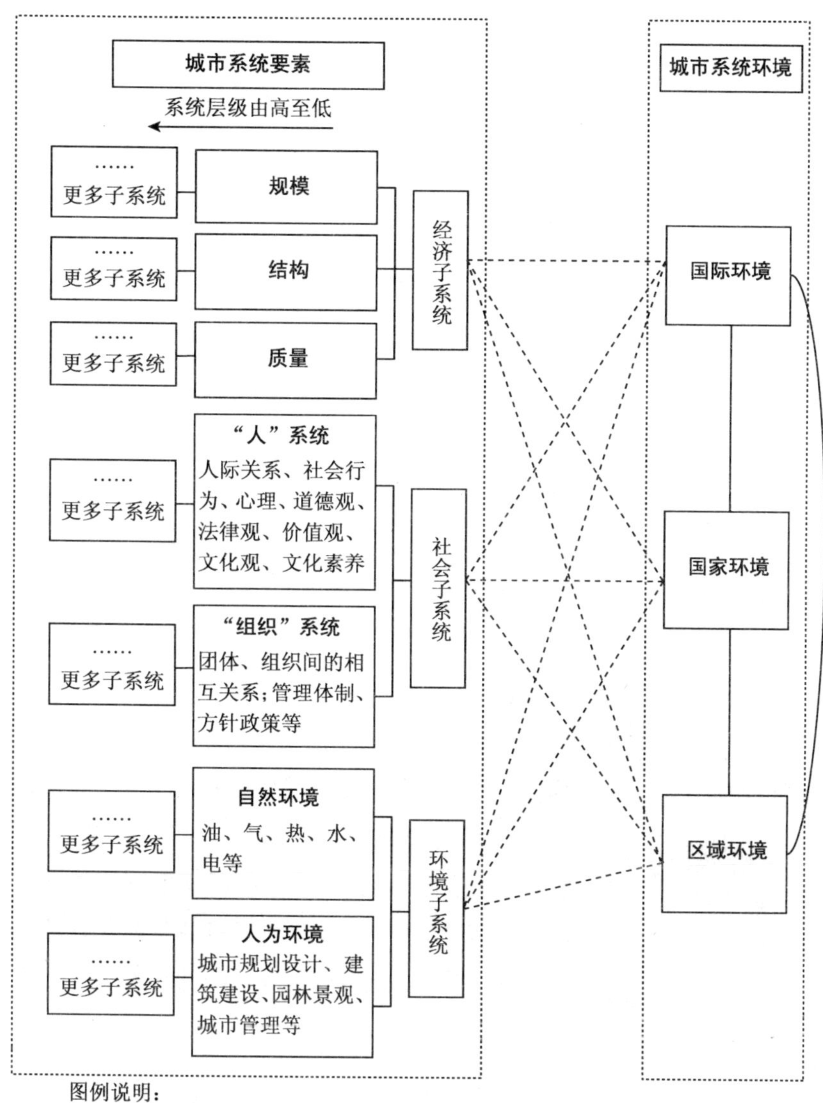

图3-4　城市系统示意图

所。城市经济的发展状况直接影响生活在城市中的居民的工作、就业、收入和生活质量。在城市化高速发展、城市人口快速增长的今天,城市的科学发展显得尤为重要。城市科学发展应该是以人为本的发展,是城市居民安全

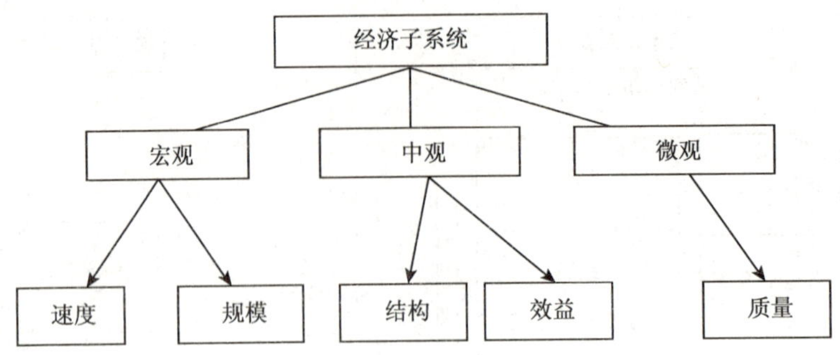

图3－5　城市经济运行示意图

感、归属感、幸福感不断提升的发展。

2)环境子系统

城市环境系统是城市发展的支撑系统,包括经济发展和人们生活所必需的资源子系统,以及个体日常生活所必需的硬件系统,包括交通出行、娱乐休闲、生态绿化等。环境友好是城市科学发展的基本要求和重要条件,一个科学发展的城市必须是环境友好的城市。当前中国正处在经济全球化、国际国内产业加速转移,以及工业化和城镇化加快推进的历史新时期,但同时也面临着越来越严峻的资源环境约束和较高的发展门槛,必须加快转变以"规模扩张"为特征的外延式、粗放型城市发展模式,走资源消耗低、环境污染少、经济效益高的新型城镇化道路。因此,城市的科学发展必须充分考虑资源、环境和生态的承载力,积极探索和推行有利于资源节约和环境保护的生产方式、生活方式、消费方式,促进人与自然的和谐发展,实现自然资源的永续利用(如图3－6所示)

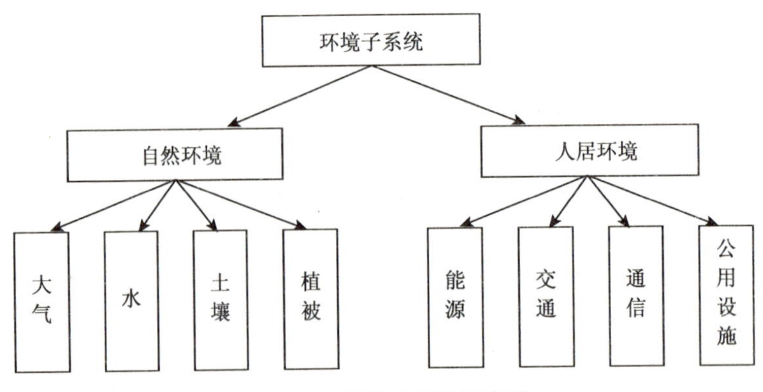

图3－6　环境子系统示意图

3)社会子系统

社会和谐是城市科学发展的核心内容和重要目标,一个科学发展的城市必须是社会和谐的城市。城市是高度人工化的复合生态系统,人是城市的主体,城市发展的目标不是城市本身的发展,而是通过城市发展为人服务,为了人民能够更好地生活和发展服务。从这一角度看,以提高人的福利水平、促进社会公平主义为主要内容的社会发展才是城市发展的核心和终极目标。因此,城市科学发展必须首先树立“以人为本”的城市发展理念,把满足人的全面需求和促进人的全面发展作为城市发展的根本出发点和落脚点,推动经济和社会协调发展,依法保障居民享有就业、医疗、文化、教育等各项权益,满足人们日益增长的多元化需求和自我发展需要,维护社会的公平正义、稳定和谐(如图3-7所示)

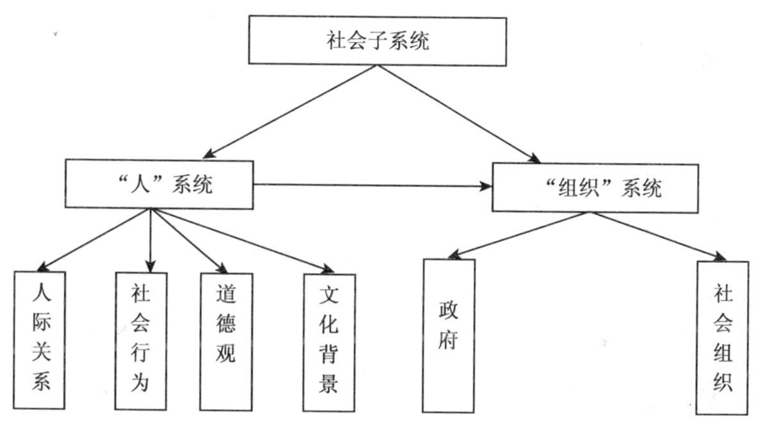

图3-7 社会子系统示意图

社会系统最基本的参与者是社会中的个体人,其次是社会中的组织。社会中的人的行为受到社会行为模式、道德观以及群体的文化背景的影响。单个个体之间的交往构成了最基本的人际关系。马克思指出,人是社会的动物,是一切社会关系的总和。人际关系是人作为社会性个体的最基本的属性。除了单个的个体之外,社会中还存在大量的组织单元。在社会中发挥最广泛和最基础作用的组织单元是政府。政府通过制定法律法规规范着社会中个体人和其他组织团体的行为模式。与政府和市场相对应,社会组织被称为“第三方力量”,社会组织在参与社会管理、扩大公共服务等方面有独特的功能和巨大的作用。不仅是党和政府联系人民群众的桥梁和纽带,更是党和政府实施社会管理的重要依托，是社会交融的黏合剂、社会矛盾的稀释剂、社会冲突的缓冲剂。

(3)子系统之间的耦合关系

1)经济—环境系统

正向作用：环境系统为经济系统的发展提供物质基础，经济系统的发展为环境系统中的自然环境和资源的保护提供物质基础。负向作用：经济系统的发展会使自然环境恶化，为了防止和治理环境污染，保护和恢复生态环境，需要投入经费，这会抑制经济系统的发展，同时经济系统的发展还会破坏自然资源的再生能力，而资源的短缺会影响经济系统的发展。

2)经济—社会系统

正向作用：经济系统的发展改善了劳动就业状况，促进了社会系统稳定，而社会系统的稳定，是促进经济发展的基本的商业环境。负向作用：落后的社会科学教育水平会制约经济系统的发展，同时过低的经济增长率也会影响社会进步。①

3)环境—社会系统

正向作用：社会系统中良好的自然环境保护意识有利于环境的保护。负向作用：自然系统中资源的短缺和环境污染事件可能成为社会问题的导火索。同时，自然环境的恶化也会影响生活质量和生活水平、抑制社会系统的进步。

(4)城市系统环境

如上所述，作为一个复杂巨系统运转的城市系统，系统环境本身就是这个复杂巨系统的一个子系统，而且它还进一步支配与反支配着下级子系统——国际环境系统、国家环境系统和区域环境系统。

在这些自成体系且各自体现出不同程度的自组织性的系统中，各种各样的因素交织在一起，整体作用于城市系统，而所有的这些因素中，科技因素充当着极其重要的角色——科技因素不仅会作用于各层各级的子系统，还会作用于各个系统内部或系统与系统之间的通路，它既恰似润滑油，为城市复杂巨系统运行中的疑难杂症提供支撑、提供解决方案，也似血管中的血

① 徐珏燕，丁丽，张乐益．论城市：一个自组织演化系统[J]．东南大学学报(哲学社会科学版)，2006(S1)：168－170.

液，保障着城市生命的延续。这正是城市系统的内核之所在，也是我们提出科技北京的依据之所在。

当然，科技因素在城市系统环境的各个层面上表现形式并不一致。

1）国际环境——科技国际化

从城市系统运行的国际环境上看，目前最大的特征就是科技国际化趋势。充分认识、掌握并利用科技国家化的趋势，对于城市系统的优化运行不仅有理论借鉴意义，还有重大的实践意义。

科技国际化，也叫科技全球化，被薛澜定义为“各国（地区）科技共同体协调与融合的发展过程”，其表现形式为“科技问题的全球化、科技活动的全球化、科技体制的全球化以及科技影响的全球化”。① 更进一步，王春法把科技全球化的核心内容详细归结为三个方面：“其一，科技研究开发资源的全球配置……其二，科学技术活动的全球管理，即不仅研究开发的组织形式是向全球开放的，而且各国均须在统一的制度框架和标准下，按照共同的国际规则进行科技成果的交易，并为科技成果的持有者提供知识产权保护；其三，研究开发成果的全球共享……”②

既然科技国际化是一种资源再配置行为，那么配置过程中各个国家的优势比对就会对配置过程产生决定性的影响。所以，对中国这样一个特殊的发展中国家③来讲，极富挑战意义的工作是如何构筑足够的、有恰如其分④优势的、能够吸引全球科技研发资源流入的“洼地”。

另外，从国际层面来看，因为单一国家的民族性和地域性特点，任何一

---

① 薛澜．科技全球化及中国的对策[J]．发现，2001（5）：8.

② 王春法．浅论科技全球化对中国的影响[J]．科学学与科学技术管理，2001（3）：5－10.

③ 从科技发展的意义上说，中国是一个极为特殊的发展中国家，她既有世界排名前茅的科研创新队伍，又面临科研经费有限的窘局；既有较为齐备的工业体系，也面临着创新不足的无奈局面；既有少数专项科技领域处于世界领先，也有多数科技领域处于相对落后的现实。

详细论述请参考：王新发．浅论科技全球化对中国的影响[J]．科学学与科学技术管理，2001（3）：5－10.

④ 强调“恰如其分”也许是必要的，因为目前已有的一些关于技术引进和技术外溢的研究文献来看，技术投资的“过度引进”会因为东道国的消化能力不足而效率低下。如 Driffield 和 Taylor（2000）为这一结论提供了经验支持，他们分析发现技术外溢效果与技术差距之间存在着非线性关系（即非正相关关系），并且临界值为 1.2，即国内外（主要是企业）的技术差距一旦高于这个临界值，则技术外溢效果递减。

详情参见：Driffield，N. and Taylor，K. FDI and the Labor Market：A Review of the Evidence and Policy Implications[J]. *Oxford Review of Economic Policy*，2000，16（3）：90－103.

个国家都没有能力去单独组织世界科研资源的分配，而超国家主权范畴的科技组织要么本身就不具备主持合理配置研发资源的法律主体地位，要么缺乏强有力的组织能力，理论上讲，这会导致科技资源全球配置的“无政府性”和“无序性”。但是，经济全球化趋势解决了这一难题。市场范畴的全球化、世界性拓展，使全球研发资源的配置获得了市场化的途径，而市场化的推进又几乎是跨国公司的“征战”史，所以跨国公司在全球化的R&D资源配置中，特别是民用科技的R&D资源配置中起到了无可替代的作用。因此，当今国际技术转移过程中，跨国公司是最主要的途径和手段。

显然，科技资源的全球配置和跨国公司的科技投资行为最终要落到实处，要以城市为依靠。因此，科技全球化的国际环境为城市复杂巨系统的科技支撑平台和优化提供了机遇和挑战。

2）国家环境——创新型国家建设

胡锦涛总书记2006年在全国科学技术大会上的讲话中指出：“建设创新型国家，核心就是把增强自主创新能力作为发展科学技术的战略基点，走出中国特色自主创新道路，推动科学技术的跨越式发展；就是把增强自主创新能力作为调整产业结构、转变增长方式的中心环节，建设资源节约型、环境友好型社会，推动国民经济又快又好发展；就是把增强自主创新能力作为国家战略，贯穿到现代化建设各个方面。”①创新型国家建设是党中央研判我国经济社会发展中遇到的现实问题和世界经济发展未来趋势的基础上作出的一个重大战略决策。从现实情况来看，我国经济正步入工业化中后期，主要还是依靠要素驱动。这种发展方式推动了中国经济近几十年来的快速发展，取得了世所公认的成就，但也面临前所未有的资源、环境压力。要实现经济又好又快的发展，建设资源节约、环境友好的和谐社会，就必须提高科技在促进经济发展中的作用。从世界范围来看，西方发达国家正在经历从工业社会向知识经济社会的演进。土地、资本等传统要素的作用在不断下降，科技创新越来越成为国家发展的核心驱动力，并最终决定着一个国家的国际竞争力。在新一轮的全球科技竞争中，发达国家正利用他们的技术优势获取最大利益。发展中国家在科技创新方面必须要实现跨越式的发展，

---

① 胡锦涛．坚持走中国特色自主创新道路为建设创新型国家而努力奋斗［M］．北京：人民出版社，2006：8．

才有可能在未来的竞争中争取主动，否则将进一步拉大与发达国家的发展差距。

3. 以科技创新推进城市系统的演进和优化

毋庸置疑，城市系统虽然是一个复杂巨系统，但它本身也必然是区域、国家，乃至国际层面上的经济社会复杂巨系统的一个子系统。因此，有的学者就尝试着从人类经济社会演进的历史长河中来研究城市的演进问题，把人类社会经济发展的周期性（主要是长期周期性）与世界城市中心的转移和城市自身的转型联系到了一起。

（1）经济长波与城市演进中的技术革新

俄国经济学家康德拉季耶夫（Nikolai Dimitrievich Kondratiev，1892—1941年）考察了历时140年的资本主义的经济发展，认为资本主义经济发展中存在平均长度为50～60年的经济长周期波动。引起经济长周期波动的根本原因不是生产技术的变革、战争和革命、新市场的开发等偶发因素，而是资本主义经济运行中内在固有的因素，特别和资本积累有密切关系。熊彼特等人后来继承和发展了长波理论，并重新确定了资本主义经济三次长周期的起止时间。后来，遵循这一理论方法与逻辑思路，有的学者又总结出了20世纪后半期的第四次长波和目前尚未完成的第五次长波。

那么，人类经济社会研究的历史究竟表明了什么呢？

研究发现，经济发展、世界中心城市的转移、城市转型都表现出了周期性的发展规律，而经济发展的长波规律与城市的周期性发展规律存在着高度的同周期性，只不过城市发展的周期会略早于经济发展的长波周期的相同阶段而已。显然，这不是巧合，诸多学者通过细致的研究，不仅确认了这种同周期性是一个规律性的东西①②，而且最关键的是经济发展的长周期波动和城市转型背后的推手是一致的——它就是人类社会的几次“技术革新”！③④⑤⑥基本的演进逻辑可以刻画成这两条路径：第一，革命性技术的应

---

① 库兹涅茨．现代经济增长[Z]．北京：北京经济学院出版社，1989.

② 熊彼特．经济发展理论：对于利润、资本、信贷、利息和经济周期的考查[Z]．北京：商务印书馆，1990.

③ 渡边利夫．发展经济学——经济学与现代亚洲[Z]．东京：日本评论社，1996.

④ 詹姆斯特·拉菲尔．未来城[Z]．北京：中国社会科学出版社，2000.

⑤ 徐巨洲．探索城市发展与经济长波的关系[J]．城市规划，1997(5)：4－9.

⑥ 李彦军．产业长波、城市生命周期与城市转型[J]．发展研究，2009(11)：4－8.

用与推广→主导产业的更迭→世界经济中心(国家或区域)的变更;第二,革命性技术的应用与推广→主导产业的更迭→城市化程度的变化→世界中心城市的变化。(详见表3-3)

表3-3　经济长波、城市转型与科技创新

	第一个康德拉季耶夫长波	第二个康德拉季耶夫长波	第三个康德拉季耶夫长波	第四个康德拉季耶夫长波	第五个康德拉季耶夫长波
大致时间段	19世纪80年代至20世纪30年代	19世纪40年代至80年代末	19世纪90年代至20世纪30年代	20世纪40年代中至20世纪90年代	20世纪90年代至今
革命性技术创新的应用	纺织技术的应用	蒸汽机、交通运输革命	电机、内燃机、电、汽车	计算机、光电技术、卫星	网络应用、信息技术为核心的新经济技术
代表性主导产业	纺织、炼铁、煤炭	机器制造、冶金	汽车、电气化、化学	人工智能、航空航天、电子设备制造	信息产业、新能源、新材料、生物智能
城市三次产业的结构变化	一产主体、二产启动、三产可忽略	一产主体地位削弱、二产特别是制造业占比持续上升、三产开始启动	二产主体地位确立、三产占比上升、一产地位下降	三产确立主体地位、二产占比下降、一产占比继续下降	知识型产业确立主体地位,传统二产、一产地位削弱
期末城市化水平	6%左右	13%左右	25%左右	44%左右	到达高位后出现分散化趋势
世界经济中心	英国	英国为主,美国开始赶超	英、美同时主宰世界经济	英美日欧齐头并进	朝多极化方向持续分散
世界中心城市	伦敦	伦敦为主、纽约开始崛起	伦敦、纽约两分天下	伦敦、纽约、东京等	朝多极化方向持续分散

资料来源:徐巨洲. 探索城市发展与经济长波的关系[J]. 城市规划,1997(05):4-9;李彦军. 产业长波、城市生命周期与城市转型[J]. 发展研究,2009(11):4-8.

(2)经济发展与城市演进中的一般性技术进步

技术革命是一个质变现象,它需要不断的量变积累作为基础,因此,如果从一个稍短的历史时期来看,一般性的技术进步也是可以通过两条通路最终作用于经济的周期性波动:一条是促进产业的调整,另一条是促进城市系统的优化。具体路径如下:第一,一般性科技创新→产业调整(主要是产业内部的调整)→主导产业的更迭(主要指产业结构的调整)→产业生命周期→作用于城市生命周期波动→经济周期。第二,一般性科技创新→优化城市经济系统、优化城市社会系统、优化城市生态系统→城市系统优化→作用于产业调整或升级→经济周期。

其实，产业和城市之间的关系远远不能像理论上这样能够割裂开来分析，毕竟城市的经济、生态甚至社会系统的运行与优化必须依赖于产业的调整与升级。反过来，产业的调整和结构上的升级也必须依赖于城市系统的优化与调整。两者相互依存，互为嵌套。只是产业的布局可以不依赖于城市，在地理分布上的范畴更加广泛。

(3)科技与城市系统转型与优化

综上所述，革命性的技术创新会直接促使城市转型的出现，而一般性的技术进步与科技创新也会通过产业系统和城市系统作用于城市复杂巨系统各个子系统的优化，进而汇聚成一股力量，促成城市转型。这一过程如图3－8所示。

因此，科技无论是对于整体的经济发展，还是对于城市系统的优化都是至关重要的，它是城市复杂巨系统高效运转的保证，更为复杂巨系统运行中出现的问题提供了有效的解决手段。

(4)科技要素在城市子系统发展中的地位与作用

1)科技创新在城市经济发展中地位与作用

技术创新是科技进步促进经济发展的基本途径。新技术不断出现，引起社会生产与再生产的扩张与变革，推动经济持续增长。技术创新能够提高社会劳动生产率及生产要素的边际生产率和使用效率，并通过影响供需结构变化，带动产业机构的优化，推动经济增长。

第一，技术创新不仅是发明新产品(包括产品有新的功能或质量有所提高)，也可能降低已有产品的生产成本，带来产品数量增加和产品质量提高，促进经济增长。

第二，技术创新会改变要素的相对边际生产率。技术创新的方向以及影响创新的资源稀缺度不一样，市场机制下必然造成对各生产要素边际生产率影响的非均衡性，导致生产要素的替代和重组。结果是要素流向科技含量高、效益好的产业，同时创造新的产业，先导产业再通过自身产业结构的关联效应和辐射效应，产生新兴产业群，并对传统产业进行技术改造，注入新的活力，最终对整个经济增长起促进作用。

第三，技术创新增强企业竞争力。技术创新是企业竞争优势的重要来

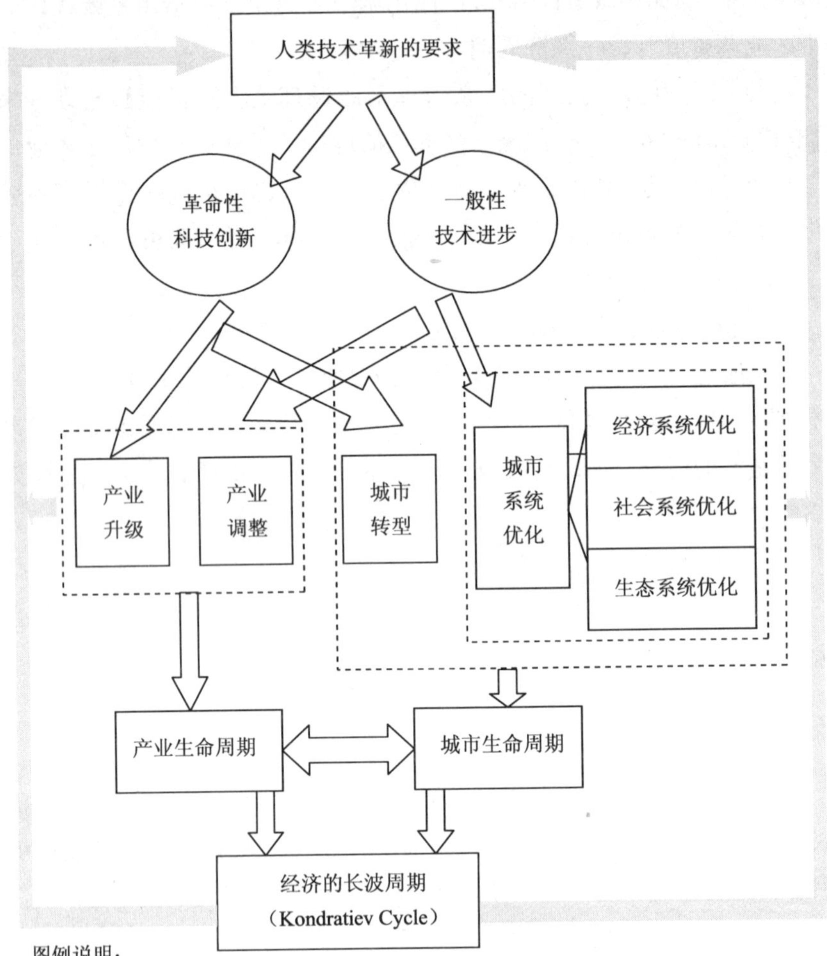

图例说明：
* 箭头：单向箭头表示影响的单向性；双向箭头表示影响的相互性；白色箭头代表技术对其他产业、城市、经济系统的影响；灰色箭头表示其他产业、城市、经济系统的逆向技术进步要求。
* 虚线框：图左的虚线框代表产业系统；图右的虚线框代表城市系统。实践中两者有较大重叠的可能，但理论上因为两者在地域分布上的范畴有大有小，是可分的。

图 3－8　产业、城市、经济长波与科技

源，企业的成功很大程度上归功于技术创新。创新是企业开拓和维持市场份额的根本，新产品能够帮助企业占领与保持市场份额；企业通过技术创新才能适应环境的动态变化；企业通过工艺创新能够生产出别的企业生产不出来的产品，或者以一种更为经济有效的方式组织生产，获得竞争优势；技术创新可以降低学习曲线，从而减少生产时间、提高产量、降低生产费用。

第四，技术创新优化产业结构。技术创新通过改造传统产业、淘汰落后产业和发展新兴产业，促进产业结构向高层次、合理化方向发展。建立在技术创新基础上的产业结构的优化和升级，为经济增长提供了良好的物质载体。新产品、新工艺、新的应用程度就形成一种新的需求压力，从而改变需求结构，推动产业结构的变化和提高。

2）科技创新在社会发展中的地位与作用

科学技术的发展推动生活方式的变革。科学技术作为认识世界、改造世界的强大力量，在改造社会生产方式的同时，也迅速地改变着人们的生活方式，使之日新月异、多姿多彩。影响生活方式的因素很多，科学技术是推动人类生活方式更新的决定性力量，它通过作用于生活方式的外在客观因素（物质环境和社会组织方式）和内在主观因素（思维方式和价值观念），从而导致生活方式的变革。

第一，科学技术改变着人们生活的物质条件和环境。科学技术不断增强人们改造自然环境、利用自然资源、谋取生活资料的能力，从而改善人们生活的物质环境和条件。随着人类生存的物质环境的改变，人们的生活方式也必然会发生相应的变化。从历史上看，每一次重大的技术革命，无不从根本上改变了人们生活的物质条件，进而导致生活方式的巨大变革。

第二，科学技术改变社会组织形式，从而影响生活方式。人是社会动物，任何人都从属于一定历史条件下的社会组织。所处的社会组织不同，生活方式也就不同。科学技术正是以变革社会的组织形式为中介，影响人们的生活方式。

第三，科学技术变革人的思维方式和价值观念，从而影响对不同生活方式的选择。科学技术对思维方式的影响是显著的，它可以帮助人们培养开放的、动态的、创新的思维方式，抛弃封闭的、守旧的、静态的思维方式，从而促进生活观念和生活方式的更新。科学技术通过改变人们的价值观来影响人们的生活方式，这也是科技变革生活方式的重要途径。

第四，科学技术渗透于社会生活的一切领域而影响着生活方式。随着科学技术的不断社会化，科学技术的功能日益增强，渗透到社会生活的一切领域和各个角落。无论是衣、食、住、行、乐，还是劳动、学习、创造、交往、医疗，科学技术都在影响和支配着人们的生活。

第五，科技创新促进人的全面发展。科学技术为人的发展创造了坚实的物质基础,提高了人的文化素质,提高了人的道德修养,推进了民主政治建设,解放了人的个性,丰富了人的社会关系。但是,科技的发展在为人的全面发展奠定了坚实的基础的同时,也为人的发展带来了一些负面影响。因此,应正确认识科学技术对人的发展的正反两方面的作用,坚持以人为本的科学发展观思想,在一切工作中,以人为价值核心和核心本位,把人的全面发展作为经济社会发展的最终目标。在搞好经济建设的同时,应全面推进经济、政治和文化建设,实现经济发展和社会同步,为人的全面发展创造良好的条件。同时,用科学发展观规范和制约科技的应用,使科技更好地为人类服务,实现经济社会的协调发展,致力于人与自然、人与社会的和谐,以人为价值核心,最终促进人的全面发展。

3)科技要素在生态环境可持续发展中的地位与作用

除了在经济发展和社会发展中有着无可替代的地位之外,科技要素在环境可持续发展中的地位同样是不可替代的。一方面,科技提供了防止或者是减缓环境污染,进而维持环境可持续发展的基本技术和物质工具;另一方面,已经被污染的环境和业已破坏的生态系统急需科技创新的拯救。具体包括以下几个方面:

①资源供求矛盾的解决需要科技创新

资源,特别是自然资源本身就是城市复杂巨系统的重要构成部分,是社会、经济发展的重要物质基础,同时由于受时间、空间的限制,特别是受科技、资金、政策、环境容量的限制,真正能被利用的资源总是有限的。总之,资源相对于需求来讲,是绝对或相对稀缺的。因此,在城市资源承载能力一定的情况下,人口数量和人类生产生活规模的持续增长引致了资源供需两方面的矛盾,要缓和甚至解决这一矛盾,就必须依赖科技创新来“开源”与“节流”。没有科技要素的介入,那么生态环境的可持续发展将是不可想象的。

首先,从供给角度出发,需要依靠科技创新开辟新的可供人类利用的资源种类,或者提高对传统资源的利用率,或者使现在尚不能使用的资源发挥出潜在的价值。关于这一点,人类一直都在追逐,例如能源的利用,就经历了从依赖钻石取火到化石能源,再到核能的利用,再到太阳能、风能的利用等阶段。时下,持续的创新过程在化石能源价格高企、清洁能源利用效率不高且成本较大的背景下又显得尤为迫切。

其次，从需求角度来看，需要依靠科技创新，减少对现有资源的需求量，或者降低对现有资源的依赖程度。例如，运用新的科学技术设计或制造新的材料，如人工合成橡胶、塑料、纤维、先进陶瓷、纳米材料，以及层出不穷的结构和功能材料、光电子材料等，从而替代或者节约日益紧缺的自然资源。

②生态治理需要依靠科技创新

长期以来，由于对科技创新活动的片面强调①，人类的经济社会活动破坏了生态环境的自平衡机制和能力，导致了环境问题。生态环境一旦破坏，便很难重新建立平衡。与此同时，治理环境又是人类生存与发展的迫切需要。

无论是治理环境污染，还是预防环境污染问题，都是一个对技术高度依赖的复杂系统工程，这个工程主要包括环境污染监测与控制、大气污染控制与治理、水污染控制与治理、有机污染物的收集、转运与生化转化处理技术、固体废物污染控制等，这都对人类的科技创新活动提出了更高的要求。首先，生态环境破坏本身的形成除了生态意识淡薄的原因外，主要源于科技水平落后和创新能力不足，因此，科技创新本身就是减轻直至消除环境问题的途径。其次，依靠科技创新，发展循环经济，加快污染治理并再利用是重要的出路。最后，科技创新在水土流失治理、风沙荒漠治理、挽救和保护濒危物种等方面也是不可替代的。

---

① 彭福扬等（2006）通过重新考察熊彼特的“创新”理论等，论证了技术创新是自然技术创新、社会技术创新和人文技术创新的有机统一，并提出了科学的技术创新观——生态化技术创新。他们认为，传统意义上的技术创新由于受当时经济不发达与功利主义思想的影响，把经济利润最大化作为唯一的追求目标，从而使技术创新充分表现出“双刃剑”的特点，破坏了环境。

详情参见：彭福扬，胡元清，刘红玉．科学的技术创新观——生态化技术创新[J]．自然辩证法研究，2006(6):60－62.

第四章
科技北京建设的时代需求和现实基础

科技北京建设不仅有着深厚的理论渊源和基础，而且科技北京建设还是满足时代需求的必然选择。科技全球化、科技社会化、建设创新型国家、区域经济发展、北京城市经济转型等必然要求进行科技北京建设，以适应时代发展的需求。同时，科技北京建设还有坚实的现实基础。近年来，北京在科技方面的投入强度远远高于全国平均水平，甚至远远高于经济发达地区的上海等地，北京的经济增长规模、科学技术发展的社会文化氛围等都为科技北京建设提供了良好的条件。

一、科技北京建设的时代需求

1. 科技北京是科技全球化的必然选择

20世纪中叶伴随着科学技术的重大突破——信息技术的产生，科技国际化发展呈现出快速向全世界各个地方渗透之势。尤其是20世纪后期，科技全球化发展趋势将科技与国际社会经济、政治、安全等问题紧紧联系在一起，也因此使科技与社会的关系问题凸现出来。科技北京建设正是在科技全球化背景下解决上述问题的必然选择。

(1)科技全球化的含义

科技全球化是与经济全球化相伴而生的，是经济全球化的重要组成部分。科技全球化是指越来越多的科技活动问题、目的和范围在全球范围内广泛认同，科技活动要素在全球范围内自由流动与合理配置，科技活动的规则与制度环境在全球范围内渐趋一致的过程。①

科技全球化与下面几个因素息息相关。“第一,经济全球化。经济全球化,使得科学技术交流与传播的范围、速度、规模都达到空前水平。先进的科学技术通过贸易向全球各个角落渗透,迫使每个市场竞争者必须在全球化背景下从事研究开发活动。不同国家的研究机构之间的界限日益模糊,实验室之间、大学之间按项目要求实行重组。第二,跨国公司在世界范围内扩展。跨国公司为了开拓世界市场,不断推进其研究开发活动的全球化,不惜巨资投入到他们认为能够最好发挥人才作用的国家或地区开办自己的研究机构。跨国公司在关注核心技术的同时,开始将一般性技术转移到发展中国家,从而获取更多的利益,这也进一步加速了科学技术知识的全球范围的流动。第三,信息网络技术的飞速发展。信息技术的飞速发展、互联网的广泛应用,深刻地影响着人类的生活和工作方式,使得通过网络配置科技资源成为可能,使人们从外界获得科技信息的能力大为提高,特别是全球研究村和虚拟实验室的出现,改变了传统的科学研究方式,处于全球不同地区的科研人员可以在任何时间、任何地点更便捷地进行跨国界的研究合作,科研效率也大大提高。”②正是这几个因素导致科技全球化成为一股不可阻挡的浪潮,迅速在全球蔓延,对各国的社会、经济、科技、文化、军事等产生了深远的影响。

(2)科技全球化的特征

科技全球化在其演进过程中呈现多种多样的特征:第一,科学技术研究活动越来越在全球范围内展开。由于研究项目日趋复杂化,许多研究项目的研究对象涉及超越国家界限的大尺度范围,需要不同国家的不同知识机构的科研人员的智力优势互补,必须由不同国家的科学家互相交流、协作完成。同时,我们处在大科学的时代,大科学具有投资强度大、多学科交叉、需要昂贵且复杂的实验设备、研究目标宏大等特点。大科学研究所需的昂贵仪器设备,使科研成本不断增加,也需要不同国家分担成本,资源共享。随着科技全球化的进程,从事科学研究的科学家将更多地在全球化和网络化

---

① 胡志坚．科技全球化对中国科技发展的影响与对策[M]//成思危．第三届中国软科学学术年会论文集．北京:中国经济出版社,2001:266－271.

② 徐冠华．科技全球化发展趋势和如何应对全球化挑战和机遇[J]．中国科技财富,2008,12:72－75.

的开放环境中相互竞争、相互交流与合作。

第二,科技人力资源加速在全球范围内流动。这种流动有以下几个方面的表现:"一是高端科技人力资源的跨国流动性最强,高科技产业和技术密集产业的高速增长,对高端科技人力资源产生了迫切需求,促使科技人力资源向高技术产业发达国家流动,科技人力资源的高端性与稳定性成反比;二是科技人力资源的流动呈现出马太效应,越是科技人力资源集中的国家和地区,越容易吸收更多的优秀科技人才前往,科技人力资源流动的总体趋势是从发展中国家流向发达国家,而新兴市场经济国家则是科技人力资源流失的主要源泉;三是美国是全球最大的科技人力资源的吸纳地,澳大利亚、加拿大则次之,欧洲国家的吸引力相对较小,这同各发达国家的移民政策和就业形势有关。"①

第三,产业研究开发的全球化程度不断加深。随着经济全球化的迅速推进,越来越多的跨国公司纷纷实施全球战略,跨国公司已不仅仅局限于在海外设立研发机构来保证当地的生产和销售,而是在海外设立研发总部,利用发展中国家廉价的科技人力资源,实施全球范围内有效的配置研究开发资源,组织研究开发活动,实现研究开发活动的跨国分布,为跨国公司的全球战略提供有效的知识、技术支持和保证。产业研究开发的全球化除了跨国公司设立海外研究机构、海外研发总部外,还表现为委托研究开发、研究设计外包合同、共同开发等多种形式。②

第四,区域科技合作不断增强。国际区域科技合作主要在三个层面上展开。一是个人层面的合作,即科技工作者之间的国际交流,表现为越来越多的研究成果、发明和论文由不同的科学家合作完成。个人层面上的这种交流活动以及海外交流专家等已经被一些国家作为利用全球科技资源的重要手段。二是机构层面的合作,即机构或组织之间就某个项目展开合作和交流,这类合作除了少量的非商业合作外,大量的合作通常是营利机构间的商业合作,尤其是跨国公司在各个高科技领域中采取多种多样的形式进行合作,如在几个关键性的领域里的战略性技术联盟及在海外设立研发机构。

① 王春法. 科技人力资源的全球流动[M]//中国科学学与科技政策研究会. 首届中国科技政策与管理学术研讨会论文集. 2005.

② 胡志坚. 科技全球化对中国科技发展的影响与对策[M]//成思危. 第三届中国软科学学术年会论文集. 北京:中国经济出版社,2001:266-271.

三是国家或国际组织层面的合作，一些重大基础性研究项目均采用这一层面的合作方式，这种合作主要以双边或多边的形式出现。双边合作既有关于某一具体技术的合作，也有范围更广的形式。

第五，战略性技术联盟蓬勃兴起。跨国公司为了缓解自身巨大的R&D投入的压力，他们之间纷纷结成战略性技术联盟，以降低R&D投资风险性。由于联盟中的合作伙伴优势互补，研究周期可能会缩短，成功率也将提高；即使失败，风险也是联盟成员共担。因此，自20世纪80年代，全球性战略性技术联盟蓬勃兴起。资料表明，“20世纪80年代上半期，世界上各类企业间达成的战略性技术联盟还只有1560个，1985至1989年间增加了2632个，从而使全球企业间的战略性技术联盟在80年代末期达到4192个”。[①] 进入21世纪以后，跨国公司之间建立战略性技术联盟的趋势进一步加快，跨国公司间通过人力资源和技术储备的相互补充，形成了规模经济和技术资源互补的协同效应，促进了合作企业经济效益和竞争能力的显著提高，掌握关键性技术的主导权、控制权。

（3）科技全球化的影响

科技全球化浪潮席卷着世界的每一个角落，在科技全球化浪潮中，无论是发达国家还是发展中国家，无一例外地都会受到科技全球化正面，抑或负面的影响。

首先，科技全球化背景下科技与经济社会高度融合与渗透所体现出的不仅仅是科学技术与经济社会发展直接和间接关系更加紧密，也表现出科技与经济社会的关系更加复杂。20世纪80年代兴起的经济全球化浪潮，使国际或地区间的竞争格局悄然地发生着变化，区域经济发展在世界经济结构战略调整中扮演着越来越重要的角色，国家间的竞争正演变为以科技创新为基础的区域竞争。随着区域经济的不断发展和竞争的加剧，区域科技创新能力已成为地区经济获取竞争优势的决定因素。

其次，科技国际化不仅对于世界的科技发展产生极其重要的影响，同时也对各国的经济、社会发展甚至是国家政治安全等问题带来深刻影响。外资研发机构大量落户北京、上海等大城市，将这些大城市变成新的国际技术转移中心，其意图是将中国纳入跨国公司全球战略的体系之中，通过独资控

---

① 李芳．浅论战略性技术联盟[J]．税务与经济，2004(2)：24－28.

股，控制关键产业，保持并扩大其在全球市场上的垄断优势。例如，以跨国公司为主导的全球化经过贸易全球化、生产全球化、资本全球化发展阶段之后发展到研发全球化的新阶段，国际竞争的核心演变为在世界范围内配置利用科技资源能力基础上的科技实力较量。在此背景下，跨国公司研发机构大举入驻北京，为北京带来了前所未有的学习机会，也带来了巨大的竞争威胁。一方面，跨国公司具有先进的技术水平和管理经验，通过直接投资和溢出效应、企业间的竞争与合作，加快和带动了北京技术创新的步伐和高新技术产业的发展，促进了北京的经济繁荣。另一方面，跨国公司在京的研发活动质量不高、溢出不明显，同时实施技术控制、专利战略等，试图抢先占领新兴产业的制高点，增大了我们进行自主创新的困难，甚至形成技术和市场的垄断。①

上述情况将不可避免地对我国社会、经济和科技发展带来十分复杂的影响，同时也势必给北京的经济社会发展带来一系列新的问题。一方面，北京作为国家的科技资源中心和国家技术创新基地，无可选择地成为了国际经济、科技竞争的前沿阵地。同时，国家自主创新战略的实施也必然要求北京成为保持与提升我国的自主创新能力，应对国外资本的经济控制的“桥头堡”。另一方面，外国研发机构大量落户北京，形成对有限科技资源的竞争，也带来重新确立北京在国际科技协作分工体系中战略地位的机会。显然，外资研发机构大量落户北京已经不仅仅是个科技问题，它涉及政治、社会、经济、安全方方面面，确定应对战略也不能单从科技发展的一个角度考虑，而必须把科技发展与区域经济社会发展结合起来考虑，站在区域整体发展的战略高度统筹规划。必须从区域经济社会发展的角度，尤其是从人的全面发展的角度去思考这些问题，如果没有了这一个前提，就会导致科技越发展社会问题越严重。

科技北京建设正是面对科技全球化避免其负面影响的必然选择，即以系统的观点统筹考虑北京区域系统的政治、社会、经济、文化、安全的发展与科技发展的关系，从而实现以人的全面发展为核心的区域整体发展和社会的全面进步。

---

① 张耘，毕娟．研发国际化背景下北京科技创新战略构想［J］．中国科技投资，2008，10：45－47.

2. 科技北京是建设创新型国家的应有之义

创新型国家建设是科技北京提出的重要基础与背景。在经济全球化时代，科学技术的突飞猛进成为推动经济社会发展的主导力量，国家的竞争力越来越体现在以自主创新为核心的科技实力上。一个国家能否在激烈的国际竞争中站稳脚跟、立于不败之地，已越来越取决于其科技进步的速度与自主创新的能力。加快科技进步与创新，走创新型国家之路越来越成为世界主要国家的战略选择，成为一股一浪高过一浪的世界性潮流。

(1)创新型国家

在实现工业化和现代化的道路上，一些国家把科技创新作为基本战略，大幅度提高科技创新能力，形成日益强大的竞争优势，国际学术界把这一类国家称之为创新型国家。目前世界上公认的创新型国家有20个左右，包括美国、日本、芬兰、韩国等。

作为创新型国家，应具备以下四个特征："①创新投入高，国家的研发投入即R&D经费占GDP的比例一般在2%以上；②科技进步贡献率达70%以上；③自主创新能力强，国家的对外技术依存通常在30%以下；④创新产出高，目前世界上公认的20个左右的创新型国家所拥有的发明专利数量占全世界总数的99%。"①是否拥有高效的国家创新体系是区分创新型国家与非创新型国家的主要标志。

为建设创新型国家，北京等城市纷纷提出建设创新型城市的目标。北京建设创新型城市的主要目标是，到2010年，全社会研发经费支出占GDP比重达到6%，每万人专利申请数达到18件，科技进步贡献率达到60%，高技术产业实现增加值占GDP比重达到25%，企业创新主体地位初步确立，创新体系基本形成，自主创新能力明显增强，科技支撑经济社会发展的作用明显提高，初步建成创新型城市。再经过十年努力，到2020年，首都创新体系更加完善，自主创新能力显著增强，成为推动创新型国家建设的重要力量，进入世界创新型城市的先进行列。

无论是建设创新型国家，还是建设创新型城市，都必须拥有高效的国家创新体系（区域创新体系），这是区分创新型国家（创新型城市）与非创新型

---

① 李彦增，创新型国家．http://cpc.people.com.cn/GB/134999/135000/8109438.html，2008.9.26.

国家（非创新型城市）的主要标志。

（2）国家创新体系

国家创新体系（National Innovation System）首先由英国著名技术创新研究专家弗里曼（C. Freeman）于1987年提出，它的基本含义是指由公共和私有部门和机构组成的网络系统，强调系统中各行为主体的制度安排及相互作用。该网络系统中各个行为主体的活动及其间相互作用旨在经济地创造、引入、改进和扩散新的知识和技术，使一国的技术创新取得更好的绩效。它是政府、企业、大学、研究院所、中介机构之间寻求一系列共同的社会和经济目标而建设性地相互作用，并将创新作为变革和发展的关键动力的系统。国家创新体系的主要功能是优化创新资源配置，协调国家的创新活动，大幅度提高国家科技创新能力，形成日益强大的竞争优势。建立和完善国家创新体系是建设创新型国家的必由之路。

具体而言，第一，国家创新体系是有关技术创新的国家层次上的体系，技术创新是国家创新体系的核心。第二，制度安排因素对国家创新体系的功能和效果起到基础性作用，制度创新是国家创新体系的一个基本变量。值得进一步说明的是，国家创新体系是培育新的经济增长点、促进产业结构升级的基础，是国家经济体系中的一个重要组成部分，它不独立于经济体系中的其他部分，其活动主体是以企业为核心的。也就是说，国家创新体系由以企业为主体的技术创新体系以及技术创新的其他相关部分组成，该体系主要涉及一国的企业、科研机构、大学、中介机构以及政府有关部门等。

国家创新体系建设已进入在国家层次上进行整体设计、系统推进的新阶段。发展环境的变化，要求我们在多年来改革与发展的基础上，以增强国家整体创新能力为目标，加速建立一个既能够发挥市场作用，又能够根据国家战略有效动员和组织创新资源；既能够激发创新行为主体自身活力，又能够实现系统各部分有效整合的国家创新体系。在这一体系中，政府将发挥更加积极和有效的作用，产学研的结合更加紧密和协调，社会资源将得到更加广泛和充分的利用，体系的对外开放程度更具扩展性和延伸性。

因此，国家创新体系的构建需要做好以下几方面的工作：第一，必须发挥科研机构和大学在科技创新和人才培养以及基础研究方面的核心作用。在未来国家创新体系建设中，大学应继续深化科研体制改革，重点开展自由探索的基础研究。同时，还应新建和组建一批多学科交叉的国家重点实验室，从事围绕国家目标的基础研究和战略高技术研究，并向社会提供公共科技产品及服务。通过联合承担国家科研任务和开放实验室等，加强与科研机构之间的结合。通过加强研究型、综合性大学建设，大力培养优秀创新人才，促进自然科学与社会、人文科学的深入融合。此外，大学还应当成为区域研究开发中心，并不断通过向产业的技术转移和扩散，提升区域创新能力。

第二，确立企业在技术创新中的主体地位，使企业真正成为技术创新的主体，是国家创新体系建设的核心任务之一。目前，我国产业结构调整已进入创新主导的发展过程，企业发展将由重点提高生产能力转向重点提高创新能力，企业技术需求和技术投资能力也大大提高。因此，国家应当采取积极的措施，为各种类型的企业提供公平有效的创新支持，真正确立企业在技术创新中的主体地位。企业应当成为技术创新投入和组织的主体，在全社会 R&D 投入中发挥更加积极的作用，并利用和集成企业内外的各种要素和资源，解决企业乃至行业发展中的重大技术性问题。当前的重点工作应当是，进一步加强国有大中型企业技术创新机构和能力的建设，发展以企业为主导的工程技术中心，引导企业调整、制定创新发展战略，加大对创新的投入；进一步发挥民营企业在高新技术产业化方面的积极作用，鼓励民营企业参与国家和地方重大科技计划；进一步引导转制科研机构加强应用基础研究和增强持续创新能力，在相应产业领域发挥先导和支撑作用；进一步鼓励外资企业在我国设立研发中心，开展本土化的创新活动。同时，大力促进产学研的结合与互动，支持企业与大学、科研机构通过共同建立实验室或研发机构、共同承担国家任务等形式，加强多种形式的合作研究，推动企业广泛建立技术创新战略联盟。

第三，由于国家创新体系是一个有关创新的、属于经济范畴的系统概念，因此必须明确国家创新体系的建设是一项涉及经济、科技等多方面的系统工程。当前，我国经济发展中存在的突出矛盾是科技与经济脱节的问题还没有从体制上予以根本解决，创新机制和体系还不够健全，科技资源配置效率不高，作为市场主体的企业的创新动力不足，缺乏参与国际竞争的能力。解决上述问题的一个重要途径，就是建立健全国家创新体系，主要从技术创新、制度创新及其二者的结合上入手。

(3)创新型国家与科技北京建设

国家创新体系是按照系统原理构建的一个庞大体系，科技北京建设实质上就构成了国家创新体系的一个有机的组成部分。这是因为，国家创新体系建设战略实施，为北京的科技发展提出了新的要求。

第一，北京科技创新体系如何在为北京建设创新型城市服务的同时，更好地在全国发挥高端辐射、示范带动效应。如果说，以往北京作为国家的科技中心，其发展基本模式是依靠首都城市的中心性积聚科技资源，作为国家科技创新主体力量实施国家知识创新与技术创新战略，以此支撑北京经济的发展，那么，创新型国家建设战略的实施使得北京作为国家科技中心不仅仅要以科技创新支撑北京经济的快速持续发展，更要发挥带动辐射效应，带动周边地区经济升级结构调整。

第二，作为位于国家科技中心的区域创新体系，如何处理好区域创新体系与国家创新体系的关系，将北京建设成特色鲜明、功能强大的国家创新体系的龙头。区域创新体系是国家创新体系的有机组成部分，是国家创新大系统中各具特色的创新子系统，北京与其他的区域创新体系不同，北京创新体系是国家创新体系的核心与龙头，北京区域创新体系最突出的特色就是其功能的完整性、创新水平的高端性与创新系统的开放性。作为国家创新体系的核心部分，在创新型国家建设的大背景下，北京的区域创新体系建设要围绕国家创新体系建设的总体战略实施，增强原创性，提高开放性和创新水平。

创新型国家建设是科技与社会经济高度一体化的集中表现。从国家来说，通过建立科技与经济协调发展机制和科技创新系统来实现经济社会的协调发展，国家创新体系建设本身就已经是将科技与社会统筹协调发展的战略，作为国家创新体系的龙头与核心，把科技与北京结合起来考虑北京的科技发展、经济发展与社会发展问题是建设区域创新体系的主要任务。同时，北京作为国家创新体系的龙头，正确处理北京区域发展与承担国家创新体系龙头地位，在国家科技发展中发挥引领作用问题，也必须以科技与区域经济社会的协调发展作为前提。在此背景下，科技北京建设既是区域创新体系建设的需要，也是国家创新体系建设的需要。

3. 科技北京是区域经济发展的必然要求

(1)区域经济和区域经济发展

区域经济(Regional Economy)是在一定区域内经济发展的内部因素与外部条件相互作用而产生的生产综合体，即以一定地域为范围，并与经济要素及其分布密切结合的区域发展实体。区域经济反映不同地区内经济发展的客观规律以及内涵和外延的相互关系。

区域经济发展的一个重要特征就是区域经济一体化,即打破各种人为的限制,削弱或消除贸易壁垒,实现生产要素的自由流动。一般认为,区域经济一体化具有多方面的优点,比如,根据比较优势的原理通过加强专业化提高生产效率;通过市场规模的扩大达到规模经济提高生产水平;国际谈判实力增强有利于得到更好的贸易条件;增强的竞争带来增强的经济效率;技术的提高带来生产数量和质量的提高;生产要素跨越国境;货币金融政策的合作;就业、高经济增长和更好的收入分配成为共同的目标;等等。

在当今经济全球化浪潮中,区域经济发展显现出格外重要的意义。经济全球化只是作为一种趋势存在着,并未完全成为现实,区域经济一体化就为经济全球化浪潮的延续和演进提供了重要保证。

(2)北京在区域经济中的特殊地位

区域经济的划分依据不同的标准可大可小,不同国家间可以形成一个经济区域,如欧洲联盟、东南亚联盟、亚太经济合作组织、北美自由贸易区等。统一国家内部,由于地理环境、文化传统等的差异也可分为不同的区域,从而形成不同的区域经济。如我国在区域经济发展新格局中就形成了9大经济区:“西部大开发经济区、环渤海经济圈、东北经济区、珠江三角洲经济区、中部崛起经济区、长江三角洲经济区、海峡西岸经济区、重点流域经济区和沿海经济区。”①

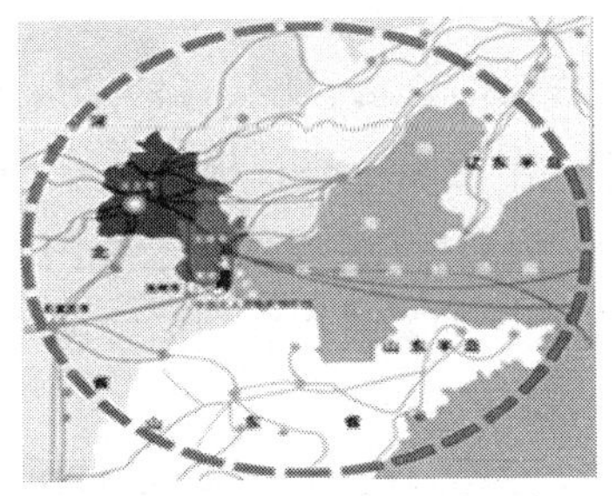

图4-1 环渤海经济圈

① 宸星. 九大经济区在崛起[J]. 今日上海,2004(8).

北京所在的环渤海经济圈是一个正在崛起的新的增长极。环渤海经济圈,指以辽东半岛、山东半岛、京津冀为主的环渤海滨海经济带,同时延伸辐射到山西、辽宁、山东及内蒙古中东部。经济圈内分布着京津冀都市圈、山东半岛城市群、辽东半岛城市群、河北环京津国家高新技术产业带、中关村国家自主创新示范区、天津滨海新区、曹妃甸循环经济示范区、黄河三角洲高效生态经济区等重要的区域。位于太平洋西岸的环渤海地区是日益活跃东北亚经济区的中心部分,也是中国欧亚大陆桥东部起点之一,处于中国东来西往、南联北开的地位。此地区作为中国政治文化和国际交往中心,在亚太地区国际经济分工协作中具有重要地位,同时将带动中国西部大开发及东北发展,这对于解决中国经济南北差距也具有特殊作用。

在环渤海经济圈中,北京具有举足轻重的地位。第一,独特的区位优势。北京是中国的首都,是全国政治、文化、科技中心,尤其是北京具有强大的科技资源优势和科技辐射能力,北京发展的快慢直接影响周边地区的发展。第二,得天独厚的科技资源。北京国家级科研院所和重点高校云集,重量级的科技人员(如两院院士)占全国的一半左右,已形成国家科技极。同时,北京的区位优势吸引着世界各大跨国公司纷纷在北京设立研发机构,有全国最大的电子信息产业科研、贸易、生产基地之誉的北京中关村地区,摩托罗拉、惠普、松下、微软、富士通等均在北京设立了研发中心,蓄势待发。第三,独一无二的人才资源。北京高等教育发达,重点高校占全国的1/4,每年培养着大量高素质的人才。同时,北京独特的地位每年还吸引着大量高级人才落户北京。

正是北京这种不可替代的优势,使其在环渤海经济圈的发展中充当着火车头和辐射源的角色。作为国家科技极的北京,其科技资源与实力不仅要为北京自身经济社会发展服务,更要着眼于全国和区域经济发展,发挥辐射效应和示范效应,带动全国的科技创新向前发展。

(3)区域经济发展与科技北京建设

伴随着科学、技术、经济的日益融合,科技创新能力已经成为促进一个国家或区域长期经济增长的重要动力因素,科技创新已成为区域经济崛起的"发动机"。科技北京建设正是使科技创新这架区域经济崛起的发动机运行的更加强劲有力的重要保证。

区域经济的发展和崛起,需要一个具有强大辐射能力的区域经济中心,科技北京建设能使北京迅速成长为环渤海经济圈的区域经济中心。1986年,“环渤海经济圈”就首次进入区域经济发展的视野。而在当时,珠三角经济圈和长三角经济圈的概念尚未列入正式议题。但是,在改革开放30年的历程里,珠三角经济圈、长三角经济圈已强力崛起,而环渤海在经济一体化和区域协同发展的探索上却始终徘徊不前,先发而迟滞。问题的症结在哪里?有学者研究指出,问题出在环渤海区域内城市之间各自为战、产业集群势均力敌。但这只是一种现象,更深刻的内在的因素何在?我们认为,区域内缺乏一个具有强大辐射力的中心,将京津冀都市圈、山东半岛城市群、辽东半岛城市群三大城市群连接成一个整体,从而实现区域经济一体化,这才是问题的关键。科技北京建设正好成为解决这一关键问题的钥匙,通过科技北京建设增强北京科技、经济辐射能力,将京津冀都市圈、山东半岛城市群、辽东半岛城市群连接成一个整体,就成为环渤海经济圈崛起的不二选择。

同时,科技北京建设之所以是区域经济发展的必然要求,还在于北京的经济发展遇到了前所未有的挑战,挑战来自三个方面:环境的挑战、资源的挑战、城市功能定位的挑战。环境、资源、城市功能定位都不允许北京按常规发展,环境的制约、资源的制约、功能定位的转变都要求北京走出一条经济发展的新路子。科技北京建设就是走出这条新路子的必然选择。

4. 科技北京是实现“三个转变”的重要保证

(1)北京正面临着城市转型的关键期

随着经济社会的发展,北京城市功能正在发生着一系列转型,主要表现为:由生产型城市向服务型城市转变;从工业化向后工业化阶段转型;从传统经济中心向新经济中心转型。这种转型对区域创新体系建设提出了新需求。

1)北京正在从生产型城市向服务型城市转变

伴随着经济结构的升级,北京已经从生产型城市向服务型城市转变,第三产业已经成为首都经济发展的主要支柱。目前,北京的产业结构表现为“三、二、一”的产业格局,第三产业比重已经连续13年超过50%。自2000年以来,第三产业的比例又登上一个台阶超过60%,2006年又首次超过了70%,并且持续至今。北京市这种稳定的“三、二、一”产业格局,是改革开放以来产业结构调整与优化成果的体现,反映了伴随知识经济时代的到来一个开放国家的首都从生产型城市向服务型城市转变的发展过程,这种转变适应了首都城市功能定位与资源禀赋的要求,反映了首都城市现代化发展的内在要求。

值得关注的是,新型服务业与科技的高度关联性以及在三次产业中的主导地位对于北京科技创新的发展产生深刻影响:

一方面,在生产型城市向服务型城市转变的过程中,“研发产业”作为一种独立的行业获得了迅速发展。未来以技术创新为主要内容的“创新技术生产、交易、服务行业”将会进入大幅增长阶段,在第三产业中将占有更为重要的地位,甚至成为首都经济的重要支柱性行业。科技创新对于首都经济社会的发展将不仅具有第一生产力的基础作用,同时也将成为首都经济产业中的最具特色、最具发展潜力的新兴支柱产业,直接为地区生产总值的持续增长贡献力量。针对这样的发展态势,“研发产业”如何在保持持续快速增长的同时迅速提高创新技术价值,延长创新产业链将成为北京科技创新必须面对的大问题。而区域科技创新体系如何为研发服务业的快速发展提供更有力的支撑环境,是区域创新体系建设与发展中要解决的核心问题。

另一方面,随着资本、劳动与技术进步在经济增长中角色的转换,经济增长方式的集约化也将向更高层次演进。在这一过程中,知识密集型服务日益起着把技术进步转化为生产能力,强化区域竞争力的作用。如何保持对新型服务业的主导与控制权,尤其是在高新技术与新型服务业的融合上走在全国以及世界的前列,是北京科技创新未来需要首先解决的技术与经济问题。

2)北京从工业化向后工业化阶段转变

国际上一般以工业占国民经济份额40% ~60%为工业化的中后期,第三产业比重超过第二产业并达到70%以上时,则表明已经进入“后工业化”阶段;人均GDP达到1000美元为工业化初期阶段,人均3000美元为工业化中期,人均5000美元为工业化后期。依此而言,北京正从工业化向后工业化阶段转变。

第一,从产业结构上分析。自从1995年以来北京的产业结构已经稳定地呈现出“三、二、一”的格局,第三产业从占GDP的50%,发展到2006年突破70%,2008—2010年更是一直保持在75%以上,已经达到国际所认定的“后工业化阶段”产业结构标准。

第二,从人均 GDP 上分析。2010 年人均 GDP 已经达到 11218 美元,可以看出北京的人均 GDP 水平已经开始达到工业化高级阶段(第四阶段)的高限水平,可以断定北京的经济发展正在从工业化阶段进入后工业化阶段,处在发展阶段升级的转变过程之中。

第三,从第二、三产业内部结构分析。后工业发展阶段最基本特征是知识主导型经济。而现代服务业与现代制造业都是建立在高智力资本投入基础之上的行业,是后工业化社会经济的支柱产业。2010 年,规模以上工业企业增加值增长 15%,其中,高技术制造业、现代制造业增加值分别增长 15.1% 和 16.3%,表明现代制造业在北京工业经济中具有举足轻重的地位,是工业经济最重要的支柱之一。2010 年,第三产业增加值中,作为现代服务的信息传输、计算机服务和软件业增长 10.6%,租赁和商务服务业增长 10.0%,卫生、社会保障和社会福利业增长 11.6%,增速均超过第三产业平均水平(9.3%)。这表明,北京的现代服务业不仅已经在第三产业中成为支柱,同时也成为北京经济的支柱产业。①

第四,从就业结构方面分析。2010 年,北京市第三产业的劳动力就业量占总就业量的比重已达到 74.4%。从 1995 年开始,第三产业已经成为劳动力就业的主要领域。相比较而言,农业就业人口从 1995 年的 10.6% 下降到 6.0%;工业就业人口从 40.7% 下降到 19.6%。1997 年第三产业从业人员所占比重达到全市的 50%,此后十多年来,第三产业吸纳就业人数的比例逐年提高,2009 年首次突破 70% 并继续逐年增长。②

可以得出如下结论:总体上北京的经济发展阶段正在处在一个特殊转型阶段,即从工业化后期阶段向后工业化的前期阶段转变,这是从战略高度认识首都经济社会发展特征最为重要的指标。经济发展阶段从工业化向后工业化阶段的转型对科技创新提出了不同以往的新要求。

3)北京从传统经济中心向新经济中心转变

在信息化的大背景下,伴随传统产业的大量退出,以往首都作为传统产业经济中心的经济功能逐步消失,而首都城市作为新经济中心的经济功能日渐形成。“新经济”是以知识为核心生产要素、以高科技产业为基础、以创

---

① 北京市统计局,国家统计局北京调查总队. 2010 年北京市国民经济和社会发展统计公报. http://zhengwu.beijing.gov.cn/tjxx/tjgb/t1155578.htm,2011-02-21.

② 北京市科学技术委员会. 北京统计年鉴 2011[M]. 北京:中国统计出版社,2011.

新为动力、以规模收益递增为特征、以电子商务为手段、以经济全球化为舞台的一种新的经济形态。科技是第一生产力，自主创新为首都经济插上了腾飞的翅膀。2010年，高技术产业实现增加值866.5亿元，增长11.3%；占地区生产总值的比重为6.3%，比上年下降0.1个百分点，比2005年下降0.9个百分点。生产性服务业实现增加值6642亿元，增长17%；占地区生产总值的比重为48.2%，比上年提高1.5个百分点，比2005年提高8个百分点。文化创意产业实现增加值1692.2亿元，比上年增长13.6%；占地区生产总值的比重为12.3%，与上年持平，比2005年提高2.6个百分点。新兴产业在北京产业结构中的比重和贡献不断增大。首都经济走上了一条良性循环的内涵式发展之路。

显然，以创新为动力、以高新技术产业发展为基础的新经济中心的建设对北京技术创新能力提出了更高的要求。其中，区域创新体系的完善，以及区域科技极的强化及其辐射作用的发挥是新经济中心发挥作用的关键所在。

(2)北京城市转型带来的新问题

在北京转型的关键期，科技与经济社会发展的关系呈现出新特征、面临新问题，主要表现在以下几个方面。

第一，在以服务业为主的经济结构中，科技创新尤其是技术创新如何支撑服务经济发展？

科技创新是经济发展的不竭动力。大力推进科技创新和高新技术产业发展是解决当前经济深层次矛盾，实现国民经济持续快速健康稳定发展的重大措施之一。经过几十年的建设，经济特别是工业的总体规模不断扩大，但技术水平和管理水平差，经济效益不高，增长方式粗放，已经不能适应经济发展和国际竞争的需要。现代化建设战略的实施，需要大力发展科技创新和高新技术产业。抓好科技创新和高新技术产业就抓住了科技进步和经济发展的龙头。经过三十多年的改革开放，我国的社会主义市场经济体制初步建立，但是随着经济的发展，很多影响经济发展的深层次矛盾还没有得到根本解决。今后一个时期，是经济和社会发展的重要时期，是完善社会主义市场经济体制和扩大对外开放的重要时期，也是我国在科学技术、国际竞争上能否追赶上发达国家的关键时期。只有继续加快经济体制改革，才能促进我国经济持续、快速、健康地发展。这都有赖于在体制改革和科技创新方面取得突破性进展，实现经济体制和经济增长方式的根本性转变。科学技术是第一生产力，为了增强我国综合国力，实现现代化建设的第三步战略目标，必须不断促进科技进步、提高科技的持续创新能力、充分发挥第一生产力的决定性作用。

当今世界，没有创新就没有发展，科学技术的折旧率远远快于固定资产的折旧率，世界各国都在加快科技发展，尤其是生物技术、基因技术、纳米技术、网络技术等科技革命突飞猛进，知识经济初见端倪，科技领域充满了机遇和挑战，同时也带来了新一轮的激烈竞争。对此，我们必须迎头赶上，努力抓住新技术革命的机遇，大力推进我国的科技进步和创新。

第二，伴随着向服务业为主的产业结构转变，作为区域经济增长极，北京与周边地区的“能量交换”关系将从以“回波效应”为主转变为以“扩散与辐射效应”为主，科技创新如何支撑这种新型的“能量交换”关系？

非均衡发展战略的实施，促成了北京地区的经济崛起，很大程度上造就了我国经济连续高增长的奇迹。但时至今日，在取得成就的同时，另一严峻事实也摆在了我们面前，即区域间不平衡性特征十分突出，东中西地区经济发展差距巨大。循环累积因果理论认为，由于增长极的回波效应强于扩散效应，如果任由市场进行调节，区域间经济差距将会不断扩大。并且这种态势会对中心区域的经济持续增长形成威胁。

虽然威廉姆森的实证分析结果似乎与赫希曼的理论相互印证，但我们应该考虑到，威廉姆森所统计的 24 个国家区域差距的“U”形变化过程并不一定完全是市场作用的结果。实事上，美国、日本等发达国家战后区域差距的显著缩小很大程度上是这些国家政府强有力干预的结果。退一步来说，即使完全由市场进行调节的情况下，区域差距也呈现倒“U”形变化，区域差距收敛也只是区域发展的一个长期趋势，在区域差距由发散向收敛转折之前，社会要为区域不平等付出巨大代价，也许是不可承受的代价。区域经济发展上过大的差距，不仅会影响整个地区经济发展的后劲与可持续性，还会形成与激化社会矛盾，带来一系列的政治、社会问题。

解决我国区域差距所带来的一系列消极效应，同时也为避免我国地区差距在单纯依靠市场机制调节下会由于“累积因果循环”机制和“贫困恶性循环”机制而持续扩大，需要政府通过区域发展战略与区域政策的适当选择以及实施，进行积极干预。

一方面，要加大对周边地区的资金投入和政策倾斜，通过科技创新来加强扶持落后地区的经济发展，及时抑制地区差距过分拉大的势头；另一方面，政府要通过各种措施来加强已有增长极的扩散效应，进一步增强较发达地区经济发展，通过建设科技北京，增强北京地区的科研创新能力，促进北京经济发展，带动北京周边地区经济发展。[①] 通过增强科技创新能力，建设科技北京，来促进北京与其周边地区"能量交换"关系，从以"回波效应"为主转变为以"扩散与辐射效应"为主。

第三，作为积极推进国际化建设的北京，如何根据新的竞争态势重新审视首都作为国家科技极的历史责任？面对"研发国际化"带来的机遇与挑战，如何推动北京成为国际科技创新系统中重要的创新节点？

在城市发展的战略理念层面上把科技与某个区域尤其是北京这一特殊区域结合起来，形成一个新的概念，作为北京发展的战略理念意义重大。作为一个特殊区域在创新型国家建设、在大首都圈的建设中、在国际化发展到研发国际化的今天，北京这个特殊区域所承担的责任与未来应发挥的作用是其他城市不能替代的。所以，从区域发展的战略高度认识科技与北京的关系意义重大，如果没有明确、正确的认识，北京作为"国家科技极"的作用发挥将大受影响，也意味着国家创新体系的建设将大受影响、国家的国际竞争力将大受影响、环渤海经济圈的形成和发展将大受影响。所以，科技北京理念的提出是应对当今国际竞争区域化特征的需要。

(3)科技北京建设是解决上述问题的重要保证

北京虽然正面临全面的经济社会转型，但是出现的新问题几乎都集中在科技领域。这说明，科技作为第一生产力、第一建设力、第一管理力在社会发展中已经发挥着无可替代的核心、基础、先导作用，解决这些问题必须依靠科技进步以及对科技成果的合理使用，而科技北京建设不仅能极大地促进北京科技进步的步伐大大加快，更能提高全体公民的科学素养，促使人们对科技成果应用的反思，避免科技成果的滥用，从而将科学技术的负面影响限制在最小范围。

具体地说，第一，科技北京建设是生产型城市向服务型城市转变的重要保证。生产型城市向服务型城市的转变必须建立在科技创新的基础之上，

---

① 袁飞兰．增长极：理论视角下的中国区域发展战略选择[J]．经济论坛，2009，18；38－39.

一方面,传统的服务业要在科技进步的前提下才能更好地发挥作用,服务于城市经济建设和人民生活;另一方面,更为重要的是,当今服务业的发展已经不再局限于传统服务业了,而更多的是以知识密集型服务业(Knowledge - intensive Business Service,KIBS)和高技术服务业为代表的创新型服务业。而知识密集型服务业、高技术服务业本身就是建立在科技高度发达的基础之上的,只有通过科技北京建设,才能促使其健康快速发展,真正实现生产型城市向服务型城市的转变。第二,科技北京建设是工业化社会向后工业化社会转变的重要保证。丹尼尔·贝尔的后工业社会的"中轴原理"强调理论知识处于中心地位,成为社会发展中轴,在后工业社会中,"理论知识的中心地位是社会革新和政策形成的根源",后工业化社会的发展必须依靠科学技术的高度发达。因此,只有通过科技北京建设,才能真正促进这一转变。第三,科技北京建设是促进传统经济中心向新经济中心转变的重要保证。建立在制造业基础之上的传统经济,以标准化、规模化、模式化、讲求效率和层次化为特点,在处理人类与环境的关系时,采用一种"资源—产品—污染排放"的单向线性过程,经济增长方式是以资金、劳动力的投入为主的粗放型;而建立在服务业和信息技术基础之上的新经济追求的是差异化、个性化、网络化和速度化,在处理人类与环境的关系时,采用一种全方位的非线性开放过程,经济增长方式是以知识、科技的投入为主的集约型。传统经济发展模式下的经济中心以产品的输出、辐射为核心,而新经济发展模式下的经济中心则以知识、技术的输出、辐射为核心。因此,科技北京建设是实现从传统经济中心向新经济中心转变的重要保证。

5. 科技北京是科技社会化的理性应答

伴随着新科技革命的兴起,科技社会化的浪潮扑面而来,正在对人类社会生产、社会生活和社会管理产生日益深刻的影响。所谓科技社会化,是指现代科学技术通过形成增长、转化和渗透等机制,深入到人类社会运行的整个过程和每一环节,成为社会发展的根本动力。

(1)科技社会化的表现

科技社会化的表现渗透在城市发展的方方面面:科技知识的加速增长、科技向社会生产的加速转化、科技向社会生活的加速渗透、科技思想及观念的潜移默化、科技对社会管理的有力支持、科技普及的速度加快以及科技对人的全面发展产生的深刻影响等。

科技社会化主要体现在以下五个方面：

第一，科学家个体的社会化。20世纪以来，科学研究已经不再是科学家的个体行为，科学研究已经成为社会职业中重要的、独立的职业之一。

第二，科学建制的社会化。由于科研课题综合性的增强和研究规模的扩大，科学家个人的研究已经难以适应，科学研究主要依靠科学家共同体协同攻关，甚至是跨国间的合作完成，大规模的科学共同体必然促进科学建制的社会化，并且已经成为当代科学社会化中主要的特征之一。

第三，科学影响力的社会化。科学既是我们时代的物质和经济生活的不可分隔一部分，又是指引和推动这种生活前进思想不可分割的一部分。科学不仅作为第一生产力，为我们提供了满足物质需要的手段。它同时也是我们认识世界的真理性思想的源泉，“它使我们对未经探索的未来的可能性抱有合理的希望，他给我们一种鼓舞力量。这种力量正慢慢地但却稳稳当当地变成左右现代思想和活动的主要动力，”①使我们能够在社会领域里理解、协调并满足我们的需要。

第四，科技发展方向建构的社会化。在经济全球化的大背景下，任何国家地区的科技发展战略方向，不仅取决于某方面的局部需求，更取决于整个国家乃至全球利益。这是因为：首先，全球化造成竞争加剧，一个国家必须和不同的竞争者较量，必须综合考虑来自各方面的压力，必须在多方面的压力下脱颖而出，在综合比较中确立科技发展的方向。其次，当今科学理论产生过程的本质正在发生变化，新型知识往往注重学科间及异质化的结合，尤其在应用领域，科学家间也需要更多地沟通和协同研究，政府、企业、使用者之间也需要建立更多的互动关系。最后，科技社会化功能强化使科技发展的社会影响力越来越大，因而对是否应用一项技术的考虑将越来越跨出纯技术领域而涉及社会方方面面因素，着眼于科技发展与经济及社会需求的更好协调。

第五，科学技术内容的社会化。表现为现代科学技术与人文社会科学日益紧密结合。当代人类面临的各种问题具有高度综合性，不仅需要自然科学内部各个学科的协同配合，而且需要自然科学与人文社会科学的协同配合才能加以解决。科技与人文社会科学的协同配合、相互渗透，是解决当

---

① 贝尔纳．科学的社会功能［M］．桂林：广西师范大学出版社，2003.

前人类所面临的环境污染、生态失衡等重大问题唯一有效途径。

(2)科技社会化带来的挑战

科技社会化给我们带来的不仅仅是机遇，也给我们带来了前所未有的挑战：①

第一，科技社会化使我国面临教育的挑战。科技社会化在全球的迅猛发展，对我国教育提出新的、更高的要求。尽管我国可能倾全国之力在某些技术领域实现跨越，但在教育方面却是无法跨越的，需要我们在新形势下加快教育改革，扎扎实实地加强素质教育和创造教育的基础。特别要注意适应科技社会化的时代要求，在教育中增加现代科技含量，使学校教育与社会教育协同。

第二，科技社会化使我国面临科技发展速度的挑战。我国与发达国家之间明显存在的科技差距，对我们形成了很大的压力，而且在新一轮的国际竞争中与发达国家并非处在同一起跑线上。事实上，在科技发展日新月异的现代社会，面对激烈的国际竞争丝毫不能懈怠。我们必须始终坚持“发展是硬道理”的指导思想，并以较高的速度发展科技，否则科技差距有可能扩大，进而导致发展差距扩大。

第三，科技社会化使我国面临科技安全的挑战。现代科技的迅猛发展以及我国客观存在的科技差距，加之我国科技创新能力不强，使我们不得不引进世界上的先进技术、用市场换技术，甚至重复引进、反复引进。由此可能产生技术依赖性，使我国的科技安全受到威胁。从新中国诞生半个多世纪的历史看，发达国家倚仗其科技优势对我国进行的“科学封锁”、“技术禁运”几乎没有停顿过，时至21世纪的今天仍然如此。

第四，科技社会化使我国面临科技创新的挑战。从本质上看，科技社会化是以科技创新为前提，或者说科技创新是科技社会化的源泉。尽管经过多年的改革，但我国目前在科技创新体制、创新环境、创新能力等方面，仍然不能完全适应科技发展的要求，最终体现为具有自主知识产权的原创性发明创造少，对引进技术的消化、吸收及创新能力低。从我国20世纪90年代后期以来的专利申请情况看，高科技领域的专利大部分都由国外所申请。

第五，科技社会化使我国面临科技活动投入的挑战。与经济活动一样，

① 李光．科技社会化及其给我国带来的机遇与挑战[J]．科学学研究，2003(2)：113－116.

科技活动也同样需要投入,并遵循投入产出规律。诸如高科技具有高附加值或高回报的特点,高科技也具有高投入的特点。我国由于国力有限等原因,长期以来对科技活动的投入在世界上处于较低水平。一方面,我国研究与开发投入占 GDP 的比例远低于发达国家,甚至低于一些发展中国家;另一方面,我国对科学技术普及的投入严重不足,直接影响科技普及的效果。现代科技对社会的影响,既取决于科技自身的发展水平,又取决于科技被公众理解的程度,两者都需要与之相适应的科技投入。

科技社会化导致以下两方面的后果:一是对是否应用一项技术的考虑将越来越跨出纯技术领域而涉及社会方方面面因素,着眼于科技发展与经济及社会需求的更好协调;二是经济社会问题的解决更加依赖于科技创新的突破与发展。

(3)科技社会化与科技北京建设

科技社会化进程不可逆转。科技社会化已经给人类社会打上了深深的科技烙印,导致了世界面貌的急剧变化,并造就了 20 世纪人类文明的辉煌,奠定了我们追求 21 世纪可持续发展的坚实基础。从本质上看,科技社会化具有自组织性和良性循环的发展机制,是一个不断反馈、不断强化的过程,也是一个不可逆转的进程。事实上,推进科技社会化已经日益成为人类社会的自觉行为,人们在推进科技社会化的进程中可谓受益匪浅。

科技与社会高度融合,并且这种融合在城市转型中正面临新的调整与发展,如果我们不能全面了解这一现象,不能深刻认识在这个现象背后科技社会一体化发展的规律,不能积极主动应对科技与社会高度融合的发展趋势,那么我们将在今后的发展中处于被动地位。正是在这样的大背景下,北京提出了科技北京理念。这一理念的提出,是对科技社会化趋势与规律的顺应,是对辩证唯物主义认识论、方法论的遵循,是对科学发展观的自觉践行。可以说,科技北京的提出既是上述背景的反映,也是对上述问题的理性应答。

二、科技北京建设的现实基础

1. 科技北京建设的科技基础

(1)科技人才情况

北京是中国智力资本最密集的城市,拥有全球城市最为密集的科技人力资源,并且北京科技人力资源的发展呈现出密集化、高端化和部门化的趋势。

1)北京科技人才的密集化

据统计,2010 年北京科技活动人员总量达到 53.0 万人,研究与试验发展(后简称 R&D)人员 27.0 万人,占 50.9%。R&D 人员中,本科及以上 201919 人,占 74.8%。其中,科学研究机构中从事科技活动人员 73726 人,占比 27.3%;高校中科技活动人员 93489 人,占比 34.6%。截至 2008 年年底,北京常住人口为 1695 万人,科技活动人员 450147 人,每万人口中的科技活动人员为 265.57 人,其密度远远高于上海等其他地区(详见表 4-1)。

表 4-1　北京、上海等地常住人口中万人科技活动人员数(2008)

	全国	北京	上海	天津	江苏
常住人口(万人)	132802	1695	1888.46	1176	7676.50
科技活动人员(人)	4967000	450147	230800	213092	535900
万人科技活动人员数(人)	37.40	265.57	122.22	181.20	69.81

数据来源:根据《北京统计年鉴 2010》、《上海统计年鉴 2010》、《天津统计年鉴 2010》、《江苏统计年鉴 2010》整理。

2)北京科技人才的高端化

高端人才积聚北京。截至 2007 年,中国科学院院士 709 人,其中在京中国科学院院士 405 人,占全国总数的 57.1%;截至 2009 年,中国工程院院士 753 人,其中在京中国工程院院士 327 人,占全国总数的 43.4%(详见表 4-2)。

表 4-2　北京地区两院院士情况　　单位:人

	全国	北京	其中北京市属单位	占全国比重(%)
中国科学院院士(2007)	709	405	1	57.1
中国工程院院士(2009)	753	327	8	43.4

资料来源:北京地区两院院士情况,http://www.bjkw.gov.cn/n1143/n1240/n1435/n2006/n2096/8699827.html.

3)北京科技人才的部门化

北京的科技人力资源密集化、高端化已是不争的事实。但是从北京科技人才资源所属机构看,北京科技人才资源存在严重的部门化,北京科技人力资源所属存在两个层次:中央、地方。并且北京的科技人才主要集中在与政府有行政隶属关系的部门,这其中,中央所属又占据了绝大部分。

通过表4-3可以看出,在北京开设的275个科研机构中,中央所属院所占到总量的77.8%,央属研究院所从事科技活动人员达到在京科技人力资源总量的87.8%,科技经费筹集的占总量达到88.0%,科技经费支出更是达到了89.1%。

表4-3 科学研究机构及人员(2009年)

项目	机构个数	从业人员个数	从事科技活动人员数(个)	科技经费筹集(万元)	科技经费支出(万元)
合计	**275**	**67682**	**73726**	**2411855**	**2333592**
自然科学	**186**	**57430**	**63411**	**2152944**	**2088527**
中央	147	51385	57899	1999148	1951629
地方	39	6045	5512	153796	136898
社会科学	**73**	**6706**	**7544**	**157621**	**140250**
中央	67	5958	6867	124408	127464
地方	6	748	677	33213	12786

注:从事科技活动人员包括科学研究机构外聘人员及在读研究生。

资料来源:北京市科学技术委员会,北京统计年鉴2011. http://www.bjstats.gov.cn/nj/main/2011-tjnj/index.htm.

中央所属科研机构一方面给北京科技创新带来了“近水楼台先得月”的资源优势,但另一方面由于不同的机构的功能定位差异很大,尤其是在目前中央和地方这两个层次还没有效的整合为一个有机的整体时,中央的力量大部分是在国家创新体系中发挥作用,中央所属机构或是从业人员也是服务于中国各个地区和人民,与直接归属于北京市、服务于北京市的科研院所相比,央属机构或是从业人员并不能为北京的科技发展带来更大的好处。

因此,在进行科技北京建设中代表中央力量的科研机构的科技创新推动力量没有在区域创新体系中明确显现出来。同时,央属科研机构与北京市属科研机构共同竞争北京地区的人力、财力、物力等社会资源和自然资源,势必会对北京市科研机构的发展产生挤出效应。这给北京市属或是北京地区私有科研机构发展带来不利影响。

由于受到央属科研实力的挤压,北京市属科研实力,无论是在科研机构的规模和水平上,同其他省市相比,都有很大的差距。如表4-4所示。

表 4-4　京、沪、苏、浙科研人力状况比较

地区	科研机构数(所)		从事科技人员数(人)		科学家和工程师(人)	
		央属		央属		央属
北京	178	145	60164	55204	175450	100243
上海	194	78	36564	27601	28966	20342
江苏	144	17	16102	5408	9630	3528
浙江	98	9	7123	1583	5587	1438

数据来源:根据北京、上海、江苏、浙江 2009 年统计年鉴整理。

在浙江,央属科研机构只占到其科研机构总数的 9%,科学家和工程师也只是占到 26%。在江苏,央属科研机构只占到其科研机构总数的 12%,科学家和工程师也只是占到 37%。上海这一比例稍高,央属科研机构只占到其科研机构总数的 40.21%,科学家和工程师则占到 70% 左右,但仍然低于北京水平。

科技人才的部门化是科技北京建设必须要面对的一个现实问题。科技北京建设要求北京真正有效地利用地缘优势,而不只是借助众多央属机构所在地的表面光环。更重要的是,借助央属机构的人才和科研成果,更好地为北京经济社会建设服务,使得国家科技的创新与北京经济的发展、人民生活水平的提高密切地结合起来。

(2)科技投入情况

近年来,北京科技投入总体表现出 R&D 投入规模大、增速快、强度高的特点。

1)北京 R&D 投入规模大

2009 年,北京市研究与试验发展(R&D)经费支出同上海相比表现出规模大的特点。如表 4-5 所示。

表 4-5　京、沪研究与试验发展(R&D)经费按执行部门分类(2009)

单位:亿元

	北京	上海
总计	**668.60**	**431.98**
科研机构	459.40	86.95
高等院校	71.00	39.36
企业	113.70	294.48
大中型工业企业	85.70	206.99
其他	24.50	11.19

资料来源:北京市第二次全国 R&D(科学研究与试验发展)资源清查主要数据公报。

北京市"十二五"纲要草案指出，北京要5年统筹500亿元财政资金，支持国家科技重大专项、科技基础设施和重大科技成果产业化。争取将更多的北京创新产品列入国家政府采购目录，促进新技术、新产品的推广，培育一批拥有自主品牌的世界级企业。

2）北京R&D投入增速快、强度高

2010年全市R&D总经费比2009年增加153.2亿元，达到821.6亿元，比2009年增长22.9%。R&D经费占当年国内生产总值（GDP）比为5.8%，比2000年提高了0.6个百分点。2005—2010年北京R&D经费内部支出情况如表4－6所示。

表4－6　2005—2010年北京R&D经费内部支出情况　　单位：亿元

类别＼年份	2005	2006	2007	2008	2009	2010
总计	**379.55**	**432.99**	**527.06**	**620.10**	**668.60**	**821.8**
科研机构	163.97	189.65	237.78	260.70	459.40	401.7
高等院校	35.76	37.25	47.66	55.68	71.00	110.2
企业	175.47	200.00	232.97	292.09	113.70	298.8

资料来源：根据北京统计年鉴2006—2011整理。

2000年以来，北京R&D经费支出年均增长17.6%，2009年，北京市R&D经费支出达668.6亿元，全国排名第二。2009年北京R&D经费支出强度（R&D经费支出占GDP比重）达5.9%，全国排名第一，高于全国平均水平4.28个百分点，高于排名第二的上海3.2个百分点。详见表4－7。

表4－7　年京、津、沪R&D投入强度（2005—2009）　　单位：%

	2005年	2006年	2007年	2008年	2009年
全国	**1.30**	**1.41**	**1.49**	**1.52**	**1.62**
北京	5.5	5.8	5.6	5.8	5.9
上海	2.34	2.5	2.6	2.55	2.7
天津	2.0	2.18	2.2	2.3	2.37
江苏	1.48	1.55	1.7	1.8	2.0

资料来源：根据京、津、沪、苏历年国民经济和社会发展统计公报整理。

需要指出的是，尽管北京总体研发投入强度较高，但企业研发投入强度不足。根据经济合作与发展组织《奥斯陆手册》的标准，企业R&D投入强度达到1%～4%，表示其创新能力中等。2009年，北京企业R&D投入强度仅为1%，创新能力仍有较大提升空间。

(3)科技条件建设情况

北京科技条件建设在全国居于领先地位，北京集中了全国四分之一的大型科研仪器设备，其中大型科技仪器设备的数量占全国的25.48%，仪器设备的原值占全国的27.27%。(详见表4－8)

表4－8 北京大型仪器设备占全国的比重

	数量(台、套)	设备原值(万元)
全国	24538	3417423.31
北京	6253	931942.04
占比(%)	25.48	27.27

资料来源：北京市科研院所和高校重点科技基础条件资源调查数据分析报告.2009.

但这些大型科研仪器设备90%以上集中在中央部委所属高校和科研院所。为了充分发挥这些仪器设备的重要作用，本着以“整合科技资源、聚集研发要素、促进科技成果转化、推动产业形成、服务企业需求、促进社会发展”为宗旨，从2009年开始，北京市科委联合中国科学院、军事医学科学院、北京科技大学等12家开放科技条件资源过亿元的高等院校和科研院所，共建首都科技条件平台研发实验服务基地，探索促进共享首都科技资源、共同发展的“北京模式”，北京科技条件建设呈现出一系列特点。

1)科技条件平台规模大

北京已形成覆盖国内外的重点实验室、企业技术研发中心所构成的规模巨大的首都科技条件平台。首都科技条件平台按照“小核心、大网络”的建设思路，由12个领域中心、三类实验服务基地、区县工作站组成首都科技条件平台的核心组织，通过建设平台的区域和国际合作站，同国家科技基础条件平台对接，从而形成支撑科技研发、成果转化与产业化合作的区域化、国际化大网络。

首都科技条件平台领域中心是依托北京市12家科技服务法人单位，由生物医药、新材料、能源环保、装备制造、电子信息、工业设计、现代农业7个专业领域中心和科技金融、技术转移、科技孵化器、军民融合、检测与认证5个综合领域中心组成。领域中心按领域产业板块分类整合企业、高校、科研院所、科技中介机构、金融机构的资源和服务，聚集发展和业务需求，同首都科技条件平台对接，依托信息系统，受理需求，对接资源，畅通渠道，服务各方。

①首都科技条件平台电子信息领域中心整合计算机及软件服务、集成电路、空间信息、通信及文化创意等方面的科技条件资源，为电子信息领域企业提供可共享的研发、测试、验证等专业服务。2010年，电子信息领域平台整合了29.4亿元科技条件资源，其中平台成员单位可开放的资源为5.28亿元。

②首都科技条件平台生物医药领域中心汇聚9家研发实验服务基地和36家该领域研发服务机构，整合该领域开放共享仪器设备资源4116台（套），总价值量超过29亿元，促进150个国家重点实验室和工程中心为社会服务。2009年，生物医药领域平台为该领域500多家企业提供了研发实验服务，服务合同额超过2亿元。

③首都科技条件平台能源环保领域中心的工作重点主要放在仪器设备的整合上，现阶段能源环保领域仪器设备资源整合总量约为4.18亿元，第一季度能源环保领域平台成员从16家增加到22家，新增开放仪器设备达到2.5亿元，新增开放科技成果达到40项，涉及能源、水、大气、土壤、固废、光污染、噪声、辐射等能源环保诸多领域。

④首都科技条件平台新材料领域中心目前汇聚了该领域26家优势单位，整合的资源涉及有色金属材料、非金属材料、电子材料、建筑材料、生物医药制品、纺织材料等。2009年、2010年以来，新材料领域平台对社会开放的仪器总共1250台，总价值达8.6亿元；2010年新增136台（套），价值达到103亿元，对外开放科技成果已达21项。

⑤首都科技条件平台技术转移领域中心整合优势资源，发挥技术转移领域平台成员单位的优势和特长，以实现科技成果转移转化为目标，以搭建供需渠道为手段，支持企业自主创新，其特色服务包括挖掘技术需求、技术评估与筛选、成果推介与对接、科技金融服务、研发实验服务等。2010年，技术转移领域平台已征集企业需求近100项，下一步将提供相关供需对接服务，促成科技成果产业化。

⑥首都科技条件平台装备制造领域中心是2010年成立的，目前装备制造领域平台已整合开放科技资源4亿元，开放仪器设备779台（套）。

研发实验服务基地是由北京市科委同拥有优势科技资源的中央与地方的科研院所、大学、企业集团三类实体组织联合共建，由实体组织授权组织内一家法人实体单位作为服务机构，整合组织内的科研机构、省部级以上重点实验室和工程中心、企业及其科技资源,聚集科技研发、成果转化与产业化项目需求,按照所有权不变,委托经营与服务的原则,建立窗口,统一同首都科技条件平台对接。研发实验服务基地采取整建制整合科技资源、分3年实现全部开放的模式。按照整合资源方式的不同。研发实验服务基地又分为综合基地(如中国科学院研发实验服务基地)与专业基地(如军事医学科学院研发实验服务基地)。专业基地的科技条件资源直接进入领域平台与之挂钩;综合基地按照既有的资源分类情况对外开放共享。

此外,首都科技条件平台还把社会上零散开放科技条件资源的科研单位纳入平台体系。这些科研单位拿出小部分科技条件资源参与到平台中,向社会开放共享。但这种参与往往是以实验室的名义进行,与所在科研院所、高校没有直接关系,不同于研发实验服务基地以整建制整合资源、整建制向社会开放共享的模式。经过探索和实践,目前首都科技条件平台已经形成系统化、网络化、规模化、专业化的科技资源开放服务体系。

区县(园区)工作站是由北京市科委同区县政府或中关村国家自主创新示范区管委会联合共建,并指定各区县科技服务事业法人单位作为服务机构;区域合作站是在科技部指导下,按照区域互补协同发展原则,由北京市科委和有关省市的科技主管部门联合共建,由双方各指定科技服务事业法人单位作为服务机构;国际合作站是由各国家与地区的科技主管政府部门与市科委联合共建,由双方指定科技服务事业法人单位作为服务机构。工作站的主要任务是整合区域内企业、高校、科研院所、科技中介机构、金融机构及其资源,聚集发展与业务需求,同首都科技条件平台对接,依托信息系统,受理需求,对接资源,畅通渠道,服务本区域内各创新主体的发展。

2)北京科技条件平台共享机制正在逐步形成

目前,在首都科技条件平台上,已经整合近400项科研项目和课题,其中已经有100项科研项目在北京实现对接,2009年至2011年8月共有7000多家企业享受首都科技条件平台的各类服务,服务合同额达13亿元,满足了企业不同层次的创新需求。仅中科院就有18个科研院所总价值20亿元的仪器设备向社会全面开放,有近400家企业使用中科院下属院所科研设备2000余次,合同额近4亿元。

首都科技条件平台不仅仅是对仪器设备的再利用,对于科技资源而言,有着更广泛的内涵。首都科技条件平台提供的是全方位的服务,包括测试对接、研发对接与技术对接。企业不但可以在此利用仪器设备，还可以充分利用高校及科研院所的智力资源，进行科技研发和技术攻关。

以“撬动科技资源、促进开放共享，服务企业需求、促进社会发展”为宗旨的首都科技条件平台建设，通过激活科技条件资源，面向企业、社会提供研发实验服务，推动首都创新型城市建设，正在逾越高等院校、科研机构与企业之间的界限，形成科技资源全社会共享的新机制，开创首都科技条件资源开放共享的新局面。

3)北京科技条件平台高度集中于中央高校和院所

我们也应清楚地认识到，北京科技条件平台高度集中于中央高校和科研院所，这对北京本土科技实力的成长产生不利的影响。据了解，“首都研发实验服务基地”包括中科院、北京大学、清华大学、军事医学科学院等14家科研院所，共计有423个国家级及市级重点实验室和工程中心的1.8万套、价值109亿元的仪器设备资源向社会开放。但这些国家级及市级重点实验室和工程中心大都归属于中央属高等学校和科研院所。在北京6253台(套)大型科研仪器设备中，只有670台(套)隶属于北京市，其余5583台(套)隶属于中央部委(详见表4－9)。这种状况严重地挤压了北京本土高校和科研院所的生存空间，导致北京本土科研院所和高校在竞争实力上由于人力、物力、财力的匮乏面临淘汰的危险。

表4－9　北京大型仪器设备隶属关系

	数量(台、套)	设备原值(万元)
北京地区	6253	931942.04
中央部委	5583	845021.04
北京市	670	86921
中央部委占比(%)	89.29	90.07

资料来源：北京市科研院所和高校重点科技基础条件资源调查数据分析报告.2009.

(4)科技成果情况

1)科技创新成果

北京市在研究与实验发展经费支出逐年递增的同时，科技产出也取得可喜的成就。科技成果登记数、国家级奖励、专利申请量和授权量都有不同程度的增长。2010年北京科技成果登记数为1030个，其中获得国家技术发明奖11个，国家科学技术进步奖53个(见表4－10)。

表4-10　科技成果及获奖情况(2006—2010年)　　单位:项

年份	科技成果登记数	国家技术发明奖	国家科学技术进步奖
2006	1002	12	64
2007	1010	9	44
2008	1016	13	42
2009	1023	11	54
2010	1030	11	53

资料来源:北京市统计年鉴2011. http://www. bjstats. gov. cn/nj/main/2011 - tjnj/index. htm.

2010年专利申请量57296件,其中发明专利33466件、实用新型18637件、外观设计5193件;2010年专利授权量为33511件,其中发明专利11209件、实用新型16579件、外观设计5723件(见表4-11)。

表4-11　科技活动及专利情况

年份	专利申请量(件)				专利授权量(件)			
		发明	实用新型	外观设计		发明	实用新型	外观设计
2006	26555	14226	8200	4129	11238	3864	5490	1884
2007	31680	18763	8819	4098	14954	4824	7364	2766
2008	43508	28394	11157	3957	17747	6478	8776	2493
2009	50236	29326	15424	15424	22921	9157	10141	3623
2010	57296	33466	18637	5193	33511	11209	16579	5723

资料来源:北京市统计年鉴2011. http://www. bjstats. gov. cn/nj/main/2011 - tjnj/index. htm.

2)技术创新成果的应用和扩散

第一,技术创新成果的应用。① 技术创新成果的应用集中体现在"科技奥运"方面,北京奥运是中国科技创新成果的大阅兵,是一场规模超前的"科技大会战",催生和应用了一大批创新型科研成果,将首都科技水平提升到一个新的高度,构成了落实科技北京行动计划、推进科技北京建设的重要物质基础。据统计,自北京市政府和国家有关部委共同实施"科技奥运行动计划"以来,通过国家、部门(地方)的科技计划,累计安排支持项目(课题)1200余项,来自全国近200家企业、170多个科研院所和50多所高校,超过3.5万名科技人员参与。奥运科技成果的应用主要集中在奥运场馆设计与施

① 赵弘,刘宪杰,李依浓. 从"科技奥运"到科技北京[J]. 经济研究导刊,2009,32:192-194

工、“数字奥运”和智能交通技术的应用、奥运安保等关键技术的突破以及生态改善与环境综合治理技术的推广等方面。

第二,技术创新成果的扩散。技术创新成果的扩散主要是通过北京技术市场来实现的。2010 年,北京技术市场保持快速发展,技术合同成交总额突破1500 亿元。北京技术市场经过20 多年的发展,技术合同成交额每年以10%以上的速度增长,从 1991 年的 22.4 亿元增加到 2010 年的 1579.5 亿元。其中,技术合同成交额突破 500 亿元经历了 15 年,从 500 亿元增长到1000 亿元经历了3 年,从1000 亿元增长到现在的1500 亿元只经历了2 年时间;占全国的比重由 23.6%增长到40.4%。(详见表4-12)

表4-12　2005—2010 年北京技术合同成交额

年份 项目	2005	2006	2007	2008	2009	2010
技术合同成交额(亿元)	434	697	883	1027	1236	1580
占全国的比重(%)	28	38	40	39	40	40

资料来源:北京技术市场统计年报2010.

目前,北京正在以技术创新为动力,向新兴产业聚集,伴随经济结构的战略性调整和产业结构的优化升级,研发创新与新兴产业高度融合,新兴产业技术输出实现快速增长;以技术服务为主的出口合同增长也非常强劲,随着国家产业结构调整及鼓励企业创新等一系列政策的落实,企业自主创新能力和参与国际竞争能力显著提升。内资企业出口技术合同成交额占全市的76.6%,充分体现了国内企业参与国际竞争的实力。

同时,北京还积极发挥首都高技术服务业高端、高效、高辐射的创新引领作用,不断深化与外省市的合作。现代交通、电子信息、节能环保和新能源领域成交额分别占38.4%、18.9%、10.5%和9.4%,为外省市产业结构优化升级提供了强劲的支撑服务。(见表4-13)

表4-13　2009—2010 年北京技术输出情况

年份	成交数(项)				成交额(亿元)			
	总项数	流向本市	流向外省市	技术出口	成交总额	流向本市	流向外省市	技术出口
2009	49938	23477	25300	1161	1236.2	365.7	498.2	372.3
2010	50847	22707	26878	1262	1579.5	340.1	654.8	584.6

资料来源:北京技术市场统计年报2010.

2. 科技北京建设的经济基础

北京借助地缘优势和奥运的东风，有着无限的发展机会，经济规模连续多年保持高速增长的态势。但北京经济建设同时也面临着许多亟待解决的问题，如经济结构失衡、环境资源压力加剧、人口张力过大等。

(1)经济规模增长迅速

新世纪开年以来，北京经济保持高速增长，GDP 增速保持在 10% 以上，2010 年 GDP 达到 14113.6 亿元，是 2001 年的 3.8 倍，其中第一产业较 2001 年增长 54.0%，第二产业增长了 200%，第三产业增长了 330%，第三产业在 GDP 中的比重达到 75% 左右，人均地区生产总值达到 11218 美元，是 2001 年的 3.4 倍，这充分说明北京已经进入了后工业化时代(见表 4－14)。

表 4－14 北京地区生产总值(2001—2010 年) 单位：亿元

年份	地区生产总值	第一产业	第二产业			第三产业	人均地区生产总值(元/人)	人均地区生产总值(美元/人)
				工业	建筑业			
2001	3708.0	80.8	1142.4	938.8	203.6	2484.8	26979.7	3259.6
2002	4315.0	82.4	1250.0	1021.2	228.8	2982.6	30730.3	3712.7
2003	5007.2	84.1	1487.2	1224.5	262.7	3435.9	34777.1	4201.7
2004	6033.2	87.4	1853.6	1554.7	298.9	4092.2	40915.6	4943.4
2005	6969.5	88.7	2026.5	1707.0	319.5	4854.3	45992.8	5614.6
2006	8117.8	88.8	2191.4	1821.8	369.6	5837.6	52053.7	6529.7
2007	9846.8	101.3	2509.4	2082.8	426.6	7236.1	61274.5	8058.2
2008	11115.0	112.8	2626.4	2131.7	494.7	8375.8	66796.89	9617.8
2009	12153.0	118.3	2855.5	2303.1	552.4	9179.2	70452.4	10313.6
2010	14113.6	124.4	3388.4	2764.0	624.4	10600.8	75943	11218

资料来源：北京市统计年鉴 2011. http://www.bjstats.gov.cn/nj/main/2011－tjnj/index.htm.

(2)经济结构失衡

北京在一、二、三产业协同发展的同时也存在着一些经济结构失衡的问题，主要表现为产业结构失衡、收入结构失衡、支出结构失衡等。

1)产业结构①

2010 年北京 GDP 实现 14113.6 亿元，第一产业 GDP 比重为 0.9%，第二

① 傅晓霞，关于产业结构演变规律的思考. http://www.bjzx.gov.cn/bjgc/BJGCTEXT/200512/20051224.htm，2005－12.

产业比重为24.0%，第三产业比重为75.1%。虽然第三产业比重已经达到了75.1%，但产业内部结构依然存在问题。

从北京市的工业发展看，工业内部问题突出，工业整体偏弱，抗风险能力较差。首先，工业结构过于集中，支柱行业单一。北京市工业中电子信息行业比重过大，并且电子信息产业主要集中在通信和计算机产业。其次，北京市高新技术产业与传统产业发展不协调，传统产业改造主要依靠引进技术进行，自主开发能力较弱，缺乏有竞争力的企业和品牌产品。再次，北京市产业同构问题突出，区县比较优势不明显，产业空间结构倾斜，“北重南轻”现象突出。此外，产业组织问题非常突出，产业配套环境差，生产力分散，产业集聚程度低，首都特有的技术优势并没有有效转化为产业优势。最后，所有制结构有待进一步调整，非国有经济比重仍显偏低，经济活力有待增强。（详见图4－2）

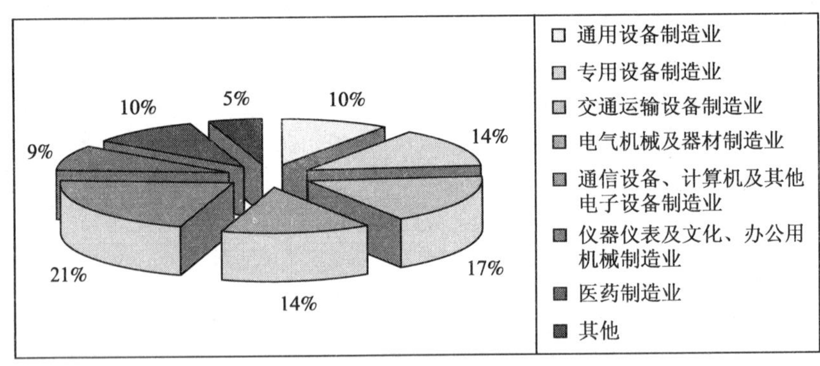

图4－2　北京工业结构图

资料来源：北京市第二次全国经济普查主要数据公报.

从北京市的第三产业发展看，虽然北京市“三、二、一”的产业格局已经基本形成，但是第三产业发展依然不足，整体素质不高，与北京的比较优势和发展要求不相称。北京市第三产业的问题主要有：第一，第三产业的市场化、产业化明显不足，发展水平低；第二，传统三产比重过高，生产服务型产业比重小，涉外服务、现代物流、文化创意产业、研发服务业、高技术服务业、信息服务业等新兴三产的发展相对较慢；第三，企业规模小，企业布局分散，优势产业群有待培育；第四，整体服务水平不高，标准化、优质化程度不够，与国内外先进城市相比存在较大差距。

2)收入结构

2010 年全市完成地方财政收入(一般预算)2353.9 亿元,比上年增长 16.1%。其中,实现增值税和营业税 210 亿元和 855.4 亿元,分别增长 16.8%和 13.7%,实现企业所得税和个人所得税 513.1 亿元和 215.3 亿元,分别增长 19.2%和 21.1%。地方财政支出(一般预算,含中央追加支出)2716 亿元,增长 17.1%。其中,用于教育、科学技术、社会保障和就业的支出分别增长 22.9%、41.6%和 18%。

全市完成国税、地税税收(费)收入 6456.6 亿元,比上年增长 1.9%。其中,地税税收(费)收入 2104.9 亿元,比上年增长 18.8%。

"十一五"期间,地方财政收入(一般预算)和支出(一般预算,含中央追加支出)累计分别达到 8827.9 亿元和 9941 亿元,分别是"十五"时期的 2.7 倍和 2.6 倍。

全年城镇居民人均可支配收入达到 29073 元,比上年增长 8.7%;扣除价格因素后,实际增长 6.2%。城镇居民恩格尔系数为 32.1%,比上年下降 1.1 个百分点。全年农村居民人均纯收入 13262 元,比上年增长 10.6%;扣除价格因素后,实际增长 8.1%。农村居民恩格尔系数为 30.9%,比上年下降 1.5 个百分点。"十一五"期间,全市城镇居民人均可支配收入年均实际增长 9.2%,低于"十五"时期平均增速 2.4 个百分点。农村居民人均纯收入年均实际增长 9%,低于"十五"时期平均增速 0.9 个百分点。

以上数据表明,居民收入水平低于财政收入的增长速度,这就说明存在着劳动力收入相对于政府收入增长缓慢、社会收入增长不均衡的现实情况。

3)支出结构

2010 年,北京市完成全社会固定资产投资 5493.5 亿元,比 2009 年增长 13.1%,超额完成全年 5300 亿元的任务和两年 1 万亿元的调控目标。全社会固定资产投资中,城镇固定资产投资完成 5002.6 亿元,比上年增长 14.3%,城镇投资中房地产开发投资完成 2901.1 亿元,增长 24.1%。农村投资完成 490.9 亿元,增长 2.2%。如图 4-3 所示。

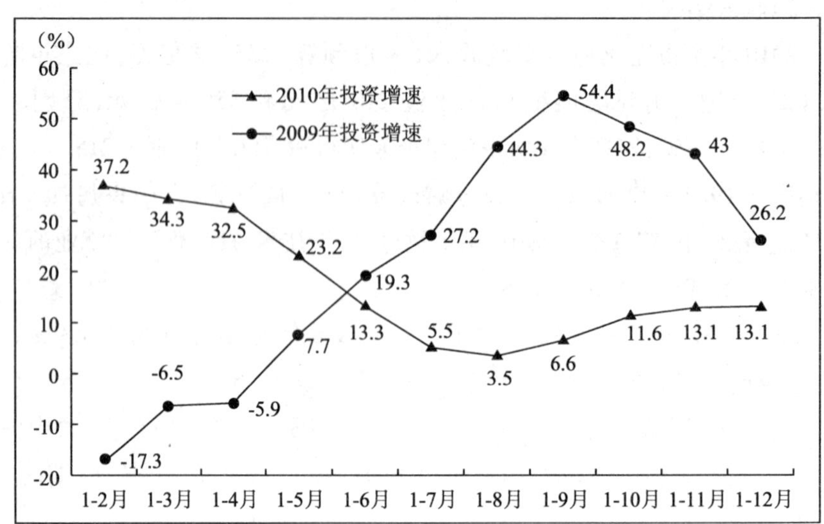

图4-3　2009年以来北京市累计投资增速情况

资料来源:北京市统计局,国家统计局北京调查总队. 2010年我市固定资产投资运行情况, http://www.bjstats.gov.cn/sjjd/jjxs/201101/t20110121_194652.htm,2011-01-21.

但是,北京地区生产总值几乎一半以上的增长靠房地产拉动,货物和服务的净出口占GDP的比重仅为1.17%;最终消费率占55.6%,而政府最终消费占到最终消费率的43.3%,资本形成率为43.3%。由此可以看出,北京居民消费,以及出口对地区经济增长的拉动不足,支出结构严重失衡。

(3)资源环境约束加剧

作为世界人口最多的发展中大国的首都,北京正处在工业化、城镇化、国际化、市场化和信息化加快的进程中,同样面临人口、资源、环境多方面的压力。

1)北京自然资源贫乏①

北京市是资源十分短缺的城市,其水资源承载能力仅为1218万人,是世界上严重缺水的大城市之一;人均土地面积0.152公顷,不及全国平均水平的1/5,平原区仅占市域面积的1/3,可供城市建设的后备土地资源十分有

① 安辉,史常亮. 北京市城市化水平与资源压力系数的灰色关联分析[J]. 社会学研究,2010(11):171-173.

限;能源资源极为有限,本地自供能源仅占能源消费总量的6%,100%的天然气、100%的石油、95%的煤炭、64%的电力、60%的成品油均需要从外地调入。随着近年来北京城市化进程的不断推进和城市社会经济的迅猛发展,区城市建设和城市资源短缺之间的矛盾日益突出。

近年来,北京市资源压力不断加大,给城市发展带来不利影响,2008 年北京市资源压力指数高达 93%,资源的紧张成为北京市发展的瓶颈(见图4-4)。

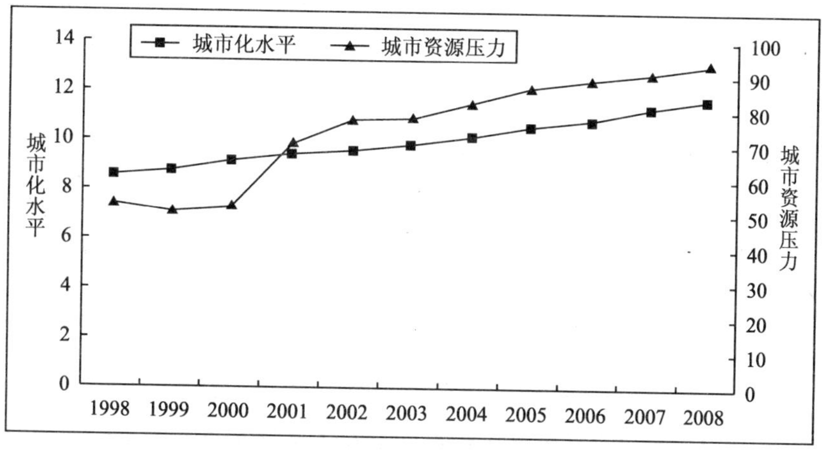

图4-4 1998—2008年北京市城市化水平与城市资源压力的变化

资料来源:安辉,史常亮. 北京市城市化水平与资源压力系数的灰色关联分析. 社会学研究,2010(11):171-174.

2)人口张力过大

目前,北京城市人口规模呈现快速膨胀趋势,截至 2009 年年底,北京市实际常住人口总数为 1972 万人,人口规模已经接近甚至超过北京环境资源的承载极限,致使水、电、气、热、煤的供应常年紧张,特别是水资源短缺已经到了十分严重的程度,粮、油、蛋、菜、奶等生活必需品绝大部分靠从外埠调入,稳定保障供给的难度很大。

第一,目前的人口增长与有限的资源、环境承载力之间矛盾尖锐。资源供给增量有限,给北京市城市运转带来很大风险和不确定性。以水资源为例,北京市年均可利用水资源仅为 26 亿立方米,实际年均用水约 36 亿立方米,超出部分靠消耗水库库容、超采地下水以及应急水源常态化维持,仅2000 年至 2007 年全市就累计超采地下水 56 亿立方米。北京的供水安全已受到严重威胁。

第二,基本公共服务与社会管理的压力空前。北京道路拥堵日益严重、公共交通不堪重负;生活垃圾处理困难。在义务教育、医疗、住房、社会保障、计划生育、就业服务诸多方面,对流动人口的社会管理和公共服务滞后,带来许多社会矛盾。以垃圾处理为例,人口快速膨胀使生活垃圾大增。2009 年,全市生活垃圾产生量 669 万吨,日产生量 1.83 万吨,但全市垃圾处理能力仅 1.27 万吨/日,缺口较大。北京目前的垃圾处理结构不尽合理,主要以填埋为主,焚烧和生化处理比例很低。按照现在垃圾产生量和填埋速度,全市大部分垃圾填埋场将在 4 ~5 年内填满封场,由于垃圾焚烧设施建设缓慢,北京目前深陷"垃圾围城"窘境。专家分析,单就解决垃圾填埋问题,从 2011 年到 2020 年,北京将需要 3200 亩土地。

第三,给社会稳定带来压力。在一些流动人口聚居的地方,居住环境恶劣,安全缺乏保障,无照经营、"黑车"营运、制贩假冒伪劣商品、非法行医问题多发。北京流动人口登记状态为已就业的只约 57.4%,一部分流动人口因工作不稳定、生活没保障而成为潜在的不安定因素。

北京人口张力过大给北京市的健康、稳定发展带来很大的挑战。在资源日益紧俏的情况下,只有依靠科技的进步才能解决人口资源与发展之间的问题。通过科技北京建设,强化创新驱动能力,是北京市的现状交给这一代人的历史课题。

3. 科技北京建设的环境基础

(1)有利于环境的科技创新要素

北京的高等教育机构、研究所、科研机构总量在全国遥遥领先。北京有 300 多家科研院所,45 万名科研人员,其中科学家与工程师有 36 万余人,两院院士 500 余人。同时,北京还聚集了 400 多家跨国公司研发机构以及众多的国家级实验室、各种研发中心、企业研究院等。强大的研发实力使得北京成为中国科技活动最活跃的地区,成为中国科技的制高点。

高水平的科技人员与众多的科研机构,共同构建成北京强大的科技创新要素。在进行环境建设当中,这些科技创新要素会转化成生产力,为北京环境建设奠定坚定的科技基础。

(2)有利于环境的科技创新成果

北京市科研成果非常显著,2010 年申请国家专利 57296 项,授权 33511

项;2010年签订技术合同50847项,成交总额高达1579.54亿元人民币;2010年北京科技成果登记数1030项,其中国家技术发明奖11项,国家科学技术进步奖53项。活跃的科研活动与巨大的技术交易规模,使得北京的科技创新与转化成为推动北京环境建设的重要动力与保障。

借助于北京强大的科技创新成果,目前,北京在新能源公交车、开发地下水资源安全评价、污染防控技术、地下水质和水量监控网络、雨水回收利用系统、永定河绿色生态开发带等十余个环境建设项目中,大量使用创新成果,解决了北京环境建设的一些关键问题,并惠及民生,起到了很好的示范作用。

(3)新能源与环保领域内的高科技产业群

北京的八达岭经济开发区已经正式挂牌为"北京市新能源产业基地",目前已经有入园企业600余家,包括风电产业、太阳能产业、节能环保产业等在内的一批大企业已经形成了新能源和环保的庞大产业群。

在北京,像八达岭经济开发区这样的高科技产业群还有很多,其中新能源和环保领域中,北京已经建立了包括节能产业、环保产业、循环经济、可再生能源、节能和新能源汽车等在内的产业群,已经初步形成了产业规模,为科技推动北京环境建设提供了产业保障。

(4)能够推广高科技含量环保新技术的城市管理

在很多地方,好的科技并不能得到快速的推广与使用,由于新技术会涉及某些利益集团的利益,因此在推广过程中可能会遇到各种阻力与困难。但是对于首都北京来说,其城市化管理水平较高,各种规章制度执行效果较好,城市运行规范。根据上海交通大学中国服务经济与管理研究中心2009年年底公布的"中国城市公共服务指数"显示,北京公共服务指数排名全国第一。良好的公共服务能力就为很多科技含量高的新技术提供了有效推广的条件。例如,北京是全国最先实行四尾气排放标准的城市,北京还是最开始进行电动汽车示范使用的城市。这些新技术的使用,需要政府的投入与政策作保障,北京的公共管理水平相对具有较明显的优势。

(5)环境建设的示范作用

面向国际的开放、高新技术产业的发展竞争,北京地区无论在科技的发展前沿领域还是在环境保护建设主战场上,都对我国科技事业的创新发展有着重要的影响。北京由于其特殊的政治经济地位,吸引着全国乃至全世界的目光。由于最新科技成果的应用需要一定的投入并存在一定的风险，因此北京的环境建设不仅仅是北京区域的事情，在科技发展环境保护与建设方面，北京往往承担着第一个吃螃蟹的角色。很多的新技术需要在北京这片试验田上先行使用，其成败都将成为更多地区借鉴的经验与教训。此外，由于国际媒体的关注点也在北京，北京很多科技的使用也被视为中国科技能力的体现，这就使得北京对最新科学技术的应用除了实际的需要以外，在某种程度上也代表一种国家对新技术的姿态。

(6)环境所面临的多重风险威胁

毋庸讳言，北京的环境基础除了上述积极的一面之外，还存在着不利于科技北京建设的一面，特别是进入21世纪以后，首都面临资源枯竭、环境污染等多种风险的威胁，主要表现为：

第一，土地资源面临枯竭的危险。土地资源人均占有量少，北京人均土地面积1.56亩，人均耕地0.22亩，远低于全国人均土地面积11.0亩和人均耕地1.48亩的水平；建设用地增加较快，耕地面积快速减少；可开发利用土地资源不足，全市未利用地中宜农地仅23.40万亩左右，并且主要分布在延庆盆地、山前洪积扇、浅山缓坡及永定河沿岸，宜林、宜牧地主要分布在山区和半山区，开发利用有一定难度；[①]土地浪费现象仍然存在，主要表现在城市发展外延增长较快，结构不够合理，一些建设项目圈占优质耕地和超标准用地、乱占滥用耕地，土地资源集约利用程度有待提高；土地生态环境遭到破坏，由于水土资源分布不协调，水资源短缺和水体污染、固体废弃物污染、水土流失、沙化和化肥、农药的过度使用等因素，使得土地生态环境遭到一定程度的破坏，总体质量不高。

第二，水资源短缺，污染严重。北京市连续多年干旱，水库蓄水入不敷出，地下水位持续下降，平原区地下水埋深降至20米，城市水资源储备严重不足；全市有一半以上的河道水质不达标，部分平原区浅层地下水受到污染，六环以内520公里河道，部分河段污染严重，已治理的河道，由于新水补充少，水质不能保证，市中心区污水截流及处理问题尚未彻底解决、一些工业园区不建污水处理设施、部分企业违法排污、畜禽养殖业污染严重、化肥

① 许光清．处于不同发展阶段的城市可持续发展系统分析[M]．北京：经济日报出版社，2007.

农药施用过量等因素都是导致北京水污染的重要原因。

第三，空气质量有待继续改善。自20世纪末开始，北京市实施了13阶段200多项大气污染治理措施，大气环境质量连续10年得到改善，空气质量二级和好于二级的天数由1998年的100天快速增加，2008年达到274天，2009年达到285天，2010达到280天。但北京空气质量中度污染和重度污染的状况仍不时袭来，空气质量有待进一步提高。北京市空气质量超标主要是因为颗粒物超标，颗粒物年均值达到180微克每立方米，这些颗粒物主要来自汽车尾气、煤燃烧、工业生产、扬尘等。

4. 科技北京建设的社会文化基础

(1)科技应用氛围

科技是第一生产力，同时也是营造舒适美好生活的源泉。在科技发展日新月异的今天，这个曾经高深莫测的词汇已经走下神坛，与百姓生活密不可分。与此同时，科技异化现象日益加深，也给科技的应用带来了负面影响。

1)民生科技成为主要研究应用领域

“十一五”期间，我国各类科技计划向民生科技大量倾斜，工业科技与民生科技的经费比例从“十五”期间的7:3调整到了“十一五”期间的5:5，科技发展将遵循“创新导向、需求牵引”的原则，坚持以人为本，把改善民生作为根本出发点和落脚点，加快农业科技创新，促进城乡统筹的发展，实施全民医药健康科技行动，加强水环境综合治理、生态环境保护、环境污染源控制以及传染病等技术的研发，加强对于极端气候、重大自然灾害预警预报，增强减缓适应和抗灾的能力。

早在2007年，北京市科委就奉行科技利民、益民、惠民的原则，根据疾病发病率、死亡率、疾病负担、科技在疾病控制中所能发挥的作用程度等进行多方衡量筛选出心血管和糖尿病、脑血管疾病、宫颈癌和乳腺癌等“十大危险疾病”作为当前科技工作重点。2010年2月9日，北京市政府发布了《首都十大危险疾病科技攻关与管理实施方案》，力争用3~10年的时间，使十大危险疾病的防控工作明显加强，形成一批在国际上有影响力的研究成果。

2)科技异化不断加深

科学技术的高速发展带动了社会物质财富的剧增，但科学技术是一把双刃剑，需要我们认真对待，在“经济增长中心论”为社会发展观的社会发展理念和社会发展模式下，功利主义和个人主义盛行，科学技术造成了人与自然的对立与敌视，科技异化的现象不断加剧。

科技异化是指人类所创生、发展、应用的科技在造福于人类自身的同时，又反过来损害、扭曲、束缚、支配、威胁人类的现象。

在北京的城市化过程中，科技异化带来的问题屡见不鲜，食品安全事件不断上演，苏丹红、瘦肉精、吊白块、福尔马林、三聚氰胺、孔雀石绿等化学添加剂，还有洗虾粉、一滴香等化工合成物，毒奶粉、地沟油、染色馒头，使人毛骨悚然。

造成科技异化的最重要的原因是科学技术是在工具理性的人为假设基础上建立起来的，工具理性侧重于追求知识、追求工具的效率和对各种行动方案的正确抉择，它在提高人类控制能力的同时，还会麻痹人的精神、扼杀人的个性、剥夺人的真正自由。失落了精神家园、抛弃了终极关怀的人，将会从科技的主宰变成被迫适应科技社会化的工具，由此导致与科技相关的伦理道德问题变得越来越突出。

(2)科技制度氛围

北京作为中国的首都，地缘优势明显。除享受国家颁布的575项科技政策法规外，为实现科技北京的宏伟目标，北京市还颁布了62项地方性科技法规规章，85个市政府文件，50个市科委规范性文件，这些政策文件，在人力、财力以及法律方面为科技北京作出了保障。北京的科技制度环境正逐步趋于完善，科技管理更加的科学化和人文化。

1)科技财力方面的保证政策

在北京市颁布的众多文件中，有30多个是有关政府在财务上对科技发展与创新的支持，典型的文件有《中关村国家自主创新示范区股权激励改革试点单位试点工作指导意见》、《北京市自主创新产品政府首购和订购实施细则(试行)》、《北京市科学技术委员会关于科技计划项目和经费的内部管理规定》、《北京市科技课题合同经费预算编制规定(试行)》、《关于中关村科技园区软件开发生产企业有关税收政策的通知》、《北京市支持高新技术成果转化项目等税收政策实施办法》、《北京市财政支持高新技术成果转化项目等财政专项资金实施办法》。

2010年年底，国务院原则同意中关村“1+6”鼓励科技创新和产业化的系列先行先试改革政策，其中“1”为搭建首都创新资源服务平台，“6”即支持在中关村深化实施先行先试改革的6条政策，包括股权激励、税收优惠、中央级事业单位科技成果处置权和收益权改革、高新技术企业认定、科研经费管理改革和建设全国场外交易市场等。

在科技资本对接方面，北京市将参股设立国家新兴产业创投计划的创业投资基金运作，并设立战略性新兴产业创业投资引导基金。简化人才特区企业员工直接持有境外关联公司股权以及离岸公司在人才特区进行返程投资的有关审批手续。

在财政税收方面，将采取股权投资、贴息、资本金注入等方式。人才特区内符合现行政策规定的企业与科研机构，在合理数量范围内进口境内不能生产或性能不能满足需要的科研、教学物品，免征进口关税和进口环节增值税、消费税。根据《北京市贯彻落实〈国务院关于加快培育和发展战略性新兴产业的决定〉的实施意见》，北京将以政府采购等形式为企业拓展应用市场。截至2010年，北京市政府采购新技术新产品工作开展两年来，已有600多个投资项目应用了自主创新产品，采购金额达到85亿元。2011年，政府采购自主创新产品的任务是60亿元。

在科研经费方面，承担国家科技重大专项的高校、科研院所、企业等单位，可在项目（课题）直接费用扣除设备购置费和基本建设费后，按照一般不超过13%的比例列支间接经费。研发费用在税前按150%列入成本，可以进行税前抵扣。

2）科技人力方面的保障政策

人才是经济社会发展的第一资源。未来十几年，是北京建成现代化国际城市、全面实现现代化和建设世界城市的重要时期，在这个时期首都北京对人才的需求将是空前巨大。为此北京市制定了首都人才发展的战略目标：到2020年，培养和造就一支数量充足、结构优化、素质一流、富于创新的人才队伍，确立支撑世界城市建设的人才竞争优势，成为世界一流的“人才之都”，为落实人才强国战略发挥示范带动作用。

在人才引进与使用方面，北京市颁布了将近20份文件，影响比较深远的有《关于加强自主创新人才队伍建设的若干政策措施》、《关于实施北京海外人才聚集工程的意见》、《北京市吸引高级人才奖励管理规定实施办法》、《关于发挥首都高层次人才资源优势加强博士后工作的若干意见》、《关于来京投资企业引进高级管理人员的实施办法》、《关于来京投资企业高级管理人员子女在京上学问题的实施办法》、《北京市鼓励留学人员来京创业工作的若干规定实施办法》、《关于引进外省市专业技术和管理人才、留学人员在京购房问题的通知》、《北京市留学人员身份认定办法》等。

为实现这个战略目标，北京市实施了"人文北京"名家大师培养造就工程、科技北京百名领军人才培养工程、"绿色北京"人才支撑工程、北京海外人才聚集工程、高技能人才培养带动工程、京郊农村实用人才开发培养工程、首都青年人才开发工程7大人才工程。

北京市支持人才特区内具有博士和硕士学位授予权的高校、科研机构，聘任其他企业或科研机构具备条件和水平的高层次人才担任研究生兼职导师，联合培养研究生。对人才特区内与企业、科研机构开展联合培养工作的招生单位，在招生计划方面予以适当的支持和倾斜。鼓励研究生到兼职导师所在的企业和科研机构实践、实习。支持人才特区内由高层次人才创办的或与高校、科研机构联办的企业及科研机构，在重点领域设置博士后科研工作站。

人才特区内高校教师、科研院所研究人员可以创办企业或到企业兼职，开展科研项目转化的研究攻关，享受股权激励政策；在项目转化周期内，个人身份和职称保持不变。企业专业技术人员可以到高校兼职，从事专业教学或开展科研课题研究。

3）知识产权的保护政策

为建立多部门联动、多方面协调的统一、高效的知识产权综合管理格局，确立首都知识产权战略提供重要的体制保障，北京市出台了一系列关于知识产权的保护性文件，包括《关于实施首都知识产权战略的意见》、《北京市发明专利奖励办法》、《北京市保护知识产权专项行动实施方案》、《关于审理涉及计算机网络著作权纠纷案件适用法律若干问题的解释》、《北京市发明专利申请资助暂行办法》、《北京市奥林匹克知识产权保护规定》、《关于加强知识产权工作的意见》、《北京市专利保护和促进条例》等。

4）科技成果转化和产业化的政策

北京市制定出台的《关于进一步促进科技成果转化和产业化的指导意见》明确提出成果转化的工作思路，即坚持"全链条、全要素、全社会"，把握政府部门在科技成果转化链条不同环节发挥作用的力度和重点，进一步完善"发现—评价—培育—推进"的工作机制，充分发挥政府的组织协调作用，实现多渠道发现科技成果，多因素评价科技成果，多途径培育科技成果，多主体推进科技成果转化和产业化。

(3)科技创新氛围

科技创新、建设创新型城市已经成为全社会的共识，北京在营造科技创新氛围上下了很大工夫。

北京市政府早在2002年就发布了《北京市鼓励在京设立科技研究开发机构的规定》。依据这一规定，北京市科委积极引导企业设立研发机构，鼓励企业自主创新活动，培育一批自主创新能力强、创新机制独特、有市场竞争力和发展潜力的研发型企业群。截至2011年7月，北京市经认定的企业科技研究开发机构共计253家。

2010年8月，北京市发布《北京市重点实验室认定与管理暂行办法》和《北京市工程技术研究中心认定与管理暂行办法》。依据这两个办法，市科委积极推动北京市重点实验室和工程技术研究中心建设。截至2011年7月，已经认定北京市重点实验室119家、北京市工程技术研究中心78家。

2011年6月，北京市科委联合市发展改革委员会等10个政府部门发布《关于促进产业技术创新战略联盟加快发展的意见》，以加快产业技术创新战略联盟发展，提升企业自主创新能力和产业竞争力，推进中关村国家自主创新示范区建设，实现世界城市建设目标。今后将面向电子信息、生物医药、新材料、新能源和节能环保、高端装备制造、现代农业、科技服务业7大战略性新兴产业，重点支持一批创新性强、社会影响力大的联盟开展科技成果转化与产业化促进、开展联合研发和技术公关、开展领域或(行业)服务、开展标准化工作及品牌建设、开展国际合作等工作。进一步明确了支持联盟发展的条件、内容、措施、方式等，鼓励联盟进行规范化建设和法人登记、备案，开展示范联盟的认定工作。

北京市通过制度安排、政策设计和运行机制，充分发挥科技政策的引导和调控作用，激发和增强了全社会的创新活力，全面营造了科技创新氛围。

第五章
科技北京区域创新体系建设
——国际科技创新枢纽

科技北京建设主要包括区域创新体系建设、经济建设、环境建设和社会建设四个方面。其中,区域创新体系建设是科技北京建设中的首要环节,也是其他建设的基础和先决条件。如果说社会建设是科技北京建设的最终目标、经济建设是支撑、环境建设是保障的话,那么,区域创新体系建设则是实现科技北京建设最终目标的手段。区域创新体系是由相关行为主体,为实现知识、技术创新和转移,支撑区域经济社会可持续发展结成的联系及其运行机制和制度组成的网络系统,区域创新体系包括主体要素(区域内的企业、大学、科研机构、中介服务机构和地方政府)、功能要素(区域内的制度创新、技术创新、管理创新和服务创新)、环境要素(体制、机制、政府或法制调控、基础设施建设和保障条件等)三个部分。

科技北京区域创新体系建设的总体目标是将北京建设成为国际科技创新枢纽,这是由北京的中心地位与现有物质文化基础所共同决定的。在具体的建设中,国际创新枢纽主要分为以高校和科研院所为主体的知识创新枢纽、以企业为核心的技术创新枢纽、以产业引领为主要功能的产业创新枢纽以及以科技中介机构为纽带的服务创新枢纽四个子体系。其中,知识创新枢纽与技术创新枢纽建设是科技创新的主要源头和核心,产业创新枢纽与服务创新枢纽建设则为科技创新、科技成果的转化提供有力支撑,从而使北京形成以知识生产力为主导,产、学、研一体化的新型国际科技创新枢纽。在北京区域科技创新体系建设过程中,中关村高科技园区起到了非常重要的示范带头作用。它不仅是北京的知识和技术创新中枢,同时也是产业和服务创新中枢，可以说，中关村高科技园区在北京创新体系建设中处于核心地位，发挥着领军作用。

一、区域创新体系建设目标

北京作为我国首都在国际科技经济领域中占有特殊地位，其不仅在全国科技领域中担当着龙头与核心地位，同时北京的经济还具有率先进入知识经济发展阶段的特殊市情。因此，北京区域创新体系建设的战略目标应该是将北京建设成为“国际科技创新枢纽”。

1. 国际科技创新枢纽的含义

枢纽是指“事物的关键”，或“事物相互联系的中心环节”。这里正是基于上述两种含义使用“枢纽”一词。

所谓国际科技创新枢纽，是指在国际的某一区域内以科技要素的大规模快速流动带动区域创新能力提升的区域科技发展极。

从区域创新体系的功能角度分析，北京国际科技创新枢纽不仅仅是资源要素的高度聚集之地，更为重要的是创新关键之地，具有特殊的系统结构。从组织结构看，由众多创新主体及其联结互动构成的创新网络体系是该系统的基本组织形态；从系统功能看，科技资源与产品的大进大出、大生产、广辐射是该系统的基本功能；从独特的系统生产力角度看，强大的科技资源凝聚、整合、集成力和能量转换力是该系统的特殊机制；从系统的社会作用角度看，持续不断地产出代表中国最高水平的科技创新成果，并通过技术扩散效应对周边地区乃至全国的经济发挥引导、支撑、推动作用是该系统的基本定位。因此，北京国际科技创新枢纽本质上是具有突出首都特色的开放的国际区域科技发展极。

北京国际科技创新枢纽是指以科技支撑北京经济快速持续发展，引领全国自主创新方向，提升我国在国际科技系统中地位为发展目标；以“区域经济发展的引擎”、“国家科技发展的龙头”、“国际区域科技发展极”为系统功能定位；以高效的创新网络结构、完整的科技基础设施、健全的科技创新制度体系为系统运转基础；以国际创新资源凝聚整合、创新成果强力辐射、高水平自主创新、科技成果转化为基本职能的区域科技经济一体化的创新体系。该体系是对具有首都特色、科技经济一体化、区域科技创新体系的概括,是国家创新体系中最具特色、最核心的组成部分,是国家科技创新体系的龙头与典范。

“中心”与“枢纽”是词义相近的两个概念。这里之所以选用枢纽而不是中心是因为:一是“中心”用法已经过多过滥,再使用中心与那些形形色色的中心难以区别;二是科技创新枢纽是多个创新中心的有机聚合,与一般意义上的“创新中心”不同,创新中心涵盖范围较小,更突出“中心”本身的核心地位,往往更强调科技资源的空间聚集,也更习惯用资源的空间聚集程度作为衡量其绩效的主要指标,显然这个提法与工业经济背景下的首都科技创新体系以极化效应(回波效应)为主的发展模式和区域科技、经济功能更加贴切。而科技创新枢纽更加强调科技资源、科技创新成果的大进大出的集散、整合、能量转换,也就是更加强调区域科技创新体系的创新资源整合与辐射效应。显然,这种提法更加符合当前北京服务型经济的本质以及发展趋势,更加符合国家自主创新示范区的本质要求。

2. 国际科技创新枢纽的基本特征

国际科技创新枢纽与一般的区域科技创新体系不同,它是基于首都科技、经济发展阶段以及发展本质特征的基础上形成的。流动性、国际性以及科技经济一体化等是其基本特征。

(1)流动性:国际创新枢纽的首要特征

流动性是北京区域创新体系基于内在条件与外部需求所形成的突出特征。具体说来,是指科技创新枢纽在国际的一定区域内对科技资源大规模的聚、散、整合,促进其快速流动的能力。

首先,科技资源的快速流动与集成整合是枢纽存在与发展的内在需要。一方面,北京作为国家的政治、文化、教育、信息中心,是科技创新要素尤其是科技人才生存发展最为适宜的地方,北京作为全国的首善之区,无论是城市的基础设施、商业服务水平,还是城市环境与人文环境都优于其他地区,因此吸引了大量的高素质的科技人才,形成了人才高地,人才的高度密集又反过来倍增了北京的人才吸引力。另一方面,由于人才的高度聚集又带动促进了科技物力资源的聚集和科技创新活动的开展,形成大量的科技创新成果,北京又成为了创新高地,大量的创新成果对其他地区形成巨大的吸引,通过技术交易、技术服务等方式形成了对外的技术扩散,进而又带动新一轮的科技资源投入。这种以科技资源的大进大出大生产为内容的循环往复已经成为科技创新资源密集区自身发展的一种路径。同时，科技创新也已经成为北京经济结构中最具发展活力的组成部分，并且其在经济总量中的份额越来越大，北京经济发展越来越依赖于创新产业的发展。从这种意义上说，枢纽性已经成为北京经济发展的内在需求。

其次，科技要素的快速流动也是北京作为全国科技中心的责任。从区域创新体系与国家创新体系的区位关系角度分析，北京国际科技创新枢纽作为国家创新体系的重要组成部分，第一，它是促进大首都圈区域经济发展的“引擎”，支撑首都经济的可持续发展。第二，它还是国家科技发展的“龙头”，不仅自身能迅速增长，而且能通过乘数效应推动其周边地区和全国的科技创新和经济的增长。第三，作为大国首都的创新体系，该枢纽还是重要的国际区域科技创新网络，不仅是国际研发机构聚集地，更是提升我国企业国际科技竞争力、实施“走出去”战略的重要科技平台与支撑点。这是创新型国家建设赋予北京不可推卸的责任。

(2)国际性：国际科技创新枢纽的突出特征

国际性是北京区域创新体系最鲜明的特色之一，其主要建立在系统的开放性基础之上。在研发国际化的大背景下，国际创新枢纽存在与发展的关键在于面向国际的开放性，其本质是反映北京区域科技创新系统在国际科技体系中的地位与功能关系。

所谓国际性，是指北京科技创新体系在国际科技创新体系中应该具有稳固的、独特的地位，是国际创新体系中的重要的、不可替代的区域科技增长极。所谓增长极，就是具有推动性的经济单位，或是具有空间聚集特点的推动性单位的集合体。“增长并非同时出现在所有地方，他以不同的强度首先出现在一些增长点或增长极上，然后通过不同的渠道向外扩散，并对整个经济产生不同的最终影响。”①国际科技创新枢纽作为区域科技增长极，就是推动国际某一区域科技发展的推动单元。其主要功能是：首先是国际科技资源配置的重要平台，科技资源在此汇集、整合转化成为创新产品，并以此为核心向外扩散；其次，还必须是引领我国产业升级，提升我国经济在全球产业价值链位置、实现制造业大国向创造业大国跃升的科技支撑。而后者显然是国际创新枢纽的本质要求。

① 聂华林，等．区域发展战略学[M]．北京：中国社会科学出版社，2006：16.

国际创新枢纽是一个主动应对科技国际化挑战的战略，对于北京的国际技术竞争能力的提升意义非常突出。第一，正确认识与积极应对科技国际化带给我们的挑战，是区域创新体系不能回避的大问题，区域创新体系建设必须考虑国际化的因素主动出击，以提升自主创新能力为基点，积极利用研发国际化带给我们的机遇，进一步提升我国在国际科技创新体系中的地位，以科技创新能力的提升为基础支撑我国企业在国际竞争中赢得主动地位。第二，国际创新枢纽应该成为国内企业实施“走出去”国际战略的强有力支撑，一方面，国内企业通过与落户北京的跨国公司研发机构的合作与竞争，磨炼、提升竞争能力，积累国际化竞争的经验；另一方面，通过北京这个最大的科技国际化平台，获得全方位的帮助与扶持，实施“走出去”战略，提高成功率。

(3)科技经济一体化：国际科技创新枢纽的本质特征

国际科技创新枢纽与其他区域创新体系的根本不同点在于，一般的区域科技体系建设是基于“区域科技”(区域内科技资源和科技活动的总和)提出的，其战略规划也是围绕科技系统的科技投入、科技活动、科技产出以及科技体制和运行机制等内容展开的。而国际科技创新枢纽建设不仅是针对区域科技(城市系统中的科技子系统)，而且是针对整个城市经济系统的发展提出的。它的目标是将首都城市系统(整体)建设成为具有首都特色的区域创新体系，即国际科技创新枢纽。

因为是将整个城市系统建设成为创新体系，所以，这个建设过程实质上也是对城市系统尤其是经济系统的全面改造过程。改造的直接目标是实现科技与城市经济社会发展的一体化，依靠科技进步实现经济持续增长。具体建设将围绕以下四方面展开：一是培养经济主体(主要是企业)成为科技创新主体；二是完善城市经济运行机制，使其更加适合科技创新，包括利益驱动机制、学习培训机制、竞争协作机制、决策信息机制；三是强化城市经济系统的创新功能，将科技创新及其产业化作为城市经济的主要功能，包括资源有效整合功能、提升区域竞争优势功能、协调地区经济发展的功能；四是构建区域创新平台，包括研究与开发的物质平台、科技成果产业化平台、区域产业技术支撑平台，最终实现科技经济一体化发展，使科技创新成为城市经济发展的内在动力源，即通过完善科学技术形成、增长、转化和渗透机制，将科技创新成果深入到社会运行的整个过程和每一个环节，使科技成为首都城市经济发展的内在根本动力，使北京的经济持续发展和社会演进建立在科学技术有所突破并实现产业化基础上，达到科技与北京经济、社会协调发展的目标。

之所以把科技经济一体化发展作为科技北京经济建设的基本目标，将整个城市打造成为一个完整的创新系统，而不是将区域科技创新体系建设仅限于城市科技子系统内部，具体原因有以下几点：

第一，北京不仅是全国科技资源最为丰富、科技创新活动最为活跃的地区，同时也是全国最早进入知识经济时代的地区，科技创新在北京经济社会发展中已经具有十分重要的地位。科技的经济化与经济的科技化发展趋势十分突出。将科技经济一体化发展作为城市发展的目标具有现实基础。2008 年北京高技术产业在地区生产总值中的比重已经达到 7.24%。以高新技术为支撑的现代制造业和现代服务业生产总值 2010 年已经达到 7926.9 亿元，占当年 GDP 的 57.5%。

第二，北京经济发展面临科技经济一体化的根本突破，只有将整个城市系统作为创新体系建设才能加速实现经济增长方式的根本转变。尽管在北京经济发展中科技的作用越来越大，但是毋庸置疑，当前北京经济发展的主要驱动力还不是科技，而是投资。2010 年北京实现地区生产总值为 13777.9 亿元，当年北京地区全社会固定资产投资为 5493.5 亿元，占当年 GDP 总值的 39.87%，其中房地产开发投资总额为 2901.1 亿元，占当年社会固定资产投资的 52.81%。尽管房地产投资的增幅与奥运建设年的增幅相比有较大幅度的降低，但是，投资拉动经济增长的势头没有根本改变。关键是北京作为水资源极度短缺的城市，水资源短缺以及发展空间的限制已经极大地限制着首都的经济的发展，如不能根本改变经济增长模式，将北京最为突出的科技资源优势转化为经济产业优势，北京的经济持续快速发展将难以为继，尤其是在长三角、珠三角等地区快速发展的映衬下，北京如果不能尽快实现增长模式的根本转变，那么有限的发展资源将会流动到发展更快的地区，北京的资源优势也将失去。可以说，进入 21 世纪后的第二个十年，北京经济转型迫在眉睫，到了必须转型的关键时期，在此阶段，将科技经济一体化发展作为首都经济发展的目标明确出来，并相应提出具体的战略步骤，这对于促进经济增长模式的转型具有十分突出的积极意义。

总之，科技经济一体化是国际科技创新枢纽的最本质特征，对首都城市经济系统的科技化改造，是实现北京经济增长方式根本改变的重要基础，只有通过这样的改造才有可能真正实现科技北京的目标。

3. 国际科技创新枢纽建设的意义

国际科技创新枢纽建设对于科技北京具有十分突出的战略意义。

(1)国际科技创新枢纽是建设“具有国际影响力的创新中心”的必由之路

当中关村在国家科技创新体系中的战略定位——国家自主创新示范区明确之后，中关村将自己的建设目标概括为一句响亮的口号，就是将中关村建设成为具有国际影响力的科技创新中心。但是，根据北京科技体系的现状，我们认为，建设国际科技创新枢纽是实现上述目的的必由之路。所谓在国际上有影响力，一方面是要影响国际的科技创新发展格局，另一方面是影响国际的产业发展格局。而实现这两个影响的前提是：第一，北京的科技创新在国际上要有较高科技创新水平，处于创新前沿，有较大的科技产出能力，能够满足北京、中国乃至国际某一区域的产业技术发展的需求。第二，北京要形成一批企业规模大、市场影响力大、创新能力强、竞争能力强的科技型、跨国企业，没有这些企业作为实施者，中关村的国际科技影响力难以落到实处。但是，我们面临的问题是，尽管中关村已经发展了20多年，但是至今企业创新能力依然不足，企业的技术创新主体地位尚未根本确立。2009年，北京企业的R&D投入强度为1%，其中高技术制造业为1.5%，信息传输、计算机服务和软件业为2.7%，这两个北京最重要的高技术行业R&D投入强度大大低于OECD关于技术创新行业标准，属于创新能力中等、竞争能力较差的行业。即便是中关村这个国家自主创新示范区的企业也普遍研发投入强度较低，2009年中关村企业的R&D投入强度也仅为1.9%①，与国际发达国家的高新技术园区的企业相比差距巨大。上述数据，向我们显示了中关村距“有国际影响力的科技创新中心”的目标相距甚远，但是这个差距不能指望一两项技术突破就能消除，我们需要正视现实，从聚集资源、整合资源入手，借助科技国际化的契机，将利用国际科技资源作为提升我国的科技创新能力与水平的重要手段，在资源聚集过程中，提高自身的整合能力与集成能力。而科技资源的国际聚集、整合与辐射，正是国际科技创

① 北京市统计局.2011北京市经济社会统计报告[M].北京：同心出版社，2011：109，123.

新枢纽的核心任务，所以建设国际科技创新枢纽就成为我们实现中关村发展目标的不可缺少的环节和必由之路。

(2)国际科技创新枢纽是实现北京区域科技创新体系可持续发展、建设科技北京的必由之路

科技北京的本质特征是城市的发展建立在科技创新驱动基础之上。科技作为城市发展的内在驱动力是有限定条件的，要求区域创新体系能够为城市的产业升级以及结构转型提供足够的产业技术支撑、能够为城市环境优化提供技术支撑、能够为城市的建设与民生的改善提供技术支撑。不仅如此，北京作为全国的科技创新中心，科技北京建设要求北京能够为创新型国家建设提供强有力的支撑。因此，科技创新体系自身的强大就成为实现科技北京目标的关键。

科学技术的发展是建立在知识要素的投入基础之上的，作为以知识生产为主要内容的科技发展受到知识特性的影响与制约，基于知识的非消耗性、使用的共享性和非竞争性等特征，科学技术的发展具有内在的可持续性。但是受到政府主导的社会价值需求及其科技文化的影响与制约，不同地区的科技发展水平、发展方向、发展速度、发展内容是存在明显差异。甚至可以说政府主导的社会价值需求以及承载其发展的科技文化直接规定了科技的发展状况。北京作为全国科技资源最为密集的地区，但是科技资源优势尚未真正转化为社会可持续发展的优势，其根本原因是社会价值需求与科学精神、科技创新规律有较大差距，在体制机制上、在发展文化上还存在不利于科技创新的方面。例如，过分行政化的科技管理体制、不完善的市场机制、不能体现知识产品规律的科研管理制度、科技资源的行政体制分隔等问题，导致北京的科技效率提高缓慢，科技成果转化率不高，企业的技术创新主体地位难以确立，等等。这些顽疾的存在制约着科技北京的建设，也极大影响着科技创新发展及创新成果产出，影响着科技创新对北京经济社会发展的支撑能力。

尽管近些年针对上述问题推出多项科技政策，但是政策的实施效果并不明显，上述问题至今仍未根本解决。而通过建设国际科技创新枢纽可以在一定程度上解决上述问题。国际科技创新枢纽的基本功能是在国际范围内，汇集与凝聚、整合与集成、辐射与扩散科技资源，建设国际科技创新枢纽的基本任务就是强化这个功能，提升这个功能的实施能力。在国际范围内

会聚科技资源,包括人才资源、技术资源、知识资源、制度资源、经验资源等等,这不仅会在北京聚集大量的科技人才与科技成果,更重要的是以科技人才、科学技术为载体,将带来国际通行的、行之有效的科技管理制度、科技组织模式、科技发展经验以及有效的市场竞争机制。这些资源的高度聚集,可以有效缓解我国科技创新水平起点较低,创新成果不足,科技供给能力短时间内难于大幅提高的现实问题;同时通过国际科技资源的汇集来带动和激活我们自身创新能力的释放,形成促进我们科技制度进一步改革、社会文化创新的新动力,进而促进科技自身创新机制发展。在此基础上,还可以通过资源的高度聚集产生的创新集群效应引发更多的创新,以此推动北京区域科技创新体系的可持续发展。

二、以高校和科研机构为主体的知识创新枢纽

1. 知识创新枢纽的界定

知识创新是指通过科学研究获得新的基础科学和技术科学知识的过程。就科学研究的本质而言,科技进步是科学研究的归宿,而知识创新则是科学研究的灵魂。创新的目的是追求新发现、探索新规律、创立新学说、创造新方法、积累新知识。知识创新主要是科学技术知识的创新,它不仅伴生于技术创新的过程中,还发生在一切科学研究活动中。知识创新是技术创新的基础,是新发明的源泉,是促进科技进步和经济增长的革命力量。知识创新为人类文明进步和发展提供不竭动力。

知识创新的重要功能是增加整个创新系统的基础知识存量,新知识的增长。从认识论的角度来说,知识创新取决于问题域的扩展,伴随着新问题域不断增加的是新知识的持续增长。现代科技发展表明,问题域的设定与人类的经济活动息息相关,问题的提出常常是为了解决技术应用或生产实践中的具体问题,产生适合于创新系统的知识产品。知识创新的实质是将一种新知识首次引入知识体系或实际应用。知识创新系统的主体是科研机构和高等学校,以及企业科研机构、政府部门等。知识创新过程是科学(包括技术科学)知识在创新系统内的生产、扩散、转移,并与技术的开发、应用相互作用的过程。

知识创新枢纽的基本功能是知识的生产、传播和转移,其主要特征是突

出知识创造能力和知识获取能力。知识创造能力是通过开展基础研究和应用研究,为区域经济与社会发展提供知识增量储备,知识创新是一个通过科技研究开发机构、通过人力和科研经费投入而实现的过程,成果以专著、论文等为主要表现形式。知识获取能力是不断利用全球一切可用的知识的能力、知识在各创新单位之间流动的能力。一个地区的创新能力不仅取决于知识的创造能力,还取决于本地区是否能够运用全球取得的成果,取决于各部门能否进行很好的知识合作,能否分享知识。

2. 北京知识创新现状与问题

相对于全国来说,北京属于知识密集型地区,特别是中关村,可称得上是我国科教智力和人才资源最为密集的区域,聚集中国近四成的中国科学院和中国工程院院士,承担了三分之一左右的国家"863"项目、"973"项目以及近千项国家科技重大专项。中关村核心区拥有以北京大学、清华大学为代表的高等院校近40所,以中国科学院、中国工程院所属院所为代表的国家(市)科研院所200多所;拥有国家级重点实验室67个,国家工程研究中心27个,国家工程技术研究中心28个。[①] 可以说,众多知识创新要素的集聚使得中关村成为北京知识创新枢纽的神经中枢,在整个知识创新枢纽中具有举足轻重的地位。下面,将对北京的知识创新现状进行具体阐释。

(1)北京具有突出的知识创新能力

北京具有突出的知识创造力。北京地区知识创新成果产出总量相当惊人,2009年,北京地区共发表科技论文154738篇,出版科技著作8828种。其中,科技论文的89.87%、科技著作的94.57%是由高校和科研机构完成的。2009年北京地区申请专利50236件,其中发明专利29326件,大学和科研院所发明专利申请占全市专利申请总量的30.54%。

与此同时,北京地区近年来还承担了大量的国家级科研项目,各项研究项目排名和经费使用均为全国第一。2007年承担三类主体性国家科技计划项目1778项,其中"973"计划161项,"863"计划982项,支撑计划635项,三类国家科技计划项目到位资金121.8亿元,其中政府资金41亿元。申请发明专利3040件,授权发明专利1010件。[②]

---

① 示范区介绍,http://www.zgc.gov.cn/sfqgk/56261.htm,2011.9.27.

② 北京市科学技术委员会.北京市研究与发展(R&D)数据汇编[M].2008.

(2)北京知识创新中存在的问题

1)北京地区知识获取能力相对不足

从全国总体情况看,北京的知识获取能力位列第一方阵,属于能力较强的地区,但是与北京突出的科技资源相比,北京的知识获取能力相对不高,甚至成为影响北京科技创新能力的首要问题之一。主要体现在三方面:

其一,科技合作能力不突出。当代科学发展不同于以往的小科学,仅凭个人的创造就能跻身于世界先进水平。大科学需要大协作,需要跨区域、跨领域的协同作战。而北京在科技协作方面则存在欠缺。北京尽管高校与科研院所众多,但是现代科技发展所需要的科技协作能力与机制尚不突出。

其二,高校和科研院所科技活动筹集资金中来自企业的资金比例过低。2008 年该项指标仅占其筹资比例的 10.75%,位列全国第 20 位,并且增长率很低,位列全国第 26 位。由此看出,北京的高校与科研机构的科研需求更多不是来源于企业,而是来源于政府,这直接导致了高校与科研机构的科研成果产业化应用动力不足,应用水平较低这一现象的产生。

其三,大中型工业企业国内技术成交额平均水平不高。平均每项仅有 8.58 万元,在全国位列 27 位,显然处于落后状态,这表明北京的大中型国有企业的技术创新能力与质量总体水平不高。

2)基础研究投入结构性不足

2010 年北京地区 R&D 经费内部支出 821.82 亿元,其中用于基础研究的经费约为 95.61 亿元,占全部 R&D 经费的比例为 11.63%。需要说明的是,这约 95.61 亿元包括聚集在中关村地区所有中科院所属研究机构和大学在内的基础研究经费(占 96.88%),而真正由企业支出的基础研究经费就只有 1.74 亿元左右。(详见表 5-1)另外,虽然北京 R&D 经费投入占 GDP 的比重高达 5.82%,为世界所罕见,但 R&D 经费大多为中央财政和地方财政投入到国家级科研院所和研究型大学的经费,企业投入到大学和研究机构的经费仅占大学 R&D 经费的 24.80%、研究机构 R&D 经费的 2.02%,企业 R&D 经费总投入占全市 R&D 经费总支出的 32.91%,与发达国家相比相差甚远,甚至远不及一家企业的 R&D 经费投入。

表5-1　2010年北京地区科技活动经费情况　　单位:万元

项　目	研究与试验发展(R&D)经费内部支出	按活动类型分			按资金来源分			
		基础研究	应用研究	试验发展	政府资金	企业资金	国外资金	其他资金
合　计	8218234	956109	2168640	5093478	4720749	2704275	300646	492569
按执行部门分								
企　业	2988031	17413	190304	2780313	275659	2341693	262471	108206
工业企业	1330168	8067	17090	1305011	98161	1185866	9739	36401
非工业企业	1657863	9346	173214	1475302	177498	1155827	252732	71805
科研机构	4017110	592456	1268306	2156349	3574651	81318	15066	346078
高等学校	1101609	333869	675861	91873	780703	273189	22233	25490
事业单位	111484	12371	34169	64943	89736	8075	876	12795

资料来源:北京市统计局、北京市科学技术委员会、北京市教育委员会、北京市经济和信息委员会。

基础研究单一的政府投入模式,本身就表明了整体企业的科技创新战略眼光不足,长远的科技竞争能力堪忧。同时单一的政府投入自身还存在投入不合理、投入产出效率不高(逐年降低)等问题。例如,伴随着政府科技投入的逐年增长,但是北京的发明专利申请受理增长率却在全国排名处于第23位,排名靠后。同时每亿元科技活动经费内部支出产生的发明专利申请数仅有19.31件,且发明专利授权数增长缓慢,2008年在全国的排名已经降落到第11位,其增长率排名仅位列全国第23位。显然这一切与丰富的科技资源、大力度的政府科技投入以及科技中心地位不相符。建设知识创新枢纽中,要将解决这类问题作为重要目标。

3)知识创新体制相对落后

人类已经进入到大科学时代,但我们却仍然处在小作坊式的手工生产方式阶段,在过去被证明切实有效的科研举国体制被师傅带徒弟的方式所取代,一个课题组,可能就是一个导师带着一帮研究生单打独斗,既缺乏整体的规划,又缺乏相互的协作与配合,与大科学相去甚远。导致这种状况的原因之一是我国没有科技帅才来统领国家的研究方向。

3. 知识创新枢纽建设的主要任务

在科技经济社会一体化的现实背景下,基础研究已逐步从过去单纯满足科学家自身对自然现象和规律认识的兴趣，转向更加注重服务于人类社会发展和国力竞争的需要。因此，知识创新枢纽的建设应主要围绕提升自主创新能力、解决北京的知识获取能力不足、知识创新与技术创新脱节、基础研究原始创新能力相对不足和高层次创新人才匮乏等问题展开。

第一，建立稳固的学科前沿阵地，占领科技制高点，增强原始创新能力。知识创新是科技进步的先导，孕育着新兴技术和新兴产业，知识创新水平的高低决定了未来5~10年技术创新水平的可能高度。因此，知识创新枢纽建设的首要任务就是建立稳固的学科前沿阵地，占领科技制高点，增强原始创新能力。一是要巩固已有的基础研究优势领域，保持优势领域的领先地位；二是凝练和解决服务人类社会发展和提升国家竞争力、振兴战略性新兴产业的学科前沿问题，抢占科技制高点，缩小与先进国家的差距；三是部署和支持能够引领科技、经济、社会发展的科学前沿研究，解决社会经济发展中的重大问题。总之，在基础研究、知识创新方面要有所为，有所不为而后可以有为。

第二，建立北京区域知识创新联盟，增强知识创新中的联合与协作。构建区域内科学研究与高等教育有机结合的知识创新体系，高效利用科研机构和高等院校的科技资源，加强它们之间的合作，实现区域内的协调与共赢，形成知识创新战略同盟，促进区域综合科技实力的提升。因此，一是要建立协作机制。以高等院校和科研院所为中心，建立开放、流动、竞争、专业化分工协作的区域知识创新联盟，形成高水平的知识创新工程队伍。二是要建立联合投入机制。加大政府对学科建设的支持力度，结合区域优势，完善区域重点学科体系，实现优势学科资源整合和人员、信息、成果的共享。

第三，建立科学研究资源共享平台，整合区域的科学研究资源。一是以区域基础科学数据共享和科学数据建设为龙头，启动科学数据共享平台建设，形成若干大型科技资源共享平台，面向各级政府、大学、研究机构、图书馆、企业等提供一站式数据服务；二是以大学为依托，成立国家实验室管理联合体，着力于推动实验室的开放性建设，强化“开放、流动、联合、竞争”的运行机制，整合优势资源。

第四，建立高层次创新人才培养机制，培养知识创新的帅才和将才。抢占科技发展的制高点的关键在于抢占人才竞争的制高点，即在于高层次创新人才的培养，尤其是科技领军人物的培养。一是创造高层次创新人才脱颖而出的环境，改变现有人才评价机制；二是加大科研工作人员联合培养力度，建立流动工作机制和激励机制，为科技人才在高校、研究院所和企业间自由流动提供政策和法律保障；三是建立与国际接轨的科技人才培养模式与评价体系，促进高层次科技人员的整合。

4. 知识创新枢纽建设的保障措施

知识创新枢纽的建设，应将其放在全球化背景下，采取以下几个方面的措施，切实保证其主要建设任务的完成。

(1)实施知识创新前瞻战略

知识创新是一切创新的源泉，在知识创新战略上必须有前瞻性，而这样的战略必须由国家主导、政府组织制定和实施。北京区域创新体系是我国国家创新体系的核心，要想建成国际创新枢纽，其知识水平、技术水平必须与国际前沿保持一致。因此，必须由政府主导，组织全国的最优智力资源，研究制定知识创新前瞻战略，推进知识创新的开展，时刻把握世界知识前沿。而这种前瞻战略的制定，必须以市场和企业的需求为导向，因为知识创新不再是以科学家个人的爱好和兴趣为核心来深化对自然规律的认识，而必须服从于服务人类社会的发展和促进国家综合国力竞争的需要。要想实现知识创新战略，首先要做到以下几点：

第一，由学术界、产业界及政府部门的专家共同组成智库，负责预测未来技术发展趋势，制定符合产业需求的知识创新前瞻战略，抢占科技发展的制高点。前瞻性战略的制定一方面要把握企业需求和产业需求；另一方面要把握国际科学技术发展前沿，准确选择战略性新兴产业，引领未来产业发展方向。智库组成人员中，产业界专家人数比例不宜低于专家总数的1/3。

第二，建立企业技术需求征询机制。前瞻性战略的制定应该是需求导向的，也就是说要将产业界的技术需求作为知识创新的指导方向。这就需要建立起企业技术需求的征询机制。一是通过技术联盟、产业联盟、战略联盟、行业协会等组织，将企业的技术需求汇集，并组织专家组进行筛选，选择出最急需技术领域作为前瞻性研究领域。二是将筛选的技术领域作为国家发改委、科技部、工业和信息化部等国家部门的科技规划和重大专项的编制论证依据。三是这些项目的组织、实施、成果转移与评价都要吸收产业界参与进来。研发项目的开展采取招标制，参加投标的项目组或项目组成员中必须有企业。项目评价要充分考虑成果的转化情况和应用企业的评价意见。

(2)继续实施知识创新工程

1998 年开始实施的中国科学院知识创新工程,10 多年来取得了显著成绩。但实事求是地说,那些我们引以为豪的知识创新成果,并不全都处于世界科技发展的最前列,知识创新成果的整体水平与世界先进水平相比,还有相当大的差距。因此,继续实施知识创新工程是完成建设知识创新枢纽主要任务的重要保障。同时,知识创新工程的实施要赋予其新的内容和形式。

第一,知识创新工程要改变过去由中国科学院单独承担的格局。当代科学早已经进入由科学、技术、工程、政府自助与管理相结合的大科学时代,科研活动需要各个领域的密切协作。在这样的大背景下,单单由中科院一个部门实施知识创新工程,难免会因为缺乏竞争对手而懈怠,因此,知识创新工程的实施应引入外部竞争机制,要让“985”、“211”高校加入到竞争行列。

第二,知识创新工程要瞄准世界科技发展前沿,重点支持战略性新兴产业的前瞻性研究。在国际科技竞争中,总是“追踪”是不可能完成科技创新、迈入世界科技强国行列的,只有站在世界科技发展的最前沿、占领世界科技发展的制高点,在国际科技竞争中才有发言权和主动权。

第三,知识创新工程要服务于社会经济发展的需要,服务于企业的需求。大科学不是单凭科学家个人的兴趣和爱好所能左右,也不是资助人利益角逐的游戏。大科学是政府、科研机构、公司等各部门的协同和合作,更是服务于人类社会这一明确目的的艰巨攻关。因此,现在知识创新成果水平的高低,就决定了未来几年技术创新成果水平的高低,决定了未来几年新兴产业发展的竞争力。

(3)加强国际科技合作和交流

国际科技合作和交流是出高水平知识创新成果的必要保证,也是培养具有国际视野的科技领军人物的捷径。北京地区的科研院所和高等院校要同世界一流水平的科研机构建立双边和多边合作关系,要在项目合作、互派研究人员到对方实验室工作上有实质性的突破。在国际科技合作和交流中,要掌握主动权、以我为主,服务于自身的研究目的,而不要沦为国外科技机构的高级打工者而一无所获。

三、以企业为核心的技术创新枢纽

1. 技术创新枢纽界定

傅家骥教授认为“技术创新就是技术变为商品并在市场上销售得以实现其价值,从而获得经济效益的过程和行为”。比较普遍的观点是,技术创新是技术发明的首次商业化,包括产品创新和工艺创新。技术创新不仅是指技术系统本身的创新,更主要是把科技成果引入生产过程所导致的生产要素的重新组合,并把它转化为能在市场上销售的商品或工艺的全过程。

技术创新是把科研成果转化为现实生产力的中介,由于科研成果是知识形态的生产力,即潜在的生产力,它只有通过技术创新及其扩散进入生产过程,并与生产紧密结合,才会转化为现实的生产力。因而,可以说技术创新是把科技生产力同经济发展全过程结合起来的切入点。在资源有限、单纯通过扩大规模和扩张数量求得经济高速增长已难以为继的情况下,只有依靠技术创新,才能推动经济快速、稳定、持续健康发展。英国技术创新专家弗里曼把技术创新划分为渐进性创新、根本性创新、技术系统的变革和技术革命四种类型。

技术创新体系(技术开发系统)是区域创新体系的核心,是区域科技与经济的结合点,是区域经济发展的依托。该系统的主要功能是借鉴国内外基础性研究成果,进行试验发展和 R&D 成果应用活动,形成新技术、新工艺、新方法、新产品等,为科技创新成果产业化、规模化做准备,也是形成发明专利、产生主流设计和主流产品、提升区域乃至国家竞争力的重要环节,是区域创新体系的核心子系统。

北京不仅是我国知识经济的龙头,也是我国高新技术产业的先导。北京的技术创新不仅是知识创新的承接与价值实现的途径,更是北京优势产业发展的支撑。因此,作为国际创新枢纽,技术创新枢纽功能的构建与发挥尤为重要。

2. 技术创新体系建设现状与存在问题

改革开放 30 多年来,北京已基本建立起完整的技术创新体系,不同创新主体之间的协同创新已初见端倪,这个创新体系在北京地区高新技术发展方面起到了重要的促进作用。北京形成了以电子信息为代表的几大产业集群，成为全国高新技术的辐射源和国际技术创新枢纽。同时，这一技术创新体系也还存在着一些问题，如产学研合作机制尚不完善，企业还未真正成为技术创新主体等。北京的技术创新体系主要是以中关村的高新技术产业为龙头，中关村不仅仅是知识创新枢纽的神经中枢，更是技术创新枢纽的神经中枢。下面我们以中关村为例，从5个方面分析北京技术创新体系的现状和存在的问题。

(1)北京科技创新体系建设情况

在中关村，集聚有联想、百度、中星微、科兴、华旗等高新技术企业近2万家；高素质创新创业人才超过百万，留学归国创业人员数量占全国的近四分之一；微软、甲骨文、IBM等101家世界500强企业在中关村设立70多家研发机构；大学科技园17家；留学人员创业园29家；每年均涌现出一大批具有自主知识产权的辐射全国的重大科技创新成果；国家重点实验室、国家工程研究中心、国家工程技术研究中心、国家级企业技术中心占全国的四分之一。[①] 同时，中关村是中央人才工作协调小组首批授予的“海外高层次人才创新创业基地”，留学归国创业人才超过1.5万人，累计创办企业6000余家，活跃的企业超过2000家，是国内留学归国人员创办企业数量最多的地区。

目前，北京市共有中央“千人计划”人才311人，163名“海聚工程”人才，其中80%在中关村地区；创业类“千人计划”人才45人；“北京海外人才聚集工程”的161名人才，75%以上聚集在中关村地区。[②] 近年来，中关村企业创制了TD－SCDMA、McWill、闪联等86项重要国际标准，798项国家、地方和行业标准；中关村技术交易额达到全国的三分之一以上，其中80%以上输出到北京以外地区。这种巨大的技术创新资源优势、技术创新人才优势、技术创新成果优势，成就了中关村技术创新枢纽的神经中枢地位。

1)高新技术的辐射源

20多年来，中关村高新技术产业总收入年均增长速度达到了40%。2008年高新技术企业21025家，总收入超过10000亿元，占全国54个国家级

---

① 优势资源，http://www.zgc.gov.cn/sfqgk/57929.html，2011－09－27.

② 示范区介绍，http://www.zgc.gov.cn/sfqgk/56261.html，2011－09－27.

高新区的七分之一。信息、集成电路设计产业收入分别占全国的四分之一和三分之一。自主知识产权操作系统、信息安全、重点行业应用信息等市场占有率位居国内第一。研发、信息服务、创意设计等高技术服务业经济规模已经达到中关村总量的一半左右,在全国率先实现了向高技术服务业转型。

2)国际技术创新的枢纽

中关村通过企业跨国并购、国际合作、海外投融资、制定国际标准、吸引和利用国际资源等方式,正在成为国际技术创新枢纽。

第一,龙头企业迈出国际化步伐。联想集团、京东方集团等通过并购不断壮大自己实力,如联想集团整体并购IBM的PC业务而一跃成为世界第三大计算机公司。原IBM的1500余项专利皆归联想所有,加上此前自主拥有的1000余项专利,联想现在已合计拥有2500余项专利。原IBM位于美国罗利、日本大和的研发中心并入新联想集团,整合之后,新联想分别设立了北京研发中心、大和研发中心、罗利研发中心,形成了遍布全球的研发布局。中星微电子作为唯一的中国厂商,加入了由诺基亚、意法半导体、德州仪器和ARM发起成立的国际移动行业处理器联盟(MIPI),增强国际竞争力。

第二,一批自主创新企业在国际资本市场成功上市和融资。

截至2011年7月,中关村海外上市公司总数达到189家,其中境内113家,境外76家,中关村在纳斯达克上市企业数已占祖国大陆地区在纳斯达克上市企业总数的一半,38家企业在境内创业板上市,初步形成了创业板中的“中关村板块”。①

第三,技术标准走向国际化。大唐电信集团研制的新一代3G标准TD-SCDMA成为国际电联认可的三大标准之一。据不完全统计,中关村企业创制了TD-SCDMA、McWill、闪联等86项重要国际标准,798项国家、地方和行业标准。闪联公司的闪联标准已成为全球首个3C协同领域的国际标准,书生公司的文档读写接口标准UOML成为国家标准组织OASIS的正式标准,是中国信息业的第一个国际标准。②

第四,国际创新资源加速在中关村集聚。随着微软中国研发总部、路

---

① http://www.zgc.gov.cn/sfqgk/57931.htm,2011-09-27.

② 中关村科技园区管理委员会.中关村产业发展报告2008[M].2008:5.

透、壳牌、雀巢等一批世界500强企业总部或研发中心落户园区,入驻中关村的跨国公司研发机构总数已达70家,外资企业已达1364家,中国港澳台地区企业369家。很多公司还在中关村设立了中国区总部甚至亚太总部,使中关村成为跨国公司入驻最密集的区域。

3)产业集群的簇拥地

中关村的高新技术产业整体发展迅速,以信息、集成电路、计算机及网络、通信、生物医药和环保新能源为代表的六大重点产业集群初步形成,成为产业集群的簇拥地。

2005年,中关村信息、集成电路、计算机及网络、通信、生物医药、环保新能源六大重点细分产业发展势头良好,产业规模持续扩大到2958.53亿元,占园区总收入的60%。其中,信息产业总收入522.58亿元,集成电路产业总收入102.17亿元,计算机及网络产业总收入739亿元,通信产业总收入802.28亿元,生物医药产业总收入309.28亿元,环保新能源产业484.65亿元。六大重点细分产业有企业10395个,占园区企业总数的63.2%,其中总收入在1亿元以上的企业297家,占园区收入亿元以上企业总数的53.4%。①

从以上的论述中,不难看出中关村国际化水平正在迅速提高,这标志着以中关村为首的北京科技创新园区正在逐步成长为国际技术创新枢纽。与此同时,我们也看到在中关村科技水平高速发展的同时,还存在一系列的问题。其中,科技创新风险以及产学研合作和转化机制尚需要进一步完善。

(2)北京科技创新体系建设中存在的问题

1)产学研合作机制尚待完善

广义的产学研合作,是指包括产业(企业)、大学、研究机构、政府、中介机构、金融机构在内的不同社会主体之间在技术创新要素组合方面的合作与互动过程。②

近年来,我国产学研结合工作取得了令人瞩目的成绩,攻克了一批产业技术难题,支撑了产业的技术进步和优化升级。但是,产学研合作仍然存在

① 中关村科技园区管理委员会,中关村产业发展报告2008[M].2008:14.

② 陈芳柳,陈莉平.国内外产学研合作的比较研究及其启示[J].沿海企业与科技,2007(2):161-165.

着诸多问题。有学者提出产学研合作有五大问题亟待破解。① 这五大问题是:产学研合作层次不高;产学研合作的深度不够;产学研合作的资金不足;产学研合作的动力不够;产学研脱节现象仍然存在。

上述五大问题或多或少地也在中关村地区存在着,如产学研合作的层次问题和合作深度问题。截止到2007年年底,中关村地区建立了25个产业联盟,除中关村开放实验室联盟外,主要发起单位中鲜见科研机构和大学的身影。产业联盟中科研机构和大学的缺席,必然会导致事关行业发展的关键技术、共性技术研究的缺失,或者在关键技术、共性技术研究方面困难重重。2010年,企业投入到大学和研究机构的经费仅占大学R&D经费的24.80%、研究机构R&D经费的2.02%②,大学和研究机构与企业合作的动力不足。

因此,完善产学研合作机制、促进产学研合作政策环境的完善、克服产学研合作组织形式松散和行为短期化和形式化的弊端、创造满足产业技术创新的持续性和创新成果产业化的保障机制等乃是当前中关村地区产学研合作的当务之急。

2)企业尚未真正成为技术创新的主体

我们将创新过程视为三个阶段,分别为创新资源投入、创新活动执行和创新成果产出。因此,中关村企业在创新体系中的主体地位应该体现在三方面:创新投入的主体、创新执行的主体以及创新产出的主体。下面我们通过"相对指标"和"强度指标"分别从上述三个方面来衡量中关村企业在创新体系的地位。

第一,企业技术创新投入中的地位分析。首先,就其在R&D投入所占比重来看,据《北京市第二次全国R&D(科学研究与试验发展)资源清查主要数据公报》披露,2009年,北京R&D投入为668.60亿元,其中企业的R&D投入为113.70亿元,占17.01%。其次,就其投入强度分析,发达国家的企业要想获得可持续发展,其R&D经费支出一般应占到该企业总收入的5%或产品销售收入的10%左右,但北京企业离这一指标相去甚远。尽管中关村企业创新投入的结构和发达国家比较接近,但是仍差距较大。值得关注

① 严雄. 产学研协同创新五大问题亟待破解[N]. 中国高新技术产业导报,2007-03-19.

② 北京统计年鉴2011. http://www.bjstats.gov.cn/nj/main/2011-tjnj/content/mV340_1903.htm

的是,中关村 R&D 经费支出中有相当一部分为政府财政支出,如果扣除这一部分,园区企业 R&D 经费支出就显得严重不足(2007 年北京地区 R&D 经费支出为 5270591 万元,其中企业 R&D 经费支出 2329718 万元,仅占 44.20%)。因此,从上述两个方面来说,企业作为创新投入主体还只是一种低水平下的"主体",要真正确立企业创新投入主体地位还是一项艰巨而漫长的任务。

第二,企业在创新执行中地位的分析。首先,企业创新执行相对地位分析。衡量企业在创新执行中的相对地位主要从企业 R&D 活动人员及 R&D 执行经费所占比重来分析。以中关村为例,2007 年中关村企业 R&D 经费支出及 R&D 人员工作当量占园区的比重均接近 52.6%,这表明企业在创新执行中占据了主要位置。其次,企业创新执行强度分析。衡量企业创新执行强度主要有两个指标:一是企业中科学家和工程师的占比,二是每万名劳动力中 R&D 科学家和工程师的数量。2007 年北京纳入统计范围的科学家和工程师总数 359436 人,企业为 213889 人,占比超过 59.5%,但国有企业中科学家和工程师数量为 179473 人,占企业总数 83.9%。根据 2007 年中关村产业发展报告显示,每万名劳动力中 R&D 科学家和工程师仅相当于日本 1/3 左右,全国水平只相当于日本 1/10 左右。需要注意的是,虽然企业中科学家和工程师数量占比超过了一半,但绝大多数集中在国有企业,即有相当一部分集中在转制科研机构,真正在企业一线的科学家和工程师数量较少;每万名劳动力中 R&D 科学家和工程师仅相当于日本 1/3 左右。就整个北京来说,这一指标就更低。因此,企业作为技术创新体系中执行主体也只是一种低水平下的"主体"。

第三,企业在创新产出地位分析。表 5-2 显示,2009 年,企业专利申请数、拥有有效发明专利数、专利所有权转让及许可数、专利所有权转让及许可收入分别占 51.03%、35.16%、51.76% 和 58.28%。这表明,企业在技术创新产出方面的主体地位已基本确立,但这种主体地位仍然是非常脆弱的,企业在创新产出方面的主体地位的最终确立,有赖于企业技术创新投入主体地位和企业技术创新执行主体地位的确立。

表 5-2 2009 年北京科技产出状况

	专利申请数(件)	发明申请(件)	有效发明专利数(件)	专利所有权转让及许可数(件)	专利所有权转让及许可收入(万元)
总 计	**24926**	**18154**	**32212**	**597**	**51424**
按执行部门分					
企 业	12719	7664	11325	309	29970
工业企业	7016	3573	5168	187	15313
非工业企业	5703	4091	6157	122	14657
科研机构	5194	4438	5130	153	18764
高等学校	6847	5944	15679	135	2690
其 他	166	108	78		

资料来源:北京市研究与发展 R&D 数据汇编 2009,2010-12.

3. 技术创新枢纽建设的保障措施

上述分析表明,北京技术创新体系存在的主要问题在于两个方面:一是产学研合作机制不完善,二是企业技术创新主体地位未确立。因此,要将北京建设成技术创新枢纽,必须从完善产学研合作机制和确立企业技术创新主体地位两个方面来着手。

(1)完善产学研合作机制

如前所述,产学研合作存在着合作层次不高、深度不够、资金结构不合理、动力不足、主体间脱节和创新体系子系统间脱节五大问题,严重地制约着企业与科研机构和高校的深层次合作。相应地,完善产学研合作机制也应从五个方面来进行。

1)健全产学研合作动力机制

北京的产学研合作应该建立起一种以市场为导向的、以企业为主体的、高校和科研院所为依托的、政府推动的、多元主体协同共进的产学研合作模式。

第一,产学研合作必须是以市场为导向的。产学研合作的成败和效果,不取决于它的科学内涵,也不取决于它的新颖性和灵活性,而取决于市场和消费者的认可度。是否得到市场的认可应该是产学研合作的主要标准,而市场的需求则为产学研合作指明了方向。

第二,企业应作为产学研合作的主体,也就是要解决“以谁为本”的问题，即企业要在产学研合作中处于核心和落脚点的地位。因此，企业是技术创新的需求者，也是创新技术的实际应用者，其他产学研合作主体，只有紧紧围绕着企业来进行研究开发，才能保证其研发的技术成果通过企业得到应用和转化、体现效益、促进生产。

第三，高校和科研院所为依托，是指产学研合作必须以高校和科研院所的创新资源和能力为基础和创新源泉。北京区域创新体系的重要特点之一是具有丰富的科教资源和卓越的智力资本优势，而这些科教资源和智力资源大多集中于高校和科研院所。知识创新体系是首都区域创新体系的高端和前沿，高校和科研院所不仅是知识创新和技术创新的核心主体，也是企业技术创新的源头。所以，应依托于北京的智力资源优势，推动产学研结合，增强知识的生产、扩散和应用能力，努力提高北京的知识竞争力。

第四，政府应作为产学研合作的推动因素，侧重于引导产学研合作的方向。政府在促进产学研合作、左右产学研合作方向上有着其他主体所不具备的行政优势、资源优势和视角优势。政府要发挥优势，以市场需求为目标，推动产学研合作向正确的方向进行。

第五，有效的产学研合作必然是多方主体密切合作、相互作用、协同共进的过程。企业、高校和科研院所、政府等主体必须积极投身于产学研合作之中，相互适应、彼此联系，形成持续协同创新的网络关系。

2)创新技术人才流动机制

影响产学研合作效果的一个很重要的因素是智力要素的流动存在诸多壁垒，致使高校和科研院所的技术人才不愿意到企业指导、参与技术创新，而企业的人才也不能从高校和科研院所获得技术指导和交流。这种不合理的分割和隔离造成科研技术人员知识僵化和视野狭窄，理论与实践严重脱节，而智力要素也成为掣肘企业发展壮大的重要因素。因此，促进产学研良性互动，完善区域创新体系，必须创新技术人才流动机制。具体措施如下：①要鼓励大学和科研机构人员到企业兼职。对其总收入在个人所得税方面给以一定的减免。②制定“创新助理计划”，即鼓励学校为学生设计到企业的实习计划，尤其是到中小企业的实习要得到政府的补贴和经费支持，政府按一定的标准补贴学校和学生。③允许高校和科研机构的技术人才离职到企业进行技术开发和产业化。其间，保留其在原单位的职位，并给以一定工资比例的补贴。若研究人员希望离开企业，则原单位有责任无条件接收并恢复其离职前待遇。

3)确立企业在产学研中的主导地位

中小企业是区域创新体系中最具活力的技术创新主体,也是产学研合作最迫切的需求者。确定中小企业在产学研中的主导地位是完善产学研合作机制的关键环节。国家必须在政策、经费、优先权上予以支持。

①通过立法规定国家科研经费支持的项目有一定比例必须由企业,尤其是中小企业来承担,或者至少是由有企业参加的科研团队来承担。

②规定国拨经费项目的成果优先转移给国内的中小企业。中关村园区内的国拨经费项目成果优先转移给园区内的中小企业,政府应投入资金予以奖励和支持。

③对于承接高校和科研院所国拨经费项目成果转化的中小企业给予一定的资金支持,并设置专项基金。

④明确中小企业在科研重点领域选择中的发言权。规定政府背景的各类行业协会、产业联盟等组织的理事会中要吸收一定比例的中小企业,并推举有代表性的中小企业担任常务理事,尤其是企业技术需求征询的组织过程中要充分发挥中小企业的作用和积极性。

⑤要提倡并创造条件使企业(尤其是中小企业)委派科技人员到大学担任兼职教授或到科研机构担任兼职研究人员,并定期送科研人员到大学进修和到科研机构见习。

⑥进一步完善技术转移税收优惠政策。对中关村企业特别是中小企业企业从事技术转让、技术开发、技术咨询、技术服务等业务取得的收入,免征营业税。

4)完善法律体系,明确产学研合作主体的责权利

通过制定产学研结合的专门法规,规范产学研结合中各方主体责权分配机制和利益共享机制,确保产学研合作契约的规范性、有效性、可靠性,奠定产学研主体合作的基础,促进产学研结合法制化和规范化。其中需要把握好几个环节:完善技术合同,明晰各个合作主体的产权是基础环节,选择利益分配机制是手段,保证合理收益是关键环节。

①要明确大学和科研机构对政府资助所得的研发成果拥有知识产权,并且可以授权给企业进行技术转移,技术转移收入必须在机构和科研人员之间分配,同时扣除一定比例的管理类相关费用,和留存一定比例的后续科

学研究和教育培训费。在中关村科技园区范围内高等院校、科研院所中推进“开展股权激励试点”，开展职务科技成果股权和分红权激励试点。

②对大学、科研机构和企业的人员进行产学研合作激励。一是要通过立法明确产学研合作的各种法律关系，并提供规范化的产学研合作契约范本，保障大学和科研机构的科研人员在与企业的合作中获益的权利。二是要在法律条文中规定企业在产学研合作中获取有效技术成果的权利。

③落实《专利法》第十六条、第四十八条，《科技进步法》第二十条、第三十九条，《促进科技成果转化法》第十四条、第二十九条、第三十条和《关于促进科技成果转化的若干规定》有关科技成果转化和奖励的规定，以及落实国务院和北京市政府关于同意加快建设中关村国家自主创新示范区核心区的批复意见中有关科技成果转化和奖励的意见，应在中关村深入落实上述规定的试点。

④通过立法支持促进产学研结合的服务机构发展，一是咨询公司，面向产业界展开服务。二是专利服务公司，帮助科研人员实现专利的申请、保护和技术转让。三是产学研结合的中介机构，为企校（所）双方合作穿针引线，牵线搭桥。四是风险投资机构、私募基金、产业投资基金对产学研合作重大项目进行投资。

5）打破封闭体制，构建产学研合作平台

产学研合作，必须打破历史遗留并影响至今的封闭体制，进一步打破科教智力资源的封闭、割据状况。只有这样，才能创造一种协调的、有活力的产学研良性互动的局面。

①要引导和支持高等院校、科研院所、高新技术企业的实验室和科研设施，向区域内的各类高新技术企业开放，激活和发挥科教智力资源优势，建设扶持创新创业的公共技术服务平台。创新科研基础设施的开放模式，探索短期租赁等有偿开放的方式，通过高校的科技处等部门设定租赁条件和规范的租赁合约保证短期租赁的有序开展。

②继续推广和深化开放实验室工作，扩大参加此项工作高校和院所的范围。要引导高等院校、科研院所的实验室向企业开放，依托实验室已有的科研成果、科技设施和科研力量，共建联合研发中心，共同提出中心的科研规划和利益分配、风险分担的运行机制，联合开展技术创新、人才培养。

③政府部门要建立专门机构负责产学研合作的沟通和协调，如建立产

学研合作基金会等。以此来促进大学、研究机构和企业以及政府之间的关系，推进科技成果应用。

④由企业和高等院校、科研机构联合成立的工程中心、企业研发中心并作为双方长期合作的纽带和平台，有利于双方形成更为牢固的合作关系。此项举措是诸多国际成功经验的总结，要继续推广和深化。力争在大学建立基于基础研究的“大学—产业界合作研究中心”，在科研院所建立基于应用研究的“工程研究中心”，在大学或科研院所建立立足技术创新的“科学技术中心”，在三个层面上形成学术界和产业界的有机结合。

⑤发挥企业技术创新主体和大学、科研院所的骨干作用，支持有实力的行业领军企业，联合高校院所立足原始创新，进行长期合作，共同申请承担国家重大科技项目。

⑥在相关科技计划资金中设立支持产业联盟和产业促进组织发展的专项资金，如科技兴贸计划、科技支撑计划、“863”计划、“973”计划等，用于开展知识产权的创制和保护、国际市场开拓、技术转移等工作。

(2)确立企业技术创新主体地位

培育企业技术创新主体需要改进和完善企业技术创新激励政策，积极推动企业建立技术开发中心或技术联盟，深化应用型科研院所改革，加大知识产权保护力度等。

1)改进和完善企业技术创新激励政策，增强企业技术创新“动力源”

深化国有企业产权制度改革，建立健全现代企业制度，加快将企业自主创新纳入国有企业绩效考评机制，使国有企业，特别是规模以上国有企业真正成为面向市场的创新主体。强化国有企业依据市场需求变化和市场竞争格局自主选择适合本企业发展目标的创新项目并进行筹资、投资和承担相应风险的意识，使国有企业成为创新主体。

完善产权保护和金融制度，推动企业技术创新。通过完善产权保护制度、消除市场准入歧视、降低民间投资门槛、完善金融支持体系、建立多层次的资本支撑体系、优化发展环境等政策措施，促进民营科技企业上规模、上水平，使民营科技企业成为推动区域创新的生力军。

2)加大知识产权保护力度，推动和保护企业的技术创新成果

要培育企业技术创新主体，必须加大知识产权保护力度、维护企业技术创新成果利益。针对北京的国际化发展相对较快的情况，我们认为需要从

构建专业服务体系、建立知识产权顾问制度与优化知识产权保护环境等方面入手加大知识产权保护力度。

①明确知识产权制度体系建设的目标与原则,要以有利于我国企业参与国际竞争为目标完善知识产权制度,不要受外国跨国资本的左右。要坚定地把知识产权战略定位于服务国内企业的国际化战略和服务于国内经济的市场化发展这两方面。紧密结合我国经济发展的实际,推进地方性知识产权立法工作,完善知识产权法律体系。认真贯彻执行与国家知识产权法律、法规相衔接的,与地方生产力水平和发展需要相适应的知识产权地方性法规。

②优化知识产权保护环境,切实有效维护市场秩序。要把打击扰乱市场秩序的知识产权违法行为作为知识产权行政执法的首要任务,通过综合治理,铲除重复性、群体性、顽固性的知识产权违法行为,并把知识产权保护纳入社会诚信体系建设。

③建立知识产权公共服务平台与企业顾问制度。一是制定知识产权普及培训规划,力争在三到五年内建成对于园区所有企业的知识产权培训。二是建立知识产权顾问队伍,保证每个企业在需要的时候都能够得到由国家资助的知识产权顾问的专业化服务。三是受托管理与经营各创新主体所拥有的知识产权,通过转让、拍卖、特许经营、使用权转让等方式盘活、增值知识产权资产。

④发挥政府导向,对财政资助企业的研究开发及产业化项目,在立项前要进行专利检索,并在项目中安排一定比例的经费,用于知识产权形成和保护的相关费用,把专利的申请量、拥有量和实施效益作为评价企业技术创新和经营管理水平的重要指标。

3)完善国家科研体制投入政策,向企业技术创新倾斜

国家投入的科技经费逐年增加,但是在大中小型企业之间的投入比例很不合理,占企业总数绝大部分、在科技创新中作用巨大的小型科技企业往往难以获得国家投入的科技研发经费,而许多大中型企业获得了国家科技经费,但并未能使其科技成果的正外部性充分释放。正确解决此问题,对于强化企业的技术创新主体地位意义重大。以应用类项目的选题确定、项目执行和项目评价制度改革为突破口,为问题解决奠定基础。

①明确企业在国家应用类项目内容选定中的参与权。一是应用类科研

项目的选题要广泛征求企业的意见。项目指南的确定应建立在广泛企业项目选题报送基础之上，即建立以行业协会、产业联盟、科技园区、企业联名等多种申报主体的科研题目定期报送征询制度。二是项目决策要有企业参与。由政府部门组织科技专家、企业代表、政府职能部门三方组成项目决策机构，在充分论证的基础上确定应用类科技项目。

②明确应用类科技项目执行中的企业参与权。应用类科技项目研发机构的选择，原则上采用招标制，对于科研机构与企业组织的联合申报要有优先权，对于企业联合申报的要占项目发包总数的一定比例。

③完善应用类项目的市场评价机制。国家科研项目的落实与评价要把市场的评价作为主要指标。一是规定项目签订合同前就有明确的技术转移对象，并将此作为申请项目的重要评价指标。二是将是否申请专利和是否将会应用项目成果作为项目招投标的评价指标之一。建立项目当年评价和后续评价制度，项目完成当年由科技专家组成的评审组对项目研究过程、内容和结论进行专业水平评价，项目实施一至两年后，由科技专家、政府职能部门以及同行企业组成评审组对项目的应用状况进行评审，主要以项目技术成果是否申请专利、是否完成技术转移、产业界对该项技术的后续投入金额数，以及该项目是否投入下一阶段的技术开发，甚至包括投产后的新产品产值等为指标进行评价。

4）建立工程技术研究院，提升中小企业的创新技术承接能力

目前，企业技术的承接能力不足与科研机构技术创新成果市场针对性与技术成熟性较差同时存在。快速普遍提升企业的技术创新承接能力难以实现，而扩展科研机构的技术创新内容，使其在完成技术创新初步成果的基础上，能够与企业一起继续创新技术的产品化与市场化研究，从而促进科技成果的转化和提升企业的创新承接能力，则是有可能的。为此建议：

①通过产业联盟或者行业协会等机构建立科研机构与企业的技术合作体系，一是建立相对固定落实到人的科研机构与企业之间的技术互助制度，赋予科研机构帮扶企业技术创新职责。授予科研院所高级职称的研究人员企业科技顾问称号。规定每个高级职称科研人员，每年必须到其帮扶的企业提供技术指导和服务一定时间，企业的科技人员也应到帮扶科研机构进行学习和研究，此举措目的是培养企业的技术创新能力。二是科研机构为此多支付的费用，应由政府予以补贴。对于不能完成相应职责的科研人员

不能晋升职称,不能聘用研究员岗位,对于不能完成任务的科研机构,应相应减少其政府科技项目拨款,予以惩罚。

②企业与科研机构联合建立工程技术研究院,企业出题、政府资助、科研机构提供条件、知识产权科研机构获得,政府支持企业购买知识产权,通过转让知识产权,研究机构实现赢利。

③为此政府应进一步完善小企业创新基金,一是支持科研机构延伸技术创新,主要是解决产业化前"最后一公里"的技术问题。二是支持企业人员利用科研机构条件进行产品开发。三是支持小企业购买专利和专有技术。四是支持行业协会、产业联盟等机构在小企业技术创新过程中的服务。

5)深化应用型科研院所改革,发挥技术创新的先导力量

所谓科研院所改革转制,是指将应用型科研院所由事业单位转为科技型企业或进入企业,由非物质生产部门划归物质生产部门。改革的关键是要通过科研院所转制使企业成为技术创新的主体,走科技产业化道路。科研院所向企业化转制,是党和国家为加快建立以企业为主体的技术创新体系,全面提高我国工业创新能力和竞争力的一项重大战略决策,也是我国科技体制改革一项十分重要的内容。科研院所逐步转制成各种类型的社会经济实体,可以促进技术创新和高科技成果商品化、产业化。

①深化应用型科研院所改革,主要是进行战略性资产重组和调整以技术开发为主、与企业具有互补优势的科研院所的转制,可用兼并的方式整体进入企业,成为企业的技术开发机构。科研机构转制企业或创办的高新技术企业,要建立现代企业制度和新的运行机制,依靠科技优势,提高创新能力和研究开发水平,实现产业化,发挥技术创新先导力量的重要作用。

②按资本权益市场化、院所优势资产进入市场整体化、员工激励机制增加股权化原则,深化应用型科研院所转制后的产权制度改革。由于各科研机构的资产情况、人员素质、产业化程度不同,对科研院所股份制改造出现的股权设置、股权性质等关键问题,应本着国家、集体、个人利益相结合的原则,勇于实践,大胆探索出一条适合科研机构自身发展的新的股份制改造模式。

③政府通过科技项目招标方式,继续对科研院所转制的科技型企业从事的共性、关键性、前沿性产业技术研究活动予以支持,激发广大科技人员技术创新的积极性,激活科技人员的创造力。

④明确规定科研机构转制的配套政策，比如科研院所股权激励、社会保障等方面，制定更加优惠政策吸引和支持中央驻京的科研机构属地化，凡实施科技成果产业化的外省市驻京科研机构，均可享受北京的有关优惠政策。

6）构建有利于企业技术创新的内部和社会文化环境

①加快观念转变，大力倡导鼓励创新、敢闯敢试、崇尚竞争、宽容失败、脚踏实地、不骄不躁的创新创业风尚，鼓励和引导企业探索建立创新文化范围。

第一，树立勇于创新、敢为人先的观念。因循守旧、墨守成规都与创新无缘，只有敢于打破常规、标新立异，才能获得不为旁人所知的真知灼见。特别是对于落后国家而言，如果没有科学上的创新与突破，就难免步人后尘和受制于人。因此，构建激励创新的文化环境，必须与传统的陈腐的中庸思想彻底决裂，树立勇于创新、敢为人先的观念，努力形成敢为人先、敢冒风险的文化氛围。

第二，树立追求真理、宽容失败的观念。科技事业的真谛在于追求真理，不断开放的环境、不断更新的知识要求我们保持一个在真理面前人人平等的社会文化氛围，形成一个平等参与、公平竞争的文化环境。构建激励创新的文化环境，必须倡导追求真理、热爱科学的价值观，保持鼓励创新、宽容失败的社会文化氛围。

第三，树立鼓励竞争、崇尚合作的观念。在传统价值观念的深刻影响下，我国的科技发展既比较缺乏有序的、完全的竞争，又比较缺乏畅通的、协调的合作。构建激励创新的文化环境，必须与一切陈腐的思想观念和文化传统彻底决裂，树立鼓励竞争、崇尚合作的观念，创造有利于创新的更加开放和鼓励竞争的氛围，培养开放、包容的团队精神，逐步营造一个平等竞争、推陈出新、紧密协作的环境。

②加快教育体制改革。构建激励创新的文化环境，必须按照科教兴国和推进技术创新等要求，加快教育体制改革，以大力营造有利于创新的文化环境，培育和繁荣创新文化。

为适应知识爆炸和多学科交叉、渗透和融合的发展趋势，必须从传统的应试教育和以知识传授为主的教育，转向学习能力和创新能力的培养，特别是要以培养人的创新精神和实践能力为基础价值取向，以培养创造性人才为主要目标，加强创新教育。创新教育不仅仅是教育方法的改革和教育内容的更新,而是教育功能上的重新定位,是带有全面性、结构性的教育和教育发展的价值追求。我国自改革开放以后,创新教育的研究与实践,在教育体制内部有了较大发展,但与发达国家相比还有较大差距,必须以培养学生的创新精神和实践能力为重点,加快教育体制改革,大力实施创新教育。要加强教育观念创新、教育目标创新、教育过程创新、考试制度创新,增强教师对实施创新教育的紧迫感,培养教师驾驭创新教育的能力,创设、营造、鼓动创造性的教育环境,培养学生具有创新的观念、创新的思维、创新的能力。

四、以产业引领为主要功能的产业创新枢纽

1. 产业创新枢纽界定

产业创新(Industrial Innovation)是指某一项技术突破而形成一个新的产业,或对一个产业进行彻底改造。在许多情况下,产业创新并不是一个企业的创新行为或者结果,而是一个企业群体的创新集合。产业创新的动力来自于五个方面:需求、技术创新、企业家创新精神、产业内企业的竞争压力和政府政策的变化。[①] 第一,需求是产业创新的思想来源和动力源泉,任何新产业的诞生或旧产业的改造都是需求的产物。第二,技术创新是产业创新的发动机,正是技术的创新、扩散和更迭导致产业的发展、变化和新产业的出现。第三,企业家创新精神是产业创新的不竭动力,历史上大多数新兴产业的诞生都是由少数几个具有创新精神的企业家所为,正是企业家追逐利润的本性带来产业创新的冲动,而产业创新则以利润回报企业家。第四,产业内企业的竞争压力是产业创新的巨大推动力。竞争是市场经济的灵魂,是经济发展的不竭动力,也是推动产业创新的不竭动力。由于竞争,企业通过创新投入来开发新产品或改善现有产品性能,促进产业技术进步或加速新技术在产业内的扩散,或开创新产品;企业竞争压力也会促进产业细分和产业重构,企业为了获取生存空间,一方面不断加大产品差异化的程度或开发新的替代产品,另一方面又不断突破原有产业的界限,向相关产业延伸。第五,政府对新兴产业主要是高新技术产业的极力支持极大地促进了产业

① 陆国庆. 产业创新的动力源和风险分析[J]. 广西经济管理干部学院学报,2003(2):38 - 42.

创新,如政府对战略性新兴产业的支持,必将导致产业创新的步伐加快。

北京区域创新体系作为我国的产业创新枢纽,主要发挥产业引领的作用,即引导产业的发展方向,将创新技术融入产业发展中。其引领作用主要表现在三方面:一是提升支柱产业。支柱产业是指在国民经济中生产发展速度较快,对整个经济起引导和推动作用的先导性产业。支柱产业具有较强的连锁效应:诱导新产业崛起;对为其提供生产资料的各部门、所处地区经济结构和发展变化,具有深刻而广泛的影响。因此,北京区域创新体系作为产业创新枢纽,发挥产业引领的作用就要积极采用新的技术改造支柱产业,使它能够保持长久的生命力,防止它过早地出现衰退而限制了区域经济增长。二是拓展主导产业。主导产业就是在区域经济中起主导作用的产业,它是指那些产值占有一定比重,采用了先进技术,增长率高,产业关联度强,对其他产业和整个区域经济发展有较强带动作用的产业。主导产业是在区域比较优势基础上产生和发展起来的。主导产业是整个区域经济增长的核心,它主导着区域产业结构的发展方向,通过连锁反应拉动和推进区域其他产业的发展,对区域发展的贡献度很高。北京作为产业创新枢纽需要结合区域比较优势拓展主导产业,为可持续发展奠定基础。三是催生和培养潜导产业。在构建区域产业结构时,必须考虑如何根据世界技术进步的大趋势和全国经济发展的总体走向,以及本区域的具体经济发展状况与条件,选择有巨大发展前景的新兴产业作为潜导产业。并且,在技术引进、资金供给、人才培养等方面给予扶植,创造条件促使其逐步发育、壮大。

2. 产业创新枢纽建设现状及主要任务

(1)产业创新枢纽建设现状

目前,北京的产业创新枢纽建设还处于比较初级的阶段,主要是以中关村创业园区为核心力量。

经过20多年的发展建设,中关村形成了电子信息、生物医药、航空航天、新材料、新能源与环保、高技术服务业为主要形态的高新技术产业集群,形成了“一区多园”各具特色的发展格局,成为首都跨行政区的高端产业功能区。[①] 在国家确定的七大战略性新兴产业领域中,中关村都发挥了策源地和示范引领作用,产业链不断向高端拓展,初步探索出了一条我国发展高技术

① 示范区介绍,http://www.zgc.gov.cn/sfqgk/56261.htm,2011.9.27.

产业的道路。2010年,中关村企业总收入1.59万亿元,约占全国高新区的七分之一,同比增长22.6%,对北京市经济增长的贡献率达到23.5%;信息与信息服务业持续引领国内产业发展,约占全国总量的七分之一;计算机市场占有率、手机产量稳居国内第一;集成电路设计收入占全国的四分之一;中关村每年发生的创业投资案例和投资金额均占全国的三分之一左右;每年IPO企业数量在10家以上;截至2011年7月,上市公司总数达到189家,其中境内113家、境外76家,38家企业在境内创业板上市,初步形成了创业板中的“中关村板块”。[①] 上述情况表明,中关村作为产业创新枢纽的神经中枢是当之无愧的。

(2)产业创新枢纽建设的主要任务

从总体上讲,产业创新枢纽的建设思路就是北京要解决产业的组织与管理问题,即发现潜导产业、培育先导产业、发展支柱产业,促进区域产业的升级与梯度转移。同时,根据北京与国家经济社会发展的需求,针对北京创新技术的优势领域,有选择地提升北京优势产业竞争能力,重点建设三大产业链条。

第一,建设高新技术产业链。要立足北京区域在高新技术领域的创新基础和条件,充分整合各方优势,以基础研究、应用研究、产业技术创新、技术推广等为链条,在电子信息、生物医药、环境保护、新能源和新材料等领域打造北京区域创新体系的高新技术产业创新链,形成以区域为主的高新技术产业创新组织。

第二,建设先进制造技术创新链。依据北京区域先进制造行业的产业基础和科技优势,主要围绕汽车制造、光机电(含数控机床、仪器仪表、模具、激光等)、微电子等领域构建创新链。通过上述领域的技术创新链的构建,为北京区域的相关先进制造领域提供技术支持和保障,也为北京适度发展先进制造业,支撑城市发展和承接高新技术产业链打好基础。同时辐射区域外,在京津冀以及全国范围内提供先进制造技术。

第三,建设信息服务业技术创新链。北京具有良好的信息服务业技术研发基础和优势,信息服务业是北京市发展的重点产业。北京区域创新体系应该为北京服务业的发展提供有力的技术支撑,解决信息服务业发展中

① 战略性新兴产业,http://www.zgc.gov.cn/sfqgk/57931.htm,2011.9.27.

所面临的基础技术和共性关键技术问题，如共享技术、大规模处理技术、协同技术、安全保障技术等，为信息服务业的行业应用系统提供一个通用的开发平台和运行平台。选取金融业、现代物流业、数字内容产业、高新技术服务业等典型信息服务业作为重点支撑领域。

3. 产业创新枢纽建设的保障措施

产业创新枢纽的建设要充分发挥中关村国家自主创新示范区的龙头作用，在全面建设中关村知识创新体系、技术创新体系的同时，积极推进中关村产业创新体系的建设，发挥中关村的区域优势，先行先试，不断孕育、孵化、转移、扩散新的产业。

(1)在市属单位率先推动股权激励改革试点

在市属科研院所、高等院校及国有高新技术企业中，选择一批试点单位，按照《国务院关于同意支持中关村科技园区建设国家自主创新示范区的批复》的要求，率先开展职务科技成果股权和分红权激励试点。对作出突出贡献的科技人员和经营管理人员，实施期权、技术入股、股权奖励等多种形式的股权和分红权激励。鼓励市属科研院所和高等院校创办各类科技型企业，加快推动科研成果产业化。开展对职务科技成果完成人进行科技成果转化收益奖励的试点，进一步激发广大科研人员创新活力。

(2)进一步推动中关村核心区(海淀园)的创新要素集聚

1)推动技术交易要素聚集

加快中国技术产权交易所、国家技术交易中心、中国版权交易基地建设，聚集技术信息发布平台、科技成果评估机构、技术咨询机构、工程咨询机构、技术和产品展示机构等功能要素，推动技术转移和辐射，促进科技成果转化。

2)推动科技金融要素聚集

完善中小企业发行债券服务机构、科技贷款服务机构、信用服务机构、担保服务机构、上市融资机构等债券融资服务，聚集银行、证券、保险、信托、租赁、投资机构等功能要素，建立有效服务于区域自主创新的科技金融体系。

3)推动科技中介服务要素聚集

引导和聚集管理咨询、规划设计、研发服务、标准申请、创业辅导机构、知识产权代理机构、律师事务所、专利事务所、行业协会等人力资源开发与服务功能要素以及科技中介服务功能要素，为自主创新活动提供良好的市场关键要素服务。

(3)大力支持企业提高自主创新能力

加强企业技术创新服务平台建设。充分发挥北京地区现有的国家工程中心、国家重点实验室、国家工程实验室、大型仪器设备等公共科技资源密集的优势,通过市场化运作,促进科技条件资源的开放、共享,整合形成面向企业开放的技术创新服务平台,帮助企业特别是中小企业开发新产品、调整产品结构、创新管理和开拓市场、提高市场竞争力。在重点产业,选择一批转制科研院所和大型优势骨干企业技术中心,作为产业振兴的技术创新支撑平台,加大政策和资金支持力度。深入实施“中关村开放实验室工程”。进一步扩大中关村开放实验室的覆盖领域,争取到2012年中关村开放实验室总数达到100家。引导实验室和高科技企业瞄准国家战略和重大科技计划,联合开展研发,承担一批国家项目。

(4)鼓励科研院所和高等院校的科技力量主动服务企业

加大科研院所向企业开放的改革力度。继续深化科研院所改革,充分调动北京地区科研院所、高等院校等各类创新主体的积极性,促进科研与经济紧密结合。支持研究开发类科研院所与企业研发中心联合研发技术、开发产品,加快技术成果向企业转移,促进人才向企业流动。鼓励社会公益类科研院所为企业提供检测、测试、标准等服务。各级政府部门对社会公益类科研院所的科技基础设施建设给予必要的支持。

提升大学科技园和科技企业孵化器的整体服务水平。积极支持和引导大学科技园和科技企业孵化器专业化、市场化发展,探索“专业孵化 + 创业导师 + 天使投资”孵化模式,推动孵化联盟和服务网络建设,提升大学科技园在人才培养、技术转移、专业咨询和投融资等方面的专业服务能力。探索和总结大学科技园服务自主创新的新机制和新模式。将大学科技园和科技企业孵化器建设成为大学技术创新的基地、高新技术企业孵化基地、创新创业人才聚集和培育基地、产学研结合示范基地。

(5)强化政府采购政策

通过采用首购、订购、首台(套)重大技术装备试验和示范项目、推广应用等方式进行政府采购,支持企业自主创新。政府采购的范围,包括使用市区两级财政性资金采购的机关、企业、事业单位、市区两级财政性资金全额投资或部分投资项目的出资、建设和管理单位以及研发并提供自主创新产品的中关村企业、大学、科研单位。采购自主创新产品的适用领域，从政府行政类办公扩展到市政设施、建筑、节水节能、环保和资源循环利用、交通管理、公共安全、医疗卫生、技术改造、科技研发、工程养护等使用市区两级财政性资金全额投资或部分投资的项目。

(6)优化创业创新环境

结合转变政府职能和政府机构改革，积极改进政府部门的审批服务工作，改革行政审批制度、减少审批事项、简化审批环节、缩短审批时限，为创新型企业的发展创造更富活力和效率的宽松环境。营造有利于区域创新的法律政策环境，制定出台一系列鼓励和促进科技创新及其应用的公共政策，逐步完善规范化和层次化的、适合首都特点的科技政策体系。探索建立企业、协会和政府良性互动的公共管理机制以及多部门的合作协调机制，充分发挥各类科技协会、学会在推动自主创新、开展科普教育、联系和服务科技工作者中的重要作用，不断提高公共服务水平。鼓励市民开展小发明、小创造、小革新等活动，进一步激发全社会创新热情，营造良好的科技创新氛围。

五、以科技中介机构为纽带的服务创新枢纽

1. 服务创新枢纽界定

服务创新枢纽，就是指作为国际创新枢纽的区域创新体系的内部支撑和服务功能，其主要作用是为知识的创造、传播和技术转移服务，从而加速知识的创造、传播和技术转移。该功能的发挥主要由两部分组成：一是教育培训体系，其功能是知识的创造、传播和各类专门人才、高素质劳动者的培养，其核心部分是高等教育体系和职业培训体系。二是中介服务体系，其功能是为创新活动及知识、技术的创造、传播和应用提供中介服务，其核心是中介机构和基础设施。

服务创新包括服务体系创新，即构建新的服务体系；服务方法创新，即使用新的服务方法和方式；服务手段创新，即使用新的服务手段；服务模式创新等。知识创造、传播和技术转移服务的体系、方法、手段、模式，在科技全球化的浪潮中不断涌现，加大了知识创造、传播和技术转移的速率。作为服务创新枢纽，必然是知识创造、传播和技术转移的各种服务体系、方法、手段、模式等的创新、交汇节点。

2. 创新服务枢纽建设现状及主要任务

(1)创新服务枢纽建设现状

北京的服务功能是北京作为首都的中心地位决定的,也是科技北京建设的一个新的重点发展方向,将北京建设成为国际科技创新枢纽,不仅是将北京建设成为知识创新枢纽、技术创新枢纽,更重要的是在此基础之上,营造知识和技术成果转化的外部环境,将科技真正转化为实实在在的生产力,因此,创新服务的建设同样非常重要。

如前所述,中关村作为我国知识、技术和产业最为密集的地区,充当着北京知识创新、技术创新和产业创新枢纽建设的核心。同时,中关村作为服务创新枢纽的神经中枢同样当之无愧。在中关村地区,一种新的业态正在兴起,这就是以研发和服务为主要形态的知识密集型服务业。信息服务业作为知识密集型服务业最重要的一部分,在中关村已渐成气候。例如,在北京技术市场协会认定备案的技术转移机构共 173 家,其中 90% 积聚在中关村地区;北京地区各类科技中介机构已经达到 9000 多家,相关协会 160 余家,各类专业服务中心 500 多家,从业人员 18 万多人[①],涉及技术、信息、咨询、人才、融资、法律、会计和知识产权等 20 多个科技中介服务领域,这些科技中介机构的 90% 也积聚在中关村地区,为中关村地区中小型创业企业提供财务代理、法律咨询、投融资、担保贷款、创业辅导和创业培训等多方面服务。

中关村国家自主创新示范区的宗旨是"面向世界、辐射全国、创新示范、引领未来",战略定位是"深化改革先行区、开放创新引领区、高端要素聚合区、创新创业集聚地、战略产业策源地"。这一宗旨和战略也充分显示中关村是国际科技创新枢纽的神经中枢。

(2)创新服务枢纽建设任务

创新服务枢纽的建设,要从区域科技与经济发展的实际出发,通过区域内资源整合和信息共享,充分发挥政府、中介服务机构的作用,构建"四大技术创新要素市场"和"五大创新服务平台"。

1)构建"四大技术创新要素市场"

---

① 科技中介服务促北京区域创新,http://www.cas.cn/xw/kjsm/gndt/200906/t20090608_650620.shtml,2011.9.27.

技术创新要素是服务于区域创新体系的重要基础，构建技术创新要素市场，对于加强北京国际创新枢纽的功能起到推动作用。

一是，要建立区域科技管理人才交流市场。人才是区域创新最基本的因素，是知识经济时代区域竞争力的重要标志。北京汇集了大量的科技人才，有必要在北京建立科技、管理人才的交流与共享服务体系，促进专业人才和技术人才在区域内以及在区域内外之间流动。

二是，要建立跨区域科技成果转化市场。针对许多科技成果与区域内的产业技术需求衔接差、科技成果转化率低或不能就地转化等问题，必须结合企业的需求，建立跨区域的科技成果转化市场，以推动科技成果的产业化。从服务内容来看，全国性技术交易中心应是整合全国乃至国内外科技资源要素的科技中介服务平台组织；从服务对象来看，面向国内外，涵盖各种技术交易主体尤其是我国中小企业，促进其自主创新能力的提升；从交易场所的形式来看，北京技术创新要素交易中心结合了现代技术要素市场的两种存在形式，既包含实体技术要素市场，也包含虚拟的网络技术市场；从服务的功能来看，全国技术交易中心不同于传统的技术市场，提供的是“一体化服务”，为技术交易双方提供全过程服务。

三是，要建立科技咨询与标准评估市场。首先要加强对政府科技决策的咨询，加强政府对科技成果的评估，增大市场供给量。同时制定税收优惠等政策，促进科技咨询与评估企业的发展。结合相关培训，建立相关领域的专家选拔机制和认证体系，同时制定行业标准。

四是，构建技术融资市场。在当前北京科技融资 9 条渠道的基础上，以股权转让代办系统与主板市场接轨为突破口，建立完善的科技资本市场。要以完善政策支持为抓手，主要从购买支持入手进行制度创新，推进技术融资市场构建。

2）构建“五大创新服务平台”

创新服务平台是服务创新枢纽发挥作用的基点，五大创新服务平台的建立与完善是支持服务创新枢纽的几个关键基础。

一是，构建大型科研仪器设备共享平台。为了加强北京区域内的交流与合作，就应该在区域内共享大型科研仪器设备，建立大型科研仪器集群和共享网络，以减少重复建设，提高使用效率。

二是，构建创业投资合作平台。北京区域创新体系的建设需要大量的资金投入，只有足够的资金投入支持，企业才能真正发挥技术创新主体地位的核心作用，高等院校和科研机构才能为知识创新和转化提供持续的发展后劲。这就要求，相关部门要对区域创新体系的建设设立专项基金，支持专利技术转化。鼓励银行为有发展潜力的企业提供优惠贷款，引导国内外的风险投资进入区域创新体系。

三是，构建技术孵化平台。技术孵化平台主要解决产业化前技术的转化问题，对有应用前景和市场前景的产前技术进行孵化和熟化，解决科技成果产业化最后一道难题。

四是，构建创新咨询服务平台。主要解决小型科技企业的财务管理代理、法律服务支持、经营管理咨询、企业间联系沟通、国际市场开拓、知识产权服务等问题，提高小企业的成功率。

五是，知识产权信息共享与交易管理平台。知识产权体系不完整与企业对知识产权了解与运用不够，是导致我国企业在参与国际市场竞争中常处在劣势地位的重要原因之一，针对这一问题，建立知识产权信息共享与交易管理平台意义重大。

3. 服务创新枢纽建设的保障措施

服务创新枢纽的建设必须将其放在科技全球化和北京经济转型的大背景下来进行，完善技术转移服务体系、人才培养体系、技术融资体系和技术咨询评估体系。

(1)完善技术转移服务体系

技术转移服务体系是服务创新枢纽的关键，而技术转移服务体系存在的问题多为制度性障碍。为此，必须以技术转移政策创新为突破口，消除技术转移的制度性障碍，健全技术扩散、技术转移机制，完善技术转移服务体系。

1)完善对技术转移政策法律体系

为了更好地推动和促进技术转移工作，完善和健全技术转移服务体系，国家应该制定《技术转移促进条例》、《技术转移机构组织法》、《企业技术创新促进条例》等法律法规，将技术转移的运作、促进技术创新、加强产学研合作、强化知识产权权属、提升区域竞争力等方面统一协调起来，建立完善的技术转移法律体系，明确大学、研究机构、企业及其他组织技术转移的责任。

在国家层面的法律法规未出台的情况下，北京应该先行先试，在北京地区范围内作出相应的规定，促进技术转移的健康发展，使其成为区域创新体系不可分割的一部分，为把北京建设成全国高新技术的集散中心、创新技术的辐射源和国际科技创新枢纽发挥应有的作用。

2）提供合理规范、透明高效的技术转移资金支持

各相关部门联合设立专门支持技术转移的基金。在项目遴选、评估等方面建立规范的流程和制度，对大学、院所和企业实行平等待遇，提供透明、高效率运作的资金支持。建议资金支持能够更多投入在中间环节，在技术中试阶段加大支持力度，推动技术的产业化进程，技术成熟后则将产权合理转让。

充分考虑各方主体利益，协调建立合理的技术转移投融资制度，创新技术转移中的投融资模式。探索推动风险投资网络中行为主体多元化，包括风险企业（新技术企业）多元化、风险投资者多元化和风险投资中介机构多元化。尽快建立门槛相对较低的、适应风险资本特点的发行市场和转让市场，有了风险资本市场，才能使风险投资收益兑现，也才能使各个风险投资机构有投资的动力及承担风险的能力。

支持风险投资和天使投资参与技术转移过程。鼓励和引导风险投资公司投入到技术转移的环节中，扶持投入到技术转移的风险投资机构快速成长。支持天使投资人投资于从事核心技术转移的创业型企业。

3）建立技术转移组织、协调机构

建立一个以科技和经济部门为主，金融、财政、税务、计划、教育等部门参加的技术转移组织协调机构。其任务是起到计划、调节、咨询、服务、检查及监督的作用，即负责技术转移的组织实施工作，并协调与技术转移有关的各部门之间的关系，解决技术转移过程中遇到的困难和问题，督促落实有利于技术转移的各项政策，使技术转移有一个顺畅的渠道，并在形式和内容上、在质和量上都能按照经济技术发展的客观规律去进行。

加强政府、企业、大学、科研院所间的合作，形成一种长效机制推动技术转移。加强政府、大学、企业、中介机构的联动，从而形成全方位、立体的技术转移服务体系，有效地协调解决各种面临问题。

4）完善技术转移发展环境

政府科技计划管理部门应建立相应的管理机构和技术转移服务机构。制定管理程序，促进技术应用和扩散。对技术转移中的知识产权问题提出

指导性建议。针对技术转移不同模式中的知识产权归属和划分情况，进行深入研究，为双方提出指导性建议，并鼓励双方在知识产权明晰的基础上，按照不同条件自行约定执行。把获取专利、转移和扩散技术的业绩作为考核承担研究项目的重要指标和验收项目的重要内容；重视职务发明人的作用，把对职务发明人的激励落到实处，充分调动职务发明人的积极性。

破除政策性障碍、系统性障碍。特别是在小环境上，推动产业联盟发展，形成完整高效的产业链。鼓励大学和科研院所的技术入股，并保护其权益。通过提出技术入股保护办法，进一步明晰技术入股的鼓励和保护措施（如技术入股所占比例、个人所得税的征收、退出机制等），进一步明确合作双方沟通和谈判的平等地位。

推动公共实验室对当地的技术服务和转移。以中关村开放实验室为基础，进一步推动中关村本地的实验室与企业之间的联合互动，通过实验室的技术转移，以及与企业的技术联合等活动，进一步充分发挥北京地区科技资源的优势和作用，深化产学研之间的合作，完善资源整合机制，实现北京区域创新体系各主体的互通和融合。

培育成熟的市场环境和公平的竞争机制。硅谷的奇迹就在于其在自发的创新中不断走向了成功与繁荣，所以北京应该培育成熟的市场经济环境，以及以此为基础营造起来的区域创新环境；要培养公平竞争的市场，制订公平的原则，率先以身作则，让企业能够公平地竞争；政府加强对企业向专业化分工方向的引导。

5）加大技术转移人力资源培养和技能培训力度

建议由北京技术市场协会牵头编写技术转移案例。组织有关专家、学者特别是有成功案例的实际操作人员，参照国内外技术转移与技术创新理论与经验，探索性的编写北京地区技术转移案例，作为培训教材。

提高政府部门对技术转移工作的认识，及时调整优化技术转移管理人员的专业知识结构，打造一只高素质、高效率的政府部门技术转移管理人才队伍。

完善和提升现有的技术经纪人培育体系，实施技术经纪人守信工程。以北京技术市场协会牵头组织相关协会、技术转移组织、大学和企业联合培训中关村科技园区的技术经纪人，保证技术转移队伍的专业素质和工作水平，使中关村科技园区的技术经纪人真正成为适应技术经纪市场需求的创新型人才。

实施技术转移人才培训认证和注册机制。组织专家、学者，对技术转移服务机构从业人员进行职业资格培训，在一定区域内统一认证标准、统一教材、统一考试、统一考核。对取得职业资格证书的人员，每年进行年审、注册登记。继续支持专业性技术转移人才的技能培训。继续支持北京技术市场协会所做的综合、医药、农业、先进制造等专业领域的专业性技术转移高端人才培训，大力支持对中关村高新技术企业技术转移人才的培养和培训工作。中关村管委会可给予一定比例的培训费用补贴。

6）积极探索技术转移新的机制和模式

技术转移有着自身的规律和特点。不同的企业、组织和机构也有不同的技术转移模式和经验，这些经验可以借鉴，但模式却不能够完全复制。因此，政府应鼓励技术转移各主体积极创新技术转移机制和模式。

①政府应通过相关计划，促使企业早期介入大学和研究院所的研究过程，提高技术转移的效率。企业的早期介入，对促进技术转移、加快技术成果的产业化和市场化有重要意义：第一，企业能抓住研发动向，占据制高点；第二，研究机构能更好地为企业服务，更好地辨别市场；第三，企业能节约研发成本，只花很少的经费就能得到最新、最实用的技术；第四，双方共同承担风险，有利于化解技术产业化过程中的风险，从而跨越技术的“死亡之谷”；第五，企业和研发机构双方优势互补，有些工艺开发是研究机构不熟悉的，而企业本身对科研环节也不是太在行，通过企业的早期介入，就能使双方相互取长补短、优势互补、实现共赢。

②建立技术信息披露制度，疏通技术转移通道。一是促进技术平台的网络建设及信息流通渠道建设。二是建立权威的技术信息中心，主要的职能是经授权汇集北京市各级政府或各部门科技计划项目信息，经整理后发布。各项目承担单位和课题组，有责任和义务在课题完成后的一定期限内向技术信息中心提供相关技术成果的信息。

③尽快建立与健全创业企业退出机制。美国的退出机制主要包括策略投资的购并、等待创业板上市、海外上市或 OTCBB。但中关村的企业很多都是技术应用型的，没有真正的核心竞争优势，大企业没有投资和收购的动力。同时，我国的大企业习惯于建立全部的平台，不需要收购中小企业来弥补他们的不足。没有真正有效的退出机制，等于是堵死了中关村小企业的

发展前途。

④建立人才的使用、流动新机制，突破大学、科研院所现有管理体制，尝试大学、科研院所技术“连泥带土”的转移模式，即大学、科研院所人员随着技术转移，到企业任职或做有组织的技术访问，让人才与技术项目流动起来；建立大学、科研院所和企业之间人才的双向流动机制，通过人才的流动实现技术转移。

⑤鼓励企业与跨国公司之间的合作，扩大溢出效应。跨国公司在北京设立的全球研发中心有40多家。跨国公司的技术交易一般都是吸纳我国大学、科研机构和企业的技术，而且都是大量的合同额度较小的技术，经过消化吸收、集成创新形成的新技术，再以少量的重大项目的形式提供给自己在国外的母公司等关联公司，在这个环节还可以享受我国鼓励技术转移的相关税收优惠政策。这种形式虽然为我们提供了大量的就业机会，培养了相关的技术人员，但是核心技术和关键技术我们无法掌握，也使国家税收受到一定程度的影响。

因此，与跨国公司的合作，不应局限于建立在京研发机构，还可以通过以下两种方式合作：一是鼓励企业与跨国公司之间建立联盟，通过联合带动国内企业的技术创新；二是鼓励企业通过签订合同的方式承担跨国公司的研发任务，在研发的过程中不断向跨国公司学习。这样既可以通过合作向跨国学习先进的技术和管理经验，提高企业的技术创新能力和水平，扩大溢出效应，也可以避免跨国公司和其在京研发机构之间的技术交易造成的税收影响。

⑥针对不同类型大学的功能定位，对教师提出不同的岗位职责要求，制定不同的评价指标体系，改变过去单纯的以论文、著作、项目、专利等评价教师业绩的评价方式。鼓励大学根据自身的特点和实际情况，自主制定符合校情的教师业绩评价指标体系。如合肥工业大学有一个提法，叫做“论文写在产品上”，这种评价和导向，就使得其在技术转移方面取得了巨大的成绩。据介绍，其纵向科研合同金额远远不及北京大学，但横向科研合同金额却大大地超过了北大。再如浙江大学，已经开始对教授进行技术转移业绩的考核，并准备成立一个拥有2000个编制的工业技术研究院，专门从事技术开发、转移工作。

(2)完善创新人才培养、流动机制

服务创新枢纽的建设，最根本的问题是人才问题。因此，必须完善创新型人才的培养、流动机制，营造高素质创新型人才脱颖而出的社会氛围。

第一，充分利用北京的地缘优势，在高等学校开设相关的创业课程，如商业潜力早期技术评估、创业企业知识产权管理、科学家创业热点问题、工程师创业、信息管理系统创业、信息技术创业之路、创新成果经营等本科生和研究生课程，对其进行创新思维和观念教育、发明创造方法教育、发明创造与知识产权教育等。与此同时，鼓励大学与企业合作，为本科生和研究生提供“创业实习项目”（Entrepreneurship Internship Program）、“企业规划竞赛”（Business Plan Competitions）、“风险资本投资竞赛”和“创业竞赛”等项目，在大学营造创业文化。同时，由北大、清华等高校牵头，组织北京大学生创业创新联盟，建立虚拟的创业创新学校，有针对性的提纲不同层次的课程和实训项目，对本科生、硕士生、博士生进行创业创新教育和实训。

第二，鼓励企业与大学、科研机构联合培养研究生、设立企业博士后流动站、企业院士工作站等，充分利用大学、科研机构的优质资源以及院士的影响力，培养高层次创新人才。为此，政府应设立专项基金，用于支持企业设立企业博士后流动站、企业院士工作站。

第三，支持行业协会与高校合作，开办专业硕士班，按照国家规定修完相应课程、完成学位论文答辩等环节后授予硕士学位。

第四，对科技中介机构的从业人员由各行业协会进行资格认证，统一准入标准，提高从业人员的业务素养和职业道德素养。认证之前，各行业协会可组织集中培训，培训大纲和教材要组织专家进行认真研究、反复论证之后颁布施行。

第五，建立合理、有序的人才流动机制。人才的合理有序地流动，是创新型人才脱颖而出的重要保证。要从法律上规范人才的流动。同时，为了科技中介机构留住人才，可以实施特殊的户口激励政策，将进京（留京）指标与企业的完税额度挂钩。

（3）优化科技中介组织的外部环境，“扶优做强”科技中介组织

科技中介组织的健康发展离不开政府和社会的支持。政府从优惠政策、扶持资金、人力资源和公共服务角度“扶优做强”科技中介组织。社会公众从舆论支持的角度给予科技中介组织以应有的赞誉与宽容，使其具有一定的美誉度。这样的外部发展环境才能使科技中介组织从容地迈向专业化、规模化和国际化。

①设立支持中小科技企业购买技术中介服务的专项资金，降低企业进入门槛。专项资金资助的对象应为北京的企业，并无不良记录，且购买了北京地区有资质的中介机构的技术服务项目；专项资金资助的几种中介服务的项目包括：组织技术开发、引进先进技术成果、科技项目招标、专业技术培训、科技项目可行性论证、工程项目咨询、市场调研、科技项目融资顾问等。

②搭建为技术中介机构服务的信息平台。建立北京科技信息资源共享系统。整合现有资源，建立面向技术中介机构的动态科技信息数据库、专利数据库、技术创新数据库、科技专家数据库、技术转移机构数据库、技术经纪人查询库、技术转移经验案例库、企业技术创新信息库等。并面向社会宣传典型技术中介机构，公布技术中介机构的资质等级、技术中介机构的经营业绩、技术中介机构的特点专长等，逐步形成一个适时更新的、高效、便捷、功能齐全的科技信息资源共享交流平台。

与此同时，为技术中介机构之间以及技术中介机构与中小科技型企业之间的相互交流搭建平台。创造更多的更富有成效的交流形式，如沙龙、对话交流、专题论坛、学习培训、联谊活动等。

③加强行业协会对中介机构的管理，打造一批品牌技术中介机构。充分发挥行业协会的作用，加强对科技中介机构的管理。要逐步建立起一套科技中介机构的认定、分级制度，打造一批类似于美国的国家技术转移中心（NTTC）、美国联邦实验室技术转移联合体（FLC），以及英国的技术集团（BTG）、德国的史太白集团（STW）的品牌技术中介机构，使之真正参与到国际技术转移活动中去。根据“二八原则”，在技术中介市场中也存在着20%能提供高质量服务的优秀技术中介机构，80%为提供一般性服务的技术中介机构。因此，政府的责任就是要通过各种手段，如政策、法律、委托、定向采购等，将这20%的技术中介机构打造成名牌机构，使它们在推进北京社会经济发展过程中发挥更大的作用。

作为一个名牌技术中介机构，首先必须坚持高水准的专业化和规范化要求，具有技术中介服务的核心竞争能力。技术中介服务是一项非常专业化的工作，必须非常注重优秀团队的建设，始终坚持在开展的各项技术中介服务中体现出专业化、职业化特色，并且对各项业务制定标准的流程，严格要求业务人员遵守职业操守，做到规范化运作，公开承诺自己的服务标准，接受社会、行业主管部门、媒体等各方面监督，形成具有自身特色的核心竞争力,创立技术中介服务的品牌效应。

其次,必须坚持以技术市场实际需求为重心,真正体现技术中介服务的增值性和效能。当今世界,科技经济高速发展,在一个日益以技术为驱动力的市场经济中,企业对技术的需求越来越多样化,同时对技术中介服务的要求越来越高。因此,技术中介机构必须牢固确立以企业,尤其是中小科技型企业实际需求为工作重心的服务模式,强调技术中介服务的个性化和创新性,实实在在为企业解决技术发展战略、新产品选择、投资项目可行性分析、注册代理申报、知识产权等技术管理中的实际问题,真正体现技术中介服务的价值所在,技术中介机构唯有通过不断创新,推出满足不断变化的市场需求的服务,才能生存和发展,才能树立自己的品牌形象。

最后,必须坚持“共赢”和“效益”原则,实施技术中介服务的可持续发展。技术中介服务是适应科技和经济的高度一体化发展而产生的新型经济服务活动。因此,技术中介机构必须顺应历史潮流,按照“政府引导、市场化运作、企业化管理、专业化服务”的发展方向,通过长期实践,探索出一种全新的技术中介服务机制和运营模式。开展的各项技术中介服务项目必须更加注重市场化和产业化发展,更关注经济效益和社会效益,并逐步向技术中介服务产业集团转变,不断提高和增强自身的可持续发展能力。

④利用主流媒体宣传典型技术中介机构。在国外发达国家,技术中介机构的地位很高,政府、新闻界、企业和大众都很信赖。但在中国的部分地区,情况完全不是这样的,一些主流媒体对技术中介机构的负面报道太多,而对其正面报道比较少,导致技术中介机构公众形象不佳。专业媒体尽管有一些深度正面报道,但十分可惜的是其影响面太窄,无法对普通公众起到引导作用。因此,政府有责任利用主流媒体宣传典型技术中介机构。政府主管部门应与主流媒体合作,以大众喜闻乐见的形式报道有关技术中介的事迹。宣传的重点应该是技术中介机构的工作,尤其是技术转移工作究竟对普通民众的普通生活产生了什么影响,给他的衣食住行带来了何种好处,科技成果的商业化与普通的老百姓有什么关系。只是单纯的宣传政策是没有什么效果的,只有将政策带来的好处展现在普通百姓的面前,才能达到应有的效果。也就是说,只有贴近普通民众的生活,才能吸引大众的眼球,才能为媒体带来读者,带来收视率,媒体也有利可图。只有这样的合作才能持久,才能带来双赢、多赢。同时,要正面宣传典型的优秀技术中介服务机构

及为技术中介服务作出突出贡献的先进个人，纠正社会公众对技术中介机构偏见，真正认识到技术中介机构在国家创新体系中具有不可替代的重要作用，强化企业对技术中介服务的消费观念，引导中小企业踊跃购买科技中介服务。

通过主流媒体宣传技术中介机构应由行业主管部门严格把关，对其资格进行严格审查。使得这些机构易学、可学、值得学、学得像。要平易近人，而不要去人为地拔高，高高在上，可敬而不可学。为了达到这一目的，政府应设立专项宣传资金。

第六章

科技北京经济建设
——全国新经济的策源地

北京面临日益严重的资源环境约束，要求北京必须走一条以知识为核心生产要素、以高技术生产和生产型服务业为主体、以创新为动力、以规模收益递增为特征、以经济全球化为舞台的“新经济”路线。北京作为首都和国家科技中心、信息中心的核心地位也要求北京通过发展“新经济”来占领生产链条的高端，以此提高其对全国经济的辐射、控制、服务、引领能力。从目前的情况来看，北京自身所具备的区位条件、经济基础、科技资源和人力资本等得天独厚的条件是北京发展“新经济”的固有优势，这些因素决定了北京的经济建设目标应当是成为全国新经济发展的策源地。

一、新经济策源地的含义和特征

1. 新经济的核心内容

对于新经济有不同的定义。主流观点认为，从狭义的角度来看，新经济是指美国在20世纪90年代出现的带有新发展特点的经济，它与传统的经济有很多不同之处，也有许多不同的规律。① 从广义的角度看，则是指兴起于美国，扩展于世界的新技术革命引起的经济增长方式、经济结构以及经济运行规则等的变化。② 然而，从金融危机之后全球经济发展的趋势来看，以上

① 李京文．新经济及对中国经济与企业的挑战[J]．中国工业经济，2000(11)：5－10.

② 刘树成，李实．对美国“新经济”的考察与研究[J]．经济研究，2000(8)：3－11.

两种定义都有失偏颇，新经济应该具有更加广泛的内容。

当前世界面临的两大危机——经济危机和全球变暖，从本质上来说都是经济增长模式出现的问题所导致的。经济危机表现为金融衍生品的发展超出了实体经济发展的范畴。经济增长更多不是依靠实体经济的发展而是金融宽松政策后的过度消费。而过度消费对全球的资源、环境的可持续利用提出了严峻的挑战。气候变暖是这一挑战的最直接体现。因此，经济危机和全球变暖都表明原有的经济增长模式已经不可持续。我们需要的是一种基于科技创新的可持续的发展模式，这才应该是新经济的最核心内容。

2. 策源地的本质特征

策源地是指策划与发源之地，是新事物策动与起源的地方。北京作为中国的政治、文化、科技和国际交流中心，有责任、有义务也有能力成为我国新经济发展的策源地。首先，北京作为我国的首都，其地位、功能带来的凝聚力和辐射力使得北京具有在全国范围内成为新经济发展策源地的得天独厚的条件。其次，新经济的发展从根本上讲是基于科技创新的可持续发展。科技的创新和科技成果的产业化是新经济发展的最根本的途径。北京所具有的首屈一指的科技和人才的集聚优势使得北京已经具备了作为新经济发展策源地的最基本的物质基础。最后，新经济还是全球化的经济。理论界把“科技创新”和“全球化”作为新经济的两大最基本的特征。而北京作为中国国际交流的中心，作为全球重要跨国公司布局的重要节点城市，全面和深入地参与到了全球化经济的过程当中。北京的这种独特的优势，有利于其在发展新经济的过程当中借鉴和汲取国际资源和国际经验，从全球产业链发展的高度来规划北京的产业结构调整和新经济发展方向。

策源地的本质特征是服务，这既是策源地自身发展的需要，同时也是策源地的地位所决定的责任和义务。首先，策源地往往是经济、产业发展初期阶段的地理中心。而经济、产业最终要发展壮大需要更大的市场支撑。因此，策源地如果想要始终保持其在经济产业发展中的领先地位，必须要通过服务于周边地区，甚至服务于全国、全球来赢得更大的市场。通过市场需求的扩大和需求层级的提升来不断推动策源地地区的科技的创新和科技成果的不断的转化。其次，新经济的发展不可能在全国范围内同时发生。必须在重点领域、重点区域先取得突破，然后再不断向外围地区扩散。作为新经济的策源地地区必须将服务于周边地区作为自身的使命。

二、北京建设新经济策源地的战略意义

1. 新经济策源地建设是北京产业结构调整的客观需要

产业结构的变化反映着经济结构的调整过程，为了清楚反映北京市改革开放以来的产业结构变化过程，我们纵向分析了北京各年度的数据。另外，为了反映在全国经济结构中的北京地位的变化，我们也选择了全国几个具有代表性的省市作为横向比较对象，综合于表6－1：

表6－1　全国及代表性省市的三次产业结构变化（1980—2010）

（第一产业/第二产业/第三产业；%）

时间	北京	天津	上海	江苏	浙江	陕西	全国
1980	4.36/68.88/26.76	6.31/69.97/23.72	3.24/75.70/21.06	29.47/52.35/18.18	35.96/46.79/17.25	30.00/50.30/19.70	30.17/48.22/21.60
1985	6.93/59.76/33.31	7.37/65.01/27.62	4.18/69.77/26.05	30.02/52.09/17.89	28.98/46.53/24.49	29.52/44.72/25.76	28.44/42.89/28.67
1990	8.76/52.39/38.85	8.79/57.73/33.48	4.31/63.81/31.88	25.07/48.89/26.03	25.06/45.45/29.48	26.11/38.87/35.02	27.12/41.34/31.54
1995	5.84/44.10/50.06	6.62/54.62/38.76	2.50/57.25/40.24	16.46/52.67/30.87	15.88/52.04/32.07	22.72/40.55/36.72	19.96/47.18/32.86
2000	3.63/38.06/58.31	4.49/50.03/45.48	1.83/47.54/50.63	12.01/51.68/36.30	11.00/52.74/36.26	16.81/44.07/39.13	15.06/45.92/39.02
2001	3.27/36.22/60.51	4.27/49.16/46.57	1.73/47.58/50.69	11.38/51.59/37.03	10.30/51.27/38.43	15.57/44.26/40.16	14.39/45.15/40.46
2002	3.05/34.75/62.19	4.10/48.85/47.06	1.63/47.42/50.95	10.53/52.21/37.26	8.90/51.08/40.02	14.92/45.47/39.61	13.74/44.79/41.47
2003	2.61/35.81/61.58	3.66/50.88/45.46	1.45/50.09/48.46	8.88/54.47/36.65	7.75/52.59/39.66	13.34/47.26/39.40	12.80/45.97/41.23
2004	1.54/30.59/67.87	3.38/54.19/42.42	1.03/48.21/50.75	9.12/56.24/34.65	6.99/53.66/39.35	11.72/48.91/39.37	13.39/46.23/40.38
2005	1.42/29.43/69.15	3.04/55.47/41.49	0.88/48.64/50.48	7.98/56.57/35.45	6.64/53.33/40.03	11.86/50.31/37.83	12.12/47.37/40.51
2006	1.25/27.84/70.91	2.71/57.08/40.21	0.90/48.51/50.59	7.14/56.60/36.26	5.88/54.05/40.07	10.80/53.95/35.25	11.11/47.95/40.94
2007	1.08/26.83/72.09	2.18/57.27/40.54	0.84/46.59/52.58	7.06/55.58/37.37	5.25/54.04/40.71	10.84/54.24/34.92	10.77/47.34/41.89

续表

时间	北京	天津	上海	江苏	浙江	陕西	全国
2008	1.08/25.68/73.25	1.93/60.13/37.94	0.82/45.52/53.66	6.93/54.97/38.10	5.10/53.89/41.01	11.00/56.08/32.92	10.73/47.45/41.82
2009	0.97/23.50/75.53	1.71/53.02/45.27	0.76/39.89/59.36	6.56/53.88/39.55	5.06/51.80/43.14	9.67/51.85/38.48	10.33/46.24/43.43
2010	0.90/24.12/74.98	1.64/53.11/45.25	0.68/42.32/57.01	6.21/53.18/40.61	5.00/51.86/43.14	9.86/53.92/36.22	10.18/46.86/42.97

资料来源：根据 ACMR 北京华通人商用信息有限公司“中国统计数据应用支持系统”(http://gov.acmr.cn/)数据库整理而成。

据表6－1，北京市的产业结构早在20世纪90年代上半叶就完成了由“二三一”到“三二一”的转变，之后第三产业的比重直线上升，2005年前后逼近甚至超过70%，达到国际公认的发达国家水平。[①] 而从横向比较的情况来看，北京的三产比例一直领先于全国其他省市，一个基本的趋势是这一占比领先的趋势越来越明显，差距逐步拉开。因此，总体上看来，北京市的产业结构日趋合理化。

北京市的第三产业因总体经济规模的原因，总产值落后于广东、江苏、山东、浙江、上海等；从结构上看，产值在整个第三产业中的排名依次是其他服务业(45.4%)、金融(17.5%)和批发零售(16.6%)；其中其他服务业增加值低于广东和江苏。具体情况见表6－2。

表6－2　代表性省市2009年第三产业结构比较

（单位：亿元人民币；%）

地区	第三产业产值	交通运输、仓储和邮政		批发零售		住宿餐饮		金融		房地产		其他服务业	
		产值	产值占比	产值	产值占比	产值	产值占比	产值	产值占比	产值	产值占比	产值	产值占比
北京	9179.19	556.64	6.1	1525.03	16.6	262.51	2.9	1603.63	17.5	1062.47	11.6	4168.91	45.4
天津	3405.16	471.01	13.8	836.84	24.6	131.84	3.9	461.20	13.5	308.73	9.1	1195.54	35.1
上海	8930.85	635.01	7.1	2183.85	24.5	238.36	2.7	1804.28	20.2	1237.56	13.9	2831.79	31.7
江苏	13629.07	1423.25	10.4	3579.81	26.3	678.36	5.0	1596.98	11.7	2025.39	14.9	4325.28	31.7

① 近年西方发达国家的三产比重维持在72%～75%，如2009年美国75%，英国72%左右。当然，也有的国家或地区大大高于这一数字，如中国香港地区大约在95%。

续表

地区	第三产业产值	交通运输、仓储和邮政		批发零售		住宿餐饮		金融		房地产		其他服务业	
		产值	产值占比	产值	产值占比	产值	产值占比	产值	产值占比	产值	产值占比	产值	产值占比
浙江	9918.78	888.02	9.0	2119.39	21.4	416.84	4.2	1899.33	19.1	1316.83	13.3	3278.36	33.1
山东	11768.18	1742.33	14.8	3106.24	26.4	594.50	5.1	1044.90	8.9	1329.59	11.3	3950.63	33.6
广东	18052.59	1595.34	8.8	3907.43	21.6	945.76	5.2	2283.29	12.6	2470.63	13.7	6850.14	37.9
重庆	2474.44	347.98	14.1	524.36	21.2	132.88	5.4	389.97	15.8	229.09	9.3	850.16	34.4
陕西	3143.74	423.24	13.5	707.39	22.5	175.01	5.6	336.21	10.7	239.92	7.6	1261.97	40.1

资料来源：国家统计局．中国第三产业统计年鉴(2010).

从高技术产业的情况来分析，北京高技术产业的绝对增加值虽然在逐年增加，但同样受制于总体经济规模等原因，落后于广东、江苏、山东、上海等省市，考虑到城市的资源承载能力等因素，这一差值将可能随着“工业迁都”的进一步深入而扩大。具体情况见表6－3。

表6－3　代表性省市高技术产业情况比较

（单位：亿元人民币；%）

	1995年		2000年		2005年		2006年		2007年		2008年	
地区	总产值	占比	总产值	占比	总产值	占比	总产值	占比	总产值	占比	总产值	占比
北京	212.82	5.19	972.68	9.34	2134.26	6.21	2659.90	6.33	3186.67	6.32	2953.24	5.17
天津	250.82	6.12	675.57	6.49	1793.04	5.22	2258.94	5.38	2211.02	4.38	1944.32	3.41
上海	378.07	9.23	1004.10	9.64	3905.10	11.36	4473.45	10.65	5631.04	11.16	5900.90	10.34
江苏	477.93	11.66	1264.40	12.14	6178.36	17.98	7557.14	17.99	9661.04	19.15	11910.38	20.86
浙江	221.30	5.40	528.09	5.07	1734.21	5.05	2435.38	5.80	2847.81	5.64	2700.54	4.73
山东	180.58	4.41	368.88	3.54	1785.65	5.20	2372.19	5.65	3134.67	6.21	3924.38	6.87
广东	965.36	23.56	2713.48	26.06	10710.74	31.17	12975.46	30.90	14701.95	29.14	16750.49	29.34
重庆①	—	—	71.26	0.68	145.45	0.42	167.78	0.40	218.89	0.43	282.86	0.50
四川	222.38	5.43	333.80	3.21	617.85	1.80	771.35	1.84	1107.33	2.19	1404.46	2.46
陕西	158.06	3.86	262.23	2.52	443.99	1.29	505.44	1.20	590.85	1.17	649.99	1.14

资料来源：国家统计局，国家发展与改革委员会，科学技术部，编．中国高技术产业统计年鉴(2009).

① 重庆1997年批准设市，故1995年没有数据。

从对以上数据的分析中,我们更为清楚地认识到北京市目前经济结构上的问题与缺陷:

第一,北京市第三产业的总体发展规模已经达到了相对良好的发展状态,但受制于经济总体规模、城市资源承载能力,以及首都定位调整等方面的限制,单纯强调维持产值规模继续扩大的想法必将违背城市发展的规律。北京的经济发展已经处于由"向规模要效益"向"向结构要效益"转变的关键时刻,城市规划必须充分意识到这一点并妥善处理。

第二,北京正在逐步退出第三产业甚至是高技术产业产值竞赛(预计这一趋势在未来会得到进一步强化),这些行业的产值规模将不再是北京的竞争优势。

区域协调发展要求区域内各城市能够做到资源共享、优势互补、错位发展。京津冀地区在区域协调发展方面所遭遇的困境很大程度上在于作为该区域龙头的北京与周边地区的关系更多的体现为一种"极化关系",而不是"扩散关系"。而这背后的深层原因仍然在于北京市的产业形态和产业结构特点。

首先,北京市的第三产业层级较低。目前,北京市第三产业的总值占比达到75%。从产值占比关系上来看已经接近发达国家的水平。但是,就业人口主要集中在餐饮、娱乐等人均产值很低的生活性服务业。在金融、产品设计、产品营销等人均产值很高的生产性服务业方面的从业人员占比较小。这种从业人员结构关系一方面使得北京的暂住人口、流动人口数目巨大,消耗了北京大量的资源,使得北京的"大城市病"问题凸显;另一方面,这种低端的第三产业对周边的辐射能力几乎为零。

其次,在第二产业方面,北京的产业主要集中在汽车、房地产等成熟行业。高技术产业以及传统制造业产业链高端行业的发展比较薄弱,第二产业的形态与周边地区趋同。这也严重影响了北京和周边地区的错位发展,以及北京作为增长极的扩散效应的发挥。

要破解目前京津冀地区在区域协调发展上的困境,从根本上还在于各个地区根据自己的资源禀赋选择适合自己发展的产业,细化区域内产业链条的分工,以分工促效率,以合作促发展。北京作为京津冀地区最核心的区域,必须起到带动和引领作用,而不是吸收和极化作用。要达到这一目标的核心的手段还在于产业结构的调整。第一,北京必须通过税收、土地等手段限制低端第三产业的发展。控制北京人口规模,促使北京人口层次的提升。第二,要通过新经济的发展来占领新型产业发展的制高点,以此推动北京的产业结构不断优化升级。第三,要通过总部经济、金融等高端生产性服务业的发展来提高北京作为区域经济中心的控制力,提升北京参与全球经济体系的能力。只有北京明确了以上定位,周边地区才能主动融入和对接北京经济发展,从根本上促进京津冀地区的协调发展。

最后,应该意识到房地产行业在北京的第三产业中依旧占有一定的地位,要注意国家的行业调控风险和房产价格持续上升对北京吸引“高智”人才的负面影响,确保北京的持续、稳定发展。

总之,应该引导北京的经济发展进入一个“舍量求质”的新阶段,在产业布局上抢占高端战略性行业、提高信息服务业的产出水平、积极搭建创新体系平台、强化创新意识并形成创新文化以求引领全国。显然,这个方案其实就是一个促进新经济发展的方案,也只有这个方案,一方面可以弥补北京在经济结构上的缺陷、突破制约;另一方面更有利于北京经济、社会、文化、环境全面、和谐发展的科技北京的目标的实现。

2. *新经济策源地建设是北京特殊地位决定的历史使命*

新经济的发展要求雄厚的科技实力作为基础、良好的金融环境作为支撑、大量具有创新能力的企业作为骨干。因此,新经济不可能在所有的区域同时发展,必然是在具备条件的地区先发起来,起到示范和带动作用,最后向周边区域扩散。北京的中心性决定其必须承担起这一历史使命。

北京是全国的政治中心,同时也是全国的科技中心。多年来中央政府对北京科技的倾斜性投入,造就了北京科技资源高度密集的地区特点。显然,中央政府持续对北京科技倾斜性的投入,是希望北京的科技资源能够在全国经济发展中发挥特殊的作用。2009 年 3 月国务院关于北京中关村作为国家自主创新示范区的批复,明确北京的科技的作用,作为示范区,其核心是通过自身的先行先试引领全国的科技创新方向,这种引领作用是以北京科技创新高水平、科技辐射机制完善为前提的。这就要求,知识创新、技术创新、产业创新以及制度创新环节的紧密相连,北京成为全国的科技创新中心,成为全国科技创新要素市场中心(包括人才中心、技术交易中心、全国最大的科技辐射源头,风险资本以及战略投资资本中心,全国最集中的公共科技基础设施中心、科技创新服务中心)。形成全国企业服务的科技服务网络与组织，通过发现与培育战略性新兴产业，扶持与促进高新技术主导产业，改造、延长支柱产业，并建立产业梯度转移机制，进而由此及彼，不断扩大产业梯度转移范围，形成以科技创新为核心的区域增长极。

3. 新经济策源地建设是发挥北京资源禀赋优势的必然选择

北京作为国家教育、科技、信息中心，具有丰富的科技资源和信息资源，发展新经济是北京发挥这些资源禀赋优势的必然选择。

北京地区具有强大的“知本”优势。截至2010年年底北京地区共有大学79所，北京地区各级各类科研院所352家。其中，中科院科研单位有38家，占其全国总数的42.7%，国务院所属科研机构为151家。北京地区聚集着45万多名的科技活动人员，其中两院院士有500多人，占全国总数的50%以上。同时，北京地区还集聚了400多家跨国公司的研发机构，拥有国家级重点实验室82个，占全国的28.0%，国家工程研究中心42个，国家工程技术研究中心31个，占全国的19.8%。

北京地区众多的知识成果通过各种途径向全国和世界各地扩散，已成为知识成果的扩散中心。一方面编辑出版科技期刊扩散知识创新成果。中国国际化精品期刊全国共有23种，其中北京就有9种，占39.13%，中国精品科技期刊全国共有300种，北京有158种，占52.67%。另一方面发表国际论文①和国内论文扩散知识创新成果。北京是国际论文产出最多的地区。也是国际论文被引用篇数和次数最多的地区。2009年北京产生SCI论文20866篇，比第二名上海多出8544篇。2009年北京产生的国际被引用的论文篇数为22581篇，是第二名的两倍多。如表6－4和表6－5所示。

表6－4　2009年全国各地区SCI论文数最多的三个地区

排序	地区	论文数(篇)
1	北京	20866
2	上海	12322
3	江苏	9891

资料来源：中国科技论文统计结果(2010).

① 根据中国科学技术信息研究所编辑的《中国科技论文统计结果》界定，国际论文指被SCI、EI、ISTP、MEDLINE和SSCI收录的论文。

表6-5　2009年国际被引用篇数最多的三个地区

地区	被引用篇数		被引用次数
	篇数	排序	
北京	22581	1	84112
上海	10271	2	37251
江苏	6715	3	21986

资料来源:中国科技论文统计结果(2010).

北京也是国内论文产出最多的地区,中国科学技术信息研究所编辑的《中国科技论文统计结果》(2010)显示,2009年北京地区国内论文被引281585次,比排在第二位的江苏多近16万篇。如表6-6所示。

表6-6　2009年国内论文被引次数最多的三个地区

排序	地区	被引用次数
1	北京	281585
2	江苏	121461
3	上海	100187

资料来源:中国科技论文统计结果(2010).

国际、国内论文的产出情况表明知识扩散的数量,国际、国内论文被引用的情况则表明知识扩散的质量。无论是从数量来看,还是从质量来看,北京均远远走在全国的前列,无愧于知识扩散中心的地位。中国科学技术信息研究所发布的"2009年中国百篇最具影响的国际学术论文"、"2009年中国百篇最具影响的国内学术论文"也佐证了这一点,前者由北京地区学者完成的有38篇,后者由北京地区学者完成的有40篇。

近年来,伴随着首都产业结构调整过程的完成,大批重化工业从北京市区迁出,首都经济结构也发生了巨大变化,以知识为核心要素的知识性服务业、新型制造业、高科技产业已经逐步成为北京经济的重要支柱,科技创新已经成为首都经济发展的强大引擎。同时作为国家科技创新的中心,北京的科技创新已经对周边地区甚至全国经济形成了一定的辐射作用,北京的新经济中心地位正在逐步确立。尤其是中关村作为我国第一个高科技综合配套改革试验区正逐步成为我国新经济发展的策源地。

三、北京建设新经济策源地的目标:全国新经济的策源地

“新经济”的核心要素是知识、创新,强调以知识要素为推手的经济发展,“策源”的核心诉求是服务,那么“新经济策源地”的定位就要求北京以服务者的姿态,引领全国经济的协调、可持续发展。

“新经济策源地”这一定位的实现,一要依赖于北京(对全国甚至全球)经济服务能力的建设,二要依赖于服务传导路径的建设,两者缺一不可——没有策源服务的能力,就缺乏策源服务的基石,一切无从谈起。可即便是具备了服务能力,却忽视了服务传导路径的建设,那么服务能力再强,也只能“茶壶煮饺子”,不可能将服务能力转换为现实的经济引领力量。

从服务能力的建设上来讲,以下几个方面是必需的:①要求具备有比较优势的知识要素和科技要素存量态势,具有前瞻性的、基础性的和重大性的战略产业开发能力;②形成高人一筹的信息和高技术产业优势,取得在产业链条上服务于高端产业的研发和服务于中低端产业的生产性服务能力;③具备全球视野,成为全球新经济链条上连接中国和世界的关键节点,锻造外部经济世界和内部经济世界的连接路径;④形成创新文化的策源地,以保障“新经济策源地”得以持续。

从服务传导路径上来讲,也有两个关键点:①借助于更加便利、廉价、精准的信息电子途径,保障服务交易的成本降低和效率提升;②以区域“协同竞争”的策略取代简单的“竞争”策略,以区域经济一体化的形式形成有层次、有选择的区域产业发展格局,从而保障服务传导的有效性。

1. 经济服务能力目标

新的经济发展策略应该以下列经济服务能力的提升为目标:

第一,为经济发展提供科技资源储备。充分发挥新经济策源地的科技资源、人力资源、教育资源优势,持续发展教育科技文化事业,夯实知识要素和科技要素存流量方面的比较优势的存量态势,为经济发展提供充足的科技资源储备。

第二,争取更多的资金支持和保障。新经济策源地的建设应不断优化发展环境,加大资金投入力度,凭借高端产业和技术的发展优势,积极争取国家科技创新资金及其他支持落地北京,夯实前瞻性的、基础性的和重大性的战略产业开发能力。

第三，为高端产业发展提供孵化功能。发挥好为高技术产业和高端技术研发的孵化功能，降低风险，提高高端技术研发效率，促进高端产业链发展。另外，除取得产业链高端产业的孵化外，还要注重产业链条上的中低端产业的生产性服务能力的建设。

第四，成为联结国内外市场的纽带。积极探索创新管理模式，不断革新管理制度，通过开放保持城市的活力，力争建设具有持续生命力的连结国内外市场的大通道，保有体系内外的畅通联结路径的优势，充分发挥新经济策源地的优势和作用。

第五，建设创新文化的策源地。新经济策源地的建设应注重创新文化的建设，努力营造创新氛围，提高区域内的创新意识，通过政策宣传、管理手段创新等方式加强创新文化建设。

2. 经济服务路径目标

新经济策源地是基于服务水平持续提升的一种经济发展策略，因此，服务的传导路径是一个重要的建设目标，具体如下：

第一，提高信息化服务水平。加快建设“信息化城市”，加大电信、电子网络等方面的基础设施建设和关键通信技术的研发，提高电子商务的服务水平和能力，从而保障“经济策源地”服务的低成本和高效率传导。

第二，注重协调区域发展。协同区域发展，特别要注重京津冀城市圈和环渤海城市圈的都市圈层协同发展，形成产业有差别、合作有态度、开放有效的竞合发展格局，弱化经济策源地服务传导过程中的区域意识障碍和政策障碍。

总体上说，“新经济策源地”服务能力的建设和服务传导路径的构筑，都必须依赖于经济结构的调整。换言之，“新经济策源地”建设的本质含义包括经济结构的调整和优化，经济结构优化正是“新经济策源地”建设的目标。反过来，以知识和创新要素为支撑的“新经济”又为这一目标的实现提供了观念和技术上的条件。因此，新经济策源地的建设和经济结构的优化高度统一到了科技北京的范畴中。

实现北京经济结构优化必须依赖新经济带来的技术革新成果和意识，促进经济增长方式由依赖资源投入型增长向依赖科技创新转变，以破除经济持续增长的资源约束和环境约束。实现经济结构优化的核心要求是通过大力发展新经济实现经济过程中的所有制、流通、生产、分配、消费结构等的有效调整。

四、北京建设新经济策源地的途径

建设全国新经济的策源地主要通过掌握新经济发展的关键环节、控制新经济的高端行业,在有选择地做大做强某些新兴行业的基础上,通过建立服务体系,引领、组织全国新经济的发展。具体途径是:识别培育潜导产业、促进提升先导产业、做大做强支柱产业。其中,潜导产业代表了产业的可能发展方向。先导产业是可以带动其他产业发展的产业。对国民经济未来发展起方向性的引导作用,代表着技术发展和产业结构演进的方向。先导产业对于国民经济发展具有全局性和长远性作用,是国家重要的战略产业。也是新经济发展的主要部门。支柱产业有可能不属于新经济的范畴,但是其中的某些行业却可能是新经济发展的重要基础和条件。

1. 识别培育潜导产业

(1)潜导产业概念及特征

潜导产业是指当前规模较小,对区域经济增长影响有限,但是代表了未来产业进步的方向,发展潜力大、前景广阔,有可能在不远的将来发展为新的主导产业。潜导产业与主导产业、支柱产业之间既有联系又有区别,从技术含量的角度来看,三个产业技术含量由高到低依次为潜导产业、主导产业、支柱产业;从占 GDP 的变化来看,变化幅度由高到低依次为支柱产业、主导产业、潜导产业;从替代关系的角度来看,主导产业有可能发展为支柱产业,潜导产业有可能发展成为主导产业。潜导产业的发展存在不确定性,主要表现为市场需求、商业模式、核心技术、创新环境都存在不确定性。

潜导产业具备的高技术含量的特征,使其最有可能成为新经济的主要部门。因此,识别和培育潜导产业是发展新经济的重要内容。

(2)建立识别机制确立潜导产业

识别新兴战略技术是知识经济时代政府科技管理的重要责任。战略新技术具有科技创新性的同时,也具有一定的风险性。因此,应强化孵化器识别战略新技术的职能,以此作为考核孵化器的重要指标之一。一是成立专门的战略高技术识别部门,组织行业内专家及相关管理人员成立评审委员会,负责战略高技术的选择和识别;二是建立新兴战略高技术扶持专项基金,将评审委员会的识别和评估结果与专项资金支持相结合,降低资金投入风险;三是在评审委员会的基础上,不断完善与强化以科技情报为依托的、以各技术领域专家前沿技术论坛为主导的新技术识别机制。

对于北京来说,基于城市复杂巨系统建设的需要和经济结构调整的需要,以及实现"新经济策源地"宏大目标的需要,都要求以关键技术突破和标准创制为切入点,积极培育新一代信息技术、生物医药、新能源产业、新材料、高端装备制造和航空航天等潜导产业,发挥其战略导向性、全局带动性和内源驱动性的作用,强力促进发展方式转变和产业结构优化升级。

1)新一代信息技术

北京要充分利用自身的区位优势,积极对接国家科技重大专项,谋求在新一代信息技术中的龙头地位的巩固。重点对接"极大规模集成电路制造装备及成套工艺"、"新一代宽带无线移动通信网"等国家科技重大专项,开展物联网、云计算、新一代移动通信、三网融合、极大规模集成电路等核心技术研究,形成新型物联网传感器、面向应用的信息、长期演进(LTE)项目核心芯片、高速光接入芯片等具有自主知识产权的创新产品,提升北京电子信息领域的自主创新能力,保持国内领先地位。如表 6-7 所示。

表 6-7 北京巩固与发展新一代信息技术领头地位的建议

物联网关键技术	发展重心: 关键技术研发、标准制定及应用示范创造。 具体策略: 研发海量数据处理、无线传输组网、信息安全等物联网核心技术,参与国家物联网标准体系建设;研制高性能感知材料与传感设备、传感网核心芯片等物联网核心产品;形成城市应急、安检、物流、智能家庭、储备物资等物联网典型应用解决方案。
信息与云计算	发展重心: 研发关键技术,形成应用解决方案。 具体策略: 重点研发海量数据智能化搜索、超大规模并行计算、虚拟化、服务计算、安全云计算等关键技术;研制云计算运营服务通用支撑平台等;形成系统集成和应用的解决方案。
移动通信技术	发展重心: 标准制定、关键设备研发与制造。 具体策略: 首先,开展 LTE/4G 标准体系建设。 其次,研发 LTE/4G 终端、芯片、系统设备、测试仪器仪表等高端通信设备,并推进产业化;突破超大容量超高速光纤接入网核心芯片技术,研发光纤与无线通信相融合的综合接入控制关键技术。 最后,建设 4G 移动通信网、物联网等网络融合试验平台。

续表

数字电视技术	发展重心： 标准制定、关键设备研发与制造。 具体策略： 重点研究新一代数字电视传输和信源技术，制定数字电视相关标准；研究交互数字电视全业务支撑平台、有线数字电视多功能综合业务运营支撑体系、数字电视中间件、运营传输网络架构等三网融合关键技术；研制三网融合接收终端、数字电视双向一体机等核心产品；研发移动视频广播中的系统控制运营信息并形成相关设备；建设大尺寸、高亮度LED电视基地建设。
极大规模集成电路制造技术及成套工艺	发展重心： 关键设备研制。 具体策略： 重点研发300～450mm晶圆的45～32nm工艺技术节点产业化设备，研制45～32nm刻蚀、物理气相沉积（PVD）、低压化学气相沉积（LPCVD）、清洗设备、测试设备等平板显示关键装备，开发下一代超高精度双核技术多气体数字化质量流量计产品，研制磁悬浮分子泵。

资料来源：北京"十二五"发展规划、科技北京建设"十二五"规划。

2）生物医药

以提升生物医药产业自主创新能力和国际竞争力为目标，融合医药信息服务业平台的构建，以加快推进"北京生物医药产业跨越发展工程（G2工程）"为政策平台，重点突破医药核心关键技术，研发重大创新医药产品，搭建医药创新支撑公共服务平台，加强北京国家级生物医药孵化和产业化基地建设，打造大型优势企业与培育创新型中小企业相结合，实现产业集聚，提升产业规模，完善产业链。

首先，突破关键技术。生物医药行业的发展潜力巨大，但也需要相当可观的投入，应该集中力量，寻求重点突破。就北京目前的发展态势和发展前景来看，应该重点开展化学仿制药关键中间体和原料药合成工艺关键技术研究；中药大蜜丸工程化、自动化生产过程质量控制等中药关键技术研究；多糖蛋白结合疫苗开发等生物医药关键技术研究；构建符合国际标准的口服制剂生产线及缓控释新型制剂关键技术研究；开展医用高能电子直线加速器、正电子发射型计算机断层磁共振成像（PET－MRI）、高排计算机扫描技术（CT）、治疗帕金森病国产脑起搏器等医疗设备的关键技术攻关及核心部件的自主研制。

其次，加快新品开发。区别对待处于不同阶段的新品药物器械，对具有重要医疗价值和市场前景的创新药物，如抗肿瘤蛋白质药物等，要重点研发;对已处于临床研究阶段的品种要创造条件开展临床试验,加快申报新药证书;对动植/介入等高值耗材、影像监护设备等医疗器械产品要推动研发。

最后,加强医药孵化和产业基地建设。北京可以选择已有的大兴和亦庄的“企业创新药物孵化基地”进行强化建设,搭建高通量DNA测序平台、实验动物与模型动物平台等创新支撑公共服务平台或服务体系,逐步达到与国际接轨或互认;建成抗体药物表达纯化、非晶硅TFT平板生产等国际先进水平的“代工线”,实现创新成果孵化和产品规模化功能;推动中国医学科学院等中央资源以及国内外优秀医药企业和品种落户基地。同时注重政策引导,从“软”“硬”两方面做好产业孵化的配套工作。

3)新能源和新能源产业

加快发展以“创新能源品种、研制节能设备”为核心内容的能源经济。

首先,要在创新能源利用上下工夫。加快推广太阳能、生物质能和风能利用等新能源技术应用,推动光伏产业、生物质能产业等新能源产业发展。具体政策选择上:第一,研发太阳电池制造核心装备技术;第二,开发高效太阳电池产品及应用集成技术;第三,研发风电设备制造系统集成关键技术。

其次,研制节能设备,发展节能产业。在建筑节能、工业节能、交通节能以及水资源利用、垃圾处理等领域突破一批产业化重大关键技术和成套集成技术。具体选择上:首先,开展核心节能技术研发及产业化。推广照明节电、供暖节能等建筑节能技术;高效电机节能、变压器系统节能、高性能内衬材料制备技术、高温烟气净化技术和高温烟气余热利用技术等工业节能技术。其次,发展环保装备制造产业。最后,进一步推动新能源汽车研发、示范应用和产业化等方面的工作,重点实施自主品牌电动汽车发展战略,关键推进电池电机、整车技术、充电设施等几个大项的研发。

4)新材料

首先,重点围绕电子信息材料、化工新材料、高性能金属材料等新材料领域开展技术攻关,突破产业化关键技术,促进重大科技成果产业化,全面推动首都新材料领域自主创新能力的提升和产业的高端化发展,巩固北京在国内新材料领域的领先地位。

其次,以航空关键材料研发与产业化为核心,加快发展航空科技产业,促进产品、系统应用、运营服务一体的民用航天产业规模化发展。完成大型钛合金结构件激光快速成型工艺及其应用技术开发，实现在国产大型飞机等重大装备上的批量应用；开展航空复合材料树脂体系的研发与产业化关键技术研究，实现航空预浸料和蜂窝产品的产业化；开展国产碳纤维复合材料的应用研究，促进国产碳纤维复合材料在航空飞机构件、风机叶片等军民领域的应用；开展系统控制、航空技术和航空发动机高性能涡轮叶片等关键技术研发；加快发展北斗卫星导航系统，发展面向应用需求的卫星遥感产业；进一步加强航天信息科技产业园建设。

(3)培育潜导产业的体制机制

1)构建稳定的投入体系

针对潜导产业的发展，建立专门的政府杠杆基金，充分发挥政府资金的引导作用，培育潜导产业市场主体和营造政策环境。通过政府基金的建立，可以引导更多社会资本的投入，改善潜导产业的融资环境，同时也可以引导投资方向，弥补市场空白，引导社会资金投资处于初创期的企业，并引导其后续投资，实现政府资金和社会资金相互促进、相互依赖的投资主体，共同促进潜导产业的快速发展。与此同时，要畅通资本市场融资渠道，推动潜导产业企业利用主板、中小板和创业板上市直接融资，支持发行企业债券，利用境内外产权交易市场进行股权融资。推动金融资金扶持，建立担保风险补偿机制，积极引导金融机构加大对战略性新兴产业的投资，促进知识产权质押贷款等金融创新。积极落实国家高新技术产业税收扶持政策。

2)建立完善的孵化机制

加大对潜导产业的孵化力度，不断完善企业孵化机制，加强对在孵企业创新能力的培养，通过咨询、培训等各种手段，帮助初创期企业尽快地实现体制转换、载体更新，建立与科技创新相适应的体制机制，规范研发、生产和市场行为，而且可以通过提供中试基地、种子资金、转化机制等条件和各项专业服务，使在孵企业顺利将科技成果转化为产品，并不断地根据市场需要修改创新产品。完善孵化器对中小企业技术创新活动的筛选机制，通过对项目、企业、企业家的申请和评估，以及相关专家系统对科技成果的筛选，大大降低企业的技术风险。构建技术支撑体系，凝聚技术资源，吸引创业人员，既可以促进创新体系内各参与者的技术交流与合作，也可以引进科研人员和科研机构进驻孵化器，在已有技术基础上进行拓展，不断开发自身的核心技术，构筑技术优势，为在孵企业提供有力的技术支持。

第一,实施先导产业的“助推工程”和孵化器政策体系建设。

实施孵化器为发展先导产业的“助推工程”,旨在充分利用和发挥孵化器对技术创新创业的抚育服务功能,以发现、遴选和培育具有前瞻性、成长性、带动性的“源头”企业,服务于先导产业的生成与发展。因此,围绕“助推”工程的实施,孵化器应在深入调研北京先导产业的发展规律基础上,着力捕捉“源头”企业,实施跟踪、服务和重点扶植,同时不断完善孵化器的政策体系建设,适时提出财政经费和税收减免的政策建议等。

第二,引导孵化器服务范围和功能向早期和后期两端延伸。

孵化器在坚持将服务在孵企业作为主导业务的同时,必须根据区域资源状况、创业支撑手段、企业发展预期等进行科学规划,以实现孵化资源的最佳配置和孵化成效的最大化。一是向前延伸。强化对创业前期的“种子”遴选、团队培训、项目评估和创业规划等,研究并探讨企业发展与区域资源对接的可能性,以降低创业风险,减少孵化资源浪费,同时,为高质量、高效率实施孵化任务奠定坚实基础。二是向后端延伸。通过为毕业企业建立加速器,能够最大限度地满足毕业企业对生产空间和经营发展的需求,提高毕业企业对技术与市场风险的控制力,加速企业做大做强。

第三,推动孵化器专业服务平台和品牌建设。

引导和鼓励孵化器从综合型向专业型转化,已经成为世界孵化器未来发展的必然趋势。因此,北京先导产业孵化器应当结合国家及北京市有关产业化环境建设的扶植政策,加大对企业共享的专业技术服务平台投资力度,并充分利用全国孵化器的网络孵化体系,不断提高资源共享和孵化服务能力。同时,要充分认识品牌建设的重要意义,积极推动建立毕业企业跟踪制度,树立有利于社会资源整合集聚的产业孵化器统一形象,积极探索建立企业加速器,以拓展增值服务,集聚毕业企业、展示孵化成效、吸引风险投资、发掘上市企业。

第四,探索建立孵化基金和持股孵化试点模式。

孵化器要充分利用对创业企业在服务、辅导、跟踪过程和前景判断方面的独特优势,形成孵化器机构、责任团队与金融机构、孵化企业的利益关联机制,尤其是孵化器管理团队承担企业推举、服务的责任人员,必须赋有共同的经济权利义务。一方面,孵化器要对接各自需求、发挥各自优势,建立利益一致的孵化基金,并探索由责任团队以购买定点、定额、定项、定期基金的方式，形成紧密的权利义务关系，以满足各自需求，保证基金运行的安全性、成效性；另一方面，孵化器要积极发掘、培育具有高成长性的创业企业，并根据企业的资金状况和需求，探索有偿服务的债权转股模式，实施持股孵化，以缓解创业企业的资金压力，形成共同的利益关系，最大限度地解决孵化企业的融资瓶颈问题。

3）实施积极的人才战略

坚持吸引与培育并举的原则，在积极引进高端人才的同时，充分发挥北京本地人才资源优势。一是加强引进高层次人才。重点引进海内外创新创业高层次人才，引进掌握关键核心技术、带动新兴学科和产业发展急需的战略科学家、领军人才和以优秀企业家和职业经理人为核心的企业经营管理人才。二是进一步健全和落实科研人员技术入股、研发人员持股、知识产权归属等激励措施，鼓励科技人员自主创业和从事科技成果产业化活动，吸引全球人才到北京创新创业。落实科技人员服务技术创新行动，动员高校院所科技人员带技术成果进企业，开展技术服务。三是加大重点领域急需紧缺专门人才开发力度。注重从教学、科研、生产和经营一线中发现培养创新创业型人才，抓好创新团队建设。加快实训基地建设，依托项目和重点学科，通过联合办学、订单式培训等强化实用型技术人才培养。四是探索建立人才自由流动、自行择业体制机制。切实解决好相关人才的住房、医疗、就业、子女教育和社会保障等方面的问题，提供优质公共服务，创造良好的人才发展环境，为北京潜导产业发展提供有力的人才支撑。

2. 促进提升先导产业

（1）先导产业的概念及特征

先导产业是指在国民经济体系中具有重要的战略地位，并在国民经济规划中先行发展以引导其他产业往某一战略目标方向发展的产业或产业群。先导产业就是那些需求价格弹性和收入弹性很高，可以带动其他产业发展的产业。它们对国民经济未来发展起方向性的引导作用，代表着技术发展和产业结构演进的方向。先导产业对于国民经济发展具有全局性和长远性作用，自然成为国家重要的战略产业。也是新经济发展的主要部门。

先导产业的特点有以下几个方面：①行业增长速度超过 GDP，并且保持持续增长；②对国民经济的未来走向影响较大；③是财富积聚速度最快的行业；④市场潜力大，处于规模快速扩张的成长期；⑤产业关联系数大、技术联带功能强。

(2)北京先导产业发展状况

1)文化创意产业

文化创意产业成为我国经济发展新的增长点,我国政府高度重视文化创意产业的发展。近年来,围绕信息产业、动漫产业和信息服务业的发展,产业政策环境不断完善,市场环境持续优化,知识产权保护力度不断加强。目前,我国文化创意产业已初步形成以北京、上海、长沙、广州、成都为核心的创意产业集群。文化创意产业成为首都经济发展的新突破口。北京作为全国教育文化中心,文化创意产业的发展呈现迅猛的增长态势。2010 年北京市文化创意产业实现增加值 1697.9 亿元,占全市 GDP 的 12.02%,①已成为北京经济发展的支柱产业。目前,北京市已经形成了北京数字娱乐示范基地、中关村创意产业先导基地、德胜园工业设计创意产业基地、国家新媒体产业基地以及朝阳大山子艺术中心等 10 个文化创意产业集聚区,动漫、信息、信息内容等产业的蓬勃发展引领了首都经济向更高、更新的层次发展。

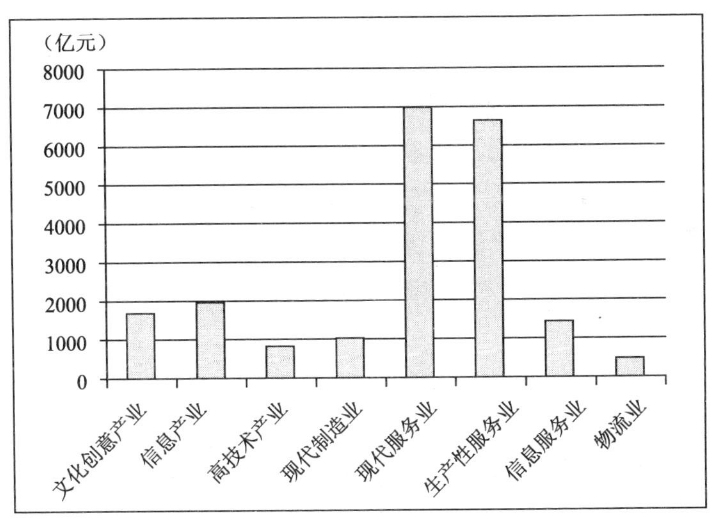

图 6-1　2010 年北京新兴产业产值

数据来源:2011 北京统计年鉴.

---

① 北京文创产业投融资论坛开幕为创意与资本搭桥,http://news.ifeng.com/mainland/detail_2010_10/28/2931210_0.shtml,2010.10.28.

北京加快发展文化创意产业的重点应该关注两点：一是充分利用北京全国文化中心的功能定位，研发演艺智能仿真虚拟舞台技术，集成推广多媒体渲染等技术，推动设计创意等行业的发展；二是结合新的信息技术产业的发展，开展可视媒体处理关键技术研究，研发数字化艺术创作平台和动漫制作平台。

从政策支撑的角度出发，北京发展文化创意产业，除必须让科技创新的精神贯穿始终之外，还要切实做到：

第一，整合共享首都的文化产业资源，包括旅游资源、文化资源、科研院所资源等。要努力锻造能够围绕首都文物古迹、旅游资源等文化资源进行数字化集成和网络共享的能力，建立一批数字素材库和非物质文化遗产数字博物馆。鼓励行业龙头企业与高校、科研院所共建多媒体渲染服务平台、数字出版平台、多媒体演艺虚拟舞台、版权综合业务公共服务平台、版权产业融资与文化金融中介交易平台等，有效整合产业资源，推进资源开放共享。

第二，加强产业共性与关键技术研发应用，提升重点文化行业的科技水平。可以充分结合北京的新兴战略性产业的选择与发展进程，糅合云计算、物联网等新兴信息技术，通过开展数字化入网检测技术、网络信息安全产品与过滤技术、第三代移动通信技术、智能多媒体信息检索技术、电子支付技术、海量多媒体数据存储技术等共性与关键技术的研发应用，提升产业数字化、信息化水平。形成一批能围绕文艺演出、出版发行与版权贸易、影视节目制作与交易、广告会展、文化旅游、古玩和艺术品交易、商务会展等行业需求的数字技术。

第三，促进文化产业集聚发展。与其他生产性行业一样，文化创意产业也有较大的集聚效应，要努力通过中国北京出版创意产业园区、国家动漫游戏产业基地、大兴新媒体产业园等文化创意产业集聚区建设，寻求服务功能的持续完善，吸引中央大型文化项目落地北京。鼓励国际先进技术供应商和龙头企业入驻文化创意产业集聚区，并合作开展高技术含量的文化创意项目。

2）信息产业

北京市信息产业近年来有了长足的发展。根据北京市统计局发布的数据，北京市信息产业收入从2004年的867.3亿元，发展到2010年的1989.2

亿元,占全市 GDP 的 14.09%。总体看,北京信息产业的业务收入、企业数量、人才优势等方面的发展是比较好的,并且始终处于全国同行业领先的地位。

但不可忽视的是,近年来全国各省市都在大力发展信息产业,抢占制高点。相比而言,北京信息产业的发展速度放缓,多项全国领先地位将受到广东等省市的挑战。据工业和信息化部的统计数据,2010 年,北京信息产业同期增长 12.8%,低于全国信息产业平均增长率 17.2%。北京信息产业发展放缓的主要原因有政府主导的推动力不足、优化产业发展的力度不够、促进信息产业发展的投入不足等方面。

今后北京要围绕信息产业发展要求,依托现有骨干企业、高校和科研机构,通过多种方式加强产业共性技术与核心技术攻关,推进关键产品研发与产业化,力争在若干领域取得重大突破,掌握一批拥有自主知识产业的关键技术、产品和标准,占领产业技术制高点。

3)信息服务业

信息服务业是指运用信息技术及其设备,从事信息的采集、加工、存储、利用及提供服务的行业。这个行业面向与信息利用相关的用户,其主要产品是为用户提供信息传播、服务以及相关研究、咨询及其成果。信息服务业是高度知识密集型和人才密集型的产业。信息服务业处于产业链上游,具有高端、高效、高附加值的特征,对下游产业具有强大的引领带动作用。同时信息服务业最终是“其他行业的服务者”,服务领域涉及国民经济任何一个部门,涉及技术开发和创新活动的任何一个领域。信息服务业也正在不断催生新兴服务模式和服务业态。

北京信息服务业的产业规模平均每年以 30% 的速度飞速增长,2010 年信息服务业产业规模达到 1445.3 亿元,同比增长 14.04%。其中,信息传输服务业占 21.38%,信息技术服务业占 50.7%,信息内容服务业占 27.75%。

未来北京首先要优化信息服务业发展的政策环境,做好产业规划,建立促进信息服务业发展的协调机制;扩大对信息服务业的覆盖范围;加强信息服务业政策与法规建设。其次要加强政府对信息服务业的扶持力度。重点支持重大基础设施、重大科研项目、公益性信息服务,公共技术服务平台等方面的建设和发展。加大科技项目对信息服务企业的技术、知识产权和标准创新的支持,支持自主产品和服务取得更大的市场。再次要进一步开放信息资源和服务性业务，促进信息服务业发展。最后要加大共性技术投入，加强对基础设施建设的支持力度。紧密围绕与信息服务领域相关的重点专项，继续加大对共性支撑技术体系投入力度，推进“三网”融合，进一步加强共性支撑技术体系建设。

(3)提升先导产业的政策措施

先导产业市场潜力大、发展迅速，在规模快速扩张的时期，需要政策、资金、市场等各方面支持和引导。因此根据产业发展需求，在先导产业发展初期帮助其解决融资、场地、政策、市场等方面的问题。政府在宏观层面上应明确先导产业发展思路，产业孵化采取政府为主、市场为辅的策略，一方面可以充分发挥政府的政策指导优势；另一方面可以充分发挥市场主体的经济活力和作用，支持和引导先导产业企业规模和产业市场规模的扩张，降低先导产业发展初期的市场风险，共同促进首都先导产业的快速健康发展。

1)大力发展资本市场，拓宽企业融资渠道

大力发展多层次的资本市场，拓宽中小企业的融资渠道，抓住创业板和股份代办转让系统试点的机遇，加大推进中小企业上创业板的支持力度。建立培育上市协调服务长效机制，对进入上市培育期的企业进行跟踪服务，落实扶持政策，构筑良好信息平台，为中小企业提供准确及时的信息服务，发挥现有上市企业的功能和作用，鼓励上市企业通过并购中小企业，在做大做强自身的同时，带动中小企业加快发展。

第一，构建风险投资体系。由于高技术企业具有高利润和高风险的特点，传统的投资者为了降低风险，不愿意投资，而风险投资则通常投资于高新技术产业的创建和新产品的研究开发阶段。风险投资的另一个特点是不仅投入资金，而且还用他们长期积累的经验、知识和信息网络帮助企业管理人员更好地经营企业。针对新经济产业一般还处于发展的初期、成长性好的特点，大力引进风险投资。与一些专业投资推介机构签订长期合作协议，中关村高技术产业园区要定期收集园区内投资项目，打包发给专业投资推介机构筛选、包装，将好的投资项目向风险投资推荐。同时，出台对投资者优惠政策，积极引入国内外主要风险基金投资。对风全投资公司的投资退出提供相应的税后优惠。

第二，尽快建立健全各种票据融资市场。票据产品在为高新技术企业服务方面存在比较明显的优势：一是票据产品期限较短，一般不过半年，适合高新技术企业经营周期短、资金周转快的财务特点，且相对于短期贷款来说，票据产品成本相对较低，使用灵活，受到高新技术企业的欢迎。二是票据产品和高新技术企业的生产环节紧密联系。高新技术企业可通过票据承兑或贴现，可以迅速获得资金投入生产经营。

第三，建立和健全对高新技术企业融资的信用评价体系和信用担保机制。尽快完善政府管理机制和政策，建立风险资金补偿机制，鼓励信用担保机构与资本市场、金融机构等建立深度结合的战略联盟，推动对企业的全程金融服务和全程监督，制定统一的和社会化的信用担保机构资信评价体系和评级制度，建立信用担保机构的退出机制。建立企业的社会信用评价体系，即对各类企业的社会整体信用建立数据库。建立和完善信贷担保机制。高新技术企业信用担保制度的建立，能有效解决高新技术企业抵押物不足和保证人难觅问题，国际上通行做法，担保机构承担责任的比例一般为70% ~80%，其余部分由协作银行承担，这样可以共同强化对贷款银行的监管。因此，信用担保制度能有效地分散银行的信贷风险。

2）调整完善企业技术创新税收激励政策

北京现行的促进自主创新的税收优惠政策，都是通过对一些税收法规的某些条款进行修订、补充形成的，散见于各类税收单行法规或税收文件之中，且很多的税收优惠政策缺乏长期稳定性。为此，根据我国实际情况，国家应制定《国家高技术产业发展法》，从总体上考虑高技术产业发展战略以及相关的财税政策，制定专门的《财政激励自主创新政策法规》、《税收激励自主创新政策法规》。其主要内容应包括：研究和判定予以鼓励的自主创新及产业标准；明确财税优惠政策的目标和具体受益对象以及相应的政策支持方式；加强对自主创新税收优惠的管理与分析评估。同时，通过制定相关程序法，建立一套保证优惠政策有效实施的工作机制。

以税负的差异性和课税环节的选择诱使企业自主从事创新行为，最大限度地避免对经济运行过程的扭曲，在政策组合中居重要地位，并能最终形成“税收优惠—创新投资增加—税收增加—税收优惠放大—创新投资放大—税收收入放大”的良性循环。

3）灵活运用政府公共采购、公共财政政策

要在借鉴国际通行做法和符合 WTO 规则的前提下，结合我国具体情况，依据政府采购法规来完善激励自主创新的政府采购政策，激活企业对技术创新的投资和内在需求,完善《北京市自主创新产品政府首购和订购实施细则》,进一步可以通过预算控制、招投标等形式,尽可能优先采购企业技术创新产品,同时也要创造条件使本地高新技术产业的产品进入政府采购系统。采取政府采购派送专利信息、科技检测、科技保险、科技文献、企业人员技能再培训五大类科技创新服务产品支持中小高科技企业发展。

3. 做大做强支柱产业

(1)支柱产业的概念及特征

1)支柱产业概念

支柱产业是指在一定时期内,构成一个国家或地区产业体系的主体,具有广阔的市场前景、技术密度高、产业关联度强、发展规模大、经济效益好,对整个国民经济起支撑作用的产业。

2)支柱产业的基本特征

第一,技术密集度高。支柱产业能够较快地吸收高新技术,技术进步快,生产率上升率高,生产成本不断下降。第二,规模经济显著。支柱产业要对区域经济发展发挥其支撑作用,首要条件是它应在区域经济中占有一定比重,集中度高,产出规模较大,在国民生产总值中占有较高份额,一般认为占到 GDP 比重 5% 以上,经济贡献率高。第三,是税收的主要来源。支柱产业须是经济效益优良,对区域税收贡献较大的产业群。因此,作为支柱产业应具有较好的创税能力。第四,较强的吸纳劳动力能力。发展劳动密集型产业是北京经济发展不可逾越的阶段。支柱产业应该具有较强的吸纳劳动力能力,以实现经济和就业的同步增长,保持社会的稳定。

3)支柱产业在经济发展中的作用

支柱产业是一个国家或地区的经济实力和国际竞争力,没有支柱产业就谈不上现代化的经济。支柱产业在国民经济中的重要作用是由其自身所具有的特征所决定的。支柱产业具有广阔的市场前景和较强的技术进步能力,有较强的扩散效应,对其他产业增长具有较强的前后拉动和后向推动作用,对经济发展起导向性和带动性作用,代表了产业结构的演变方向。

从新经济发展的角度来看,支柱产业是新经济发展的产业基础,支柱性产业结构的演变往往促使了新经济的发生。同时,金融等生产性服务业提供了新经济发展壮大的支撑条件。

(2)对新经济发展起支撑作用的支柱产业发展状况

北京支柱产业主要包括制造业、金融业、批发和零售业、房地产业、旅游业等。其中，对新经济发展具有重要影响的行业有现代制造业和金融业等生产型服务业。

1）现代制造业

现代制造业本身在一定程度上也属于新经济范畴，但更为重要的是制造业的改造升级往往会催生新经济。

北京的现代制造业主要包括电子信息产业、光机电一体化产业、生物工程与新医药产业、汽车产业及新材料产业等。在北京的现代制造业中，高新技术制造业占很大比重。高新技术产业中电子信息产业一枝独秀，光机电一体化、生物医药等产业虽然发展势头良好，但规模过小。在电子信息产品中，移动通信产品又一品独大。北京现代制造业产业结构的不均衡反映了其发展水平有待进一步提升，发展潜力较大。

北京现代制造业的发展以园区为主要载体，并初步形成了产业集群。如中关村科技园区的电子信息产业群，北京经济技术开发区星网工业园的移动通信产业群等。北京的现代制造业集群呈现出价值链区域分工的雏形。市中心区、CBD、中关村科技园区日益成为制造业企业总部的集聚地，汇集了联想、方正等知名高新技术企业的总部；中关村科技园区特别是海淀园成为高新技术制造业的研发基地和技术创新中心，集中了中科院、北大、清华等我国最具实力的科研院所和高校，并吸引了微软等一批国内外著名企业在这里设立研发中心，同时，郊区县工业区逐步成为生产配套基地。在北京现代制造业集群中，规模经济效应、协同创新效应、品牌效应等集群效应初步显现。

未来，北京要致力于通过中关村产业园和亦庄产业园建设，用自主创新引领现有制造业的改造升级。通过制造业分工的不断深化促使新经济的产生和发展。

2）生产性服务业①

对生产性服务业有着不同的定义。最早定义生产性服务业的是 Machlup（1962），他认为“生产性服务业是企业、非营利组织和政府主要向生产者

① 本节中“发展策略”和“发展路径选择”部分吸纳了刘绍坚的研究成果。

详情参见：刘绍坚．生产型服务业发展趋势及北京的发展路径选择［J］．财贸经济，2007（4）：100－101.

而不是向最终消费者提供服务产品和劳动”。[①] 生产性服务业也被定义为生产者服务业等等。当然,定义的不一致必然会引起分类的差别,如表6－8所示。

表6－8　不同学者(或机构)的生产性服务业分类

分类提出者	分类情况
美国商务部(BEA)	商业及专门技术(如计算机、工程、法律、广告及会计服务)、教育、金融、保险、电子传讯、外国政府
英国标准产业分类(SIC)	批发分配业、废弃物处理业、货运业、金融保险、法律服务、会员组织、其他专业服务
香港贸易发展局	专业服务、信息和中介服务、金融服务与贸易相关的服务
Browning & Singelman	金融、保险、法律及工商服务业
Coffey & Bailly(1991)	工程服务、企业管理咨询、会计、设计、广告
薛立敏(1995)	国际贸易、水上运输、铁路运输、其他运输仓储、通信、金融、保险、经纪、法律工商服务、设备租赁
夏铸九(1996)	国际贸易、通信、运输服务、金融、保险、不动产、设备租赁、法律与会计、咨询服务、土木建筑
边泰明(1997)	国际贸易、运输服务、仓储、通信、金融、保险、不动产、法律及会计、顾问服务、资讯服务、广告、设计业
钟韵、阎小培(2003)	金融保险业、房地产业、信息咨询服务业、计算机应用服务业、科学研究与综合技术服务业
我国的产业分类中涉及生产性服务业的有6类:	(1)现代物流:细分为运输、采购及进货管理、顾客服务、仓储 (2)信息、通信和中介服务:细分为电信、邮政、广告及市场研究、计算机应用服务、质量控制与维持服务 (3)金融和保险:细分为银行、债务市场、基金管理、保险、再保险和养恤基金,不包括强制性社会保险、其他金融活动 (4)房地产、出租和租赁服务:含房地产活动、出租和租赁 (5)专业和综合技术服务:细分为法律服务、会计、设计和研发、管理咨询 (6)教育:技术和职业中等教育、高等教育

资料来源:陈仕劝.生产性服务业的分类、特点及作用.郑州航空工业管理学院学报,2006,(4):192.

作为信息服务业的重要组成部分,生产性服务业的发展体现出了知识

① 陈仕劝.生产性服务业的分类、特点及作用[J].郑州航空工业管理学院学报,2006(4):191－193.

性、可分性和聚集性等几个特征。[①] 一般认为,生产性服务业的发展是可以促进经济增长的,因为:一方面,生产性服务业既是技术进入生产过程的媒介,也影响着技术创新的方向,其发展相当于在产业制造过程与科技创新过程之间搭建了一个有效的"传导—反馈"回路,有效地衔接着生产和研发;另一方面,生产性服务业的发展也促进了分工和技术进步的有机结合。对于新经济的发展来说,生产型服务业的发展为新经济提供了重要的资金、人才和信息的支撑。

对于北京来说,发展生产型服务业的比较优势是充足的,如首都地位、中心城市的资源吸附能力;科教、人才优势;政府政策的支持;城市发展甚至是国家发展对生产性服务业的强烈需求;等等。发展生产性服务业是必需的,关键是有限的资源不允许撒胡椒面,必须集中优势资源,选择性发展科技北京背景下的对建设北京新经济策源地有支撑作用的生产性服务业。

首先,仔细分析资源优劣势,选择合适的发展对象。

只有科学地根据北京的资源禀赋,制定科学的发展规划,区别对待,才可能使有限的生产要素发挥出最大的市场价值。

策略一:具备资源优势,有很大发展空间的行业。如商务服务业(包括法律、会计、管理咨询、科研、信息、人力资源)、批发业等,这些行业发展势头良好、空间很大,但是市场竞争秩序比较混乱,需要抓住目前的良好发展机遇加以规范,并制定一定的扶持政策,扩大对外开放,促进民营资本进入,尽快提高供给能力和供给水平,使产业辐射范围从环渤海区域覆盖到全国。

策略二:具备一定资源优势,但面临强大竞争压力的行业。如金融、广告、会展等,这些行业虽然现在发展状况还可以,但是由于国家对城市的定位和行业管制的问题,加上北京自身环境上的差距,市场受到较大冲击。如金融业面临上海、天津的竞争,内部需求不旺。广告业受内容审查的约束,发展受限。会展业受场馆等硬件条件的限制,优势正在逐渐消失。对于这些行业,北京需要抓住约束发展的核心问题加以解决,不断优化发展环境,力争在区域竞争中不至于落伍。

策略三:不具备资源优势,需要进行发展思路调整的行业。主要指包括

① 陈保启,李为人. 生产性服务业的发展与我国经济增长方式的转变[J]. 中国社会科学院研究生院学报,2006(6):86-90.

仓储运输的物流行业。北京尽管有首都机场和发达的陆路运输网络，但是物流的主要运输方式是海运，加上北京制造业不够发达，需求主要为消费品物流，随着滨海新区的开发和天津港的兴起，北京物流业的定位应主要是为消费服务的生活性城市配送，适度发展工业物流和区域物流。

（3）做强支柱产业的政策举措

1）完善产业政策体系，营造良好发展环境

不断完善产业政策体系，加强产业政策聚焦，努力营造适宜支柱产业发展的政策环境，促进支柱产业健康有序发展。在税收优惠与减免、政策引导与支持、资金投入力度等方面不断完善产业政策体系，针对北京市支柱产业发展现状和特点，制定相应的支柱产业发展策略，发挥政策引导优势，促进支柱产业健康有序发展。

2）建立引导与约束机制，促进产业空间集聚

强化规划引导，建立产业布局引导机制，突出重点功能区和专业集聚区的产业定位，实现支柱产业集聚。建立统筹全市招商引资协作信息的共享平台，合理疏导匹配与之适应的产业布局，以期形成有序的传导转移机制，实现信息、资源共享。建立城市、近郊、远郊的产业梯度转移调控机制，实现区域间经济的协同发展，达到社会资源的最佳配置。综合运用规划、土地、投资、信贷等多种手段，引导产业空间聚集。

3）培育发展龙头企业，提升企业、产业发展水平

要积极扶持行业内大企业的发展，着力支持和培育发展大企业、大集团，把企业和产业做大做强。一方面，要全力支持现有的大中型企业通过扩能改造，进一步扩大生产规模，提高经济效益，增加经济总量。鼓励龙头企业依托园区积极向产业链上下游扩展，围绕主导产品开展专业化协作，打造区域特色优势产业链。另一方面，要加大招商引资力度，紧盯世界500强企业，大招商、招强商，加速形成大的企业集群。把支柱产业不断做大，形成产业集群，整体提升企业和产业的规模化发展水平。

第七章

科技北京环境建设

——绿色科技创生示范区

科技北京的环境建设要把发展绿色经济、循环经济，建设低碳城市作为未来发展的战略方向，以技术进步、制度创新为动力，推进节能减排，积极开展低碳经济试点，全力打造绿色科技生产体系，积极创建绿色科技消费体系，加快完善绿色科技环境体系，努力把北京建设成为更加繁荣、文明、和谐、宜居的现代化和谐都市。

科技北京环境建设目标是：将北京建设成为对周边地区乃至全国地区的环境建设具有明显带动作用的绿色科技创生示范区。以创生示范区为基本导向，以北京城市可持续发展为核心目标，在环境质量持续提高、环境资源综合利用、智能化环境信息监测、全面推广循环经济四个方面，借助国内外最新科学技术，打造国家环境建设的样板城市，让北京成为区域乃至全国绿色科技的核心与龙头。未来，北京不仅是一座生态宜居城市，更是借助科技建立良好生存发展环境的样本与典范。

一、科技北京环境建设的指导思想

科技北京的思想起源于2008年北京奥运会。① 2008年北京奥运会对北京市的城市建设及环境保护起到巨大的促进作用，北京的环境建设也从此进入到一个新的发展阶段。目前，北京市的城市面貌和居民生活条件获得

① 郭金龙．建设人文北京、科技北京、绿色北京[J]．前线，2008(11)：9－15.

了全面的改善，特别是环境建设领域与奥运前相比有了明显的提高与进步。北京奥运会的成功已经成为全国甚至全世界学习的典范。在这样的背景之下，科技北京的环境建设已经不仅仅是北京自己的事情，而是承载着全国乃至世界的期待与关注，因此，科技北京的环境建设应该有更高的战略视角，要在世界范围的大系统宏观背景下，制定其指导思想、战略目标与建设思路等。

1. 避免科技异化对自然的负面影响，实现人与自然的和谐发展

随着现代科学技术的迅猛发展及其向社会的全面渗透，科技正日新月异地改变着人类的生活与生产方式。科技发展给人类社会带来了深刻变化，这种变化既有积极的也有消极的。在科技发展过程中，人们往往只是关注科技正面的积极影响，而忽略或者不愿意正视其负面的消极影响。在科技的负面影响中，以科技发展对自然环境的破坏最为明显。

科技对自然环境的破坏是科技异化的一种表现。科技异化指由于科技成果应用不当，而成为一种破坏人类生活、违背人的本意、制约和压迫人的“异己”力量。环境污染就是典型的科技异化表现之一。现在很多地方在工业发展的同时，都造成了严重的环境污染。本来借助科技发展的工业化应该造福人类，但由于对相应的科技负面影响没有给予足够重视，使得科技带来的负面影响大于其产生的收益。

在科技北京建设过程中，要高度重视科技异化问题，特别是科技的滥用对环境的破坏。要以“人本论”的思想为基础，充分认识科技活动对人身心健康的影响，对人长远利益的影响，以及对绝大多数人乃至全人类的影响，真正以科学发展观来对待科技对环境的影响问题，最终实现人与自然的和谐发展。

2. 充分体现服务性功能

作为全国的技术创新中心，科技北京环境建设不仅仅针对北京这一座城市，对全国都具有很强的辐射作用。科技北京环境建设应该具有较强的服务性功能，在利用科技提升北京环境建设质量的同时，对全国的环境建设也要起到一定的示范作用，从而达到科技引领与科技支撑的效果。

科技北京环境建设应充分体现北京的对外服务功能。北京应该利用其在绿色科技领域内所掌握的先进技术与科技资源，对外提供多层次、多类型的科技输出服务。在环境建设的科技创新、技术升级等领域起到带头作用、

辐射作用。

科技北京环境建设中,北京要充分体现出其应有的服务精神,不能仅仅从区域利益出发,要能够做到对周边乃至全国的环境建设有所贡献。要避免出现以前以“回波效应”为主的发展模式,要努力将其绿色科技服务向外部辐射,在建设好科技北京环境领域的同时,其经验与技术要对全国起到很好的示范作用。将服务精神贯穿到科技北京环境建设中去,有利于北京最终建成“对外服务依赖型”城市,真正体现首都的科技服务性功能。

3. 科技北京环境建设要切合北京的发展规划和可持续发展要求

(1)科技北京环境建设要切合北京的发展规划

科技北京的环境建设首先应该符合国家的相关法规政策。目前,我国已经制定了一大批与环境相关的法律法规,主要包括《中华人民共和国节约能源法》、《中华人民共和国可再生能源法》、《中华人民共和国水污染防治法》、《中华人民共和国环境保护法》、《中华人民共和国大气污染防治法》、《中华人民共和国环境噪声污染防治法》、《中华人民共和国固体废物污染环境防治法》、《中华人民共和国环境影响评价法》、《中华人民共和国清洁生产促进法》等。这些法律法规应该是科技北京环境建设的基本框架,只有严格按照这些法律行事,才能保证科技北京的环境建设的大方向符合国家的法律法规。

另外,2008 年世界范围的经济危机以来,国务院出台了大量的产业促进政策和产业振兴规划。如在 2010 年《国务院关于加快培育和发展战略性新兴产业的决定》中提到的未来重点培育的节能环保、新一代信息技术、生物、高端装备制造、新能源、新材料和新能源汽车等多个与环境有关的领域,这些领域都将成为未来科技北京的环境建设的重点。

(2)科技北京环境建设要切合北京可持续发展的要求

可持续发展是一项注重长远的发展模式。在科技北京的环境建设过程中,也应该放眼长远,塑造可持续发展的模式。这里的可持续发展包含以下几层含义:①突出发展的主题。发展不仅仅是简单的经济增长,而是社会、科技、文化、环境的相互协调、共同发展。在科技北京的环境建设中,需要将科技和环境建设密切相连,使之协调合作、互相推动,从而使得城市得到发展。②发展的可持续性。要在发展的过程中,考虑环境的承载能力,利用科技力量,降低环境负载,提高环境使用效率,使得发展不超越资源环境负载能力。③人与城市的协调共生。人类掌握的科技是改变自然的利器,但是同时也是破坏自然的凶器。应该树立科学发展观,把社会全面协调发展和可持续发展结合起来,学会尊重自然规律,坚持和谐发展,建立良好生态环境,保证后代的永续发展。从忽略环境负载到选择可持续发展,是城市发展的一次重大历史性转折。北京应该抓住机遇,树立可持续发展的思想,学会敬畏自然,利用科技力量在自然规律范围内和谐发展。

4. 科技北京环境建设应关注人民生活条件的改善和投入产出比

(1)科技北京环境建设应关注首都人民生活条件的改善与提高

任何的发展最终的目的都应该落脚到人文关怀。借助科技北京去建设首都,其最终目的无非也是要关注首都人民的生活质量与生活状态。因此,如果能时刻关注人民生活条件的改善与提高,那么,科技手段的利用才会更具有针对性、目的性。例如,北京的治沙工程,在进行环境治理的过程中,充分考虑了当地人民的生产生活需求,借助不同的治沙技术,相继开发出沙地种树、治沙成园、树下养殖等多层次的环境治理模式,一方面改善了沙地环境,一方面还为当地提供了乡村公园,同时还可以带领当地人民致富。由此可见,环境的改善与人民生活的改善是相辅相成的,只有以提高人民群众生活质量为根本出发点才是真正的“以人为本”。

(2)科技北京环境建设要循序渐进,关注投入产出比

对环境进行改造要借助科技的力量,同时还要有大量的资金投入。之前,大家不关注环境,不计成本地发展经济,造成环境的破坏;现阶段,当环境问题被越来越多的人所关注的时候,又出现一种新的极端现象,人们开始不计代价地治理环境。正如当初盲目注重经济效益、造成环境破坏一样,盲目地不计代价地保护环境也是不可取的。环境保护与治理也应该讲究投入与产出,如果环境保护或治理的代价过于高昂,可能会对企业或其他社会主体造成沉重的负担。特别是在一些新兴技术刚刚出现、运营成本较高、尚未完全产业化时,政府部门为求政绩强行上马,往往会得不偿失。一方面技术上尚未完善,另一方面成本高昂。所以,在进行科技北京的环境建设过程中,要关注投入与产出的比值,对新兴技术要做到循序渐进,不可盲目地一拥而上。

二、科技北京环境建设的战略目标

1. 目标设立的原则

科技北京环境建设要坚持以人为本、人与自然协调发展的原则,以全面、协调和可持续的科学发展观为指导,坚持环境保护与经济增长并重,促进结构调整和经济增长方式转变,推动循环经济发展。鉴于此,我们给出科技北京环境建设战略目标确立的五大原则:

第一,可持续发展的原则。注重资源的优化配置、利用、节约和保护,改善生态环境,实现社会效益、经济效益、生态效益的同步增长。第二,统筹规划、突出重点、分步实施的原则。从实际出发,因地制宜,量力而行,处理好全局与局部、长远与当前、全国和北京的关系。第三,科技创新的原则。从高标准、高质量、高效益的要求出发,瞄准国内外生态环境建设的先进水平,充分利用首都的人才优势,加强国内国际交流,借鉴国内外生态环境整治的先进经验,以科技创新为先导,建设精品示范工程。第四,治理、建设、保护并重的原则。以保护环境资源为目标,以绿色科技建设为核心,生物、工程、农业等多领域措施相结合,治理、建设、保护并重,实现北京环境建设的根本变化。第五,环境建设与加速经济发展相结合的原则。环境建设必须坚持与产业开发、农民增收、区域经济发展相结合,要将北京建设成为资源友好型、资源节约型的社会。

2. 科技北京环境建设战略目标

根据上述原则以及北京作为中国首都在国际国内环境建设领域中的特殊地位、北京在科技力量上的突出优势和北京城市客观发展要求与城市发展现状等情况,科技北京环境建设的战略目标为将北京建设成"绿色科技创生示范区"。

"绿色科技创生示范区"指以城市资源高效利用为核心,以改善人民生活质量为导向,以绿色科技全面应用为支撑,具有综合性、原创性、服务性和辐射性于一体的科技应用与示范的区域体系。该示范区是中国最新绿色科技的展示区,是新兴绿色科技的孵化区,是全国绿色科技应用过程的教学区,是绿色科技应用于城市环境发展的实验区。"绿色科技创生示范区"的核心概念是"绿色科技"和"创生"。

(1)"绿色科技"的内涵

绿色科技指的是以保护人体健康和人类赖以生存的环境、促进经济可持续发展为核心内容的科技活动的总称。绿色科技涉及能源节约、环境保护以及其他绿色能源等领域。原中国科学院院长周光召在1995年就发表过《将绿色科技纳入我国科技发展总体规划中》一文,提出了发展绿色科技的概念。[①]《中国绿色科技报告2009》中对绿色科技的定义是:"绿色科技"是指相对于传统技术手段能够给使用者带来相同或者更大效益的科技、产品和服务。与此同时,能有效地控制对自然环境的影响,并提高能源、水和其他资源的利用效率和其使用的可持续性。[②] 陈昌曙指出"绿色科技是为解决生态环境问题而发展起来的科学技术,是有益于保护生态和防治环境污染的科学技术"。[③] 通过对各种绿色科技概念的总结可以看出,绿色科技有狭义与广义之分。狭义的绿色科技是指能够促进资源的合理利用,并能改善环境状况或至少是无害于生态环境,从而促进经济发展的工程手段。广义的绿色科技泛指旨在可持续发展的一切工具、方法和手段的总称。从狭义的绿色科技到广义的绿色科技,实际上是从工程手段扩展到了组织创新和制度创新等层面。目前,我国的经济发展模式正处于一个转型的关键时期,在这个时期,新能源、新材料、智能电网等一大批新型的产业将成为未来社会发展的主流产业,这些产业都是绿色科技应用的典型代表。[④]

综上所述,这里所说的绿色科技,其实质是一种保持人类持续发展的科技体系。它强调自然资源的合理开发、综合利用和保护增值,强调发展清洁生产技术和无污染的绿色产品,提倡文明适度的绿色消费方式和生活方式。绿色科技是现时代生态文明对科学技术为社会和自然界服务的方向性引导和生态化规范,促使生产技术逐步转向节约资源、能源,保护生态环境,提高经济效益,满足社会需求的生产体系。

(2)"创生"的含义

"创生"即创造、生成,是一种存在形式,并赋予它意义。所谓创造是指人在认识与实践过程中产生新的精神成果或物质成果,也可以说创造是个

① 周光召. 将绿色科技纳入我国科技发展总体规划中[J]. 环境导报,2005(2):21-22.

② 中国绿色科技报告2009. www.china-greentech.com,2009-09.

③ 陈昌曙. 关于发展"绿色科技"的思考[J]. 东北大学学报(社会科学版),1999(1):45-47.

④ 欧阳致远. 建设绿色科技支撑的和谐北京[J]. 前沿,2009(8):30-32.

体在认识与实践过程中解决实际问题的能力。它是一个立足于现实状况，不断创新和发展的过程。[①] 所以我们认为，“创生”即为生长、生产，其含义是一个动态的成长过程，强调的是从无到有的过程。

在“绿色科技创生示范区”建设过程中的创生，主要是表明绿色科技产生发展的过程。北京应该是全国最先接受绿色科技理念，并将之贯彻到生产生活当中的城市。这里所说的“创生”是从城市发展的角度研究绿色科技产生、发展的规律性，并对之进行总结、提炼，以指导科技北京环境建设的实践。

(3)绿色科技是“绿色科技创生示范区”示范的基本前提

绿色技术不是某种单项技术，而是一个技术群，或者是一整套技术，不仅包括持续农业与生态农业、清洁生产技术，还包括生态破坏和污水、废气、固体废物防治技术，以及污染治理生物技术和环境监测技术。

之所以提出绿色科技而不是环保科技，是因为绿色科技的核心是可持续发展，而并非仅仅是保护环境。第一，绿色科技突破了以个人私利为基点的局限，追求人与自然的和谐相处与平衡发展，使技术发展摆脱单纯以个人目的、个人利益为标尺的束缚，把生态圈和技术圈的和谐发展作为经济与社会发展的最终目标和衡量技术合理与否的标尺。第二，绿色科技追求高效低耗。与传统科技的大量消耗资源、片面追求高效率不同，绿色科技兼顾高效率和能源与资源的低消耗，并且始终试图寻求和探索这两者间的最佳结合点。第三，绿色科技注重从源头上对污染的控制，把无废物技术作为科技、经济发展的重要目标之一。绿色科技因为在保证经济、社会效益的同时，还要兼顾生态圈的平衡，所以，必然要求加强对废弃物的处理与防治，甚至逐步达到完全无废弃物的目标，以维持自然界的生态平衡，达到人与自然在平衡中的发展。第四，绿色科技把可持续发展作为其存在与发展的基点和指导原则。在发展现代科学技术的过程中，最大限度地考虑到代内公平与代际平等，为全体人类及其子孙万代营造一个生生不息、持续发展的环境，乃是绿色科技发展的崇高理想。第五，绿色科技具有交叉性和综合性。由于绿色科技追求的是多目标的协调发展，必然涉及众多领域。所以，它往往需要具有明确的社会需求和多学科科学技术的支持。它经常是融合渗透

---

① 王旭．科技型企业创生机理研究[D]．吉林大学．2004.

了新材料技术、新能源技术、化学技术、生物技术、信息技术、航空航天技术、海洋技术以及系统设计和评估技术等，甚至包括众多人文学科。一个绿色产品的实现，也必定需要多种绿色技术的结合。这说明，绿色科技的实施需要政府引导下多方面的密切配合。因此，我们提出绿色科技的概念，更符合北京环境建设的客观情况与要求。

(4)绿色科技的创生过程是“绿色科技创生示范区”示范的核心内容

创生过程，就是绿色科技从无到有的发展过程。这个创生包含三层含义：第一，对传统科技的创生。绿色科技是对传统科技理论进行的扬弃。绿色科技要求遵循生态学规律，合理利用自然资源和环境容量，在物质不断循环或可再生的基础上发展经济，使经济系统和谐地纳入自然生态系统的物质循环过程之中，实现经济生活的生态化。它倡导的是一种与环境和谐的经济发展模式，遵循“减量化、再使用、再循环”(3R 理论)的原则，采用全程处理模式，达到“最佳生产、最适消费、最少废弃”的效果。第二，对发展观、价值观、生产观和消费观的创生。绿色科技体现了与时俱进的理论品质，体现了新的发展观、价值观、生产观和消费观。绿色科技是在新的发展方式和价值体系下，是对人类生产和消费方式进行根本性调整，其目标是追求可持续发展。所以绿色科技体现的是一种新的价值体系。第三，对环保理念上的创生。绿色科技将环境保护的理念和实践深入到生产过程、生活过程之中，从根本上改变环保工作的被动局面，变被动为主动，变治理为预防，从一个新的视角让我们重新审视环保的理念。

3. 科技北京环境建设战略目标

(1)宏观目标

到 2020 年，北京绿色科技创生示范区要建设达到的战略目标主要有：

第一，初步形成北京绿色科技应用的外在环境与政策保障。在人才引进与激励、金融投资、新技术转移与产业化、重要企业的绿色科技科研基地建设等领域，形成比较完整的产业环境，形成一套具有全国示范意义和推广价值的体制机制与政策法规。培养和聚集一批优秀创新人才，特别是绿色科技的产业领军人才。在环境保护与能源节约方面，使得绿色科技发挥重大的推动作用。

第二，形成绿色科技领域内具有明显优势的自主创新能力。要形成一大批绿色科技领域内的发明专利，并创造一批重大的科技成果。企业在绿色科技创生中的主体地位全面确立，基本建成具有全球影响力的绿色科技技术创新中心。力争在绿色科技领域形成 2 ~ 3 个拥有完全自主知识产权，具有国际先进技术的完善产业集群。

第三，对传统科技的创生改造基本完成。淘汰一批能源、环境领域的落后技术；改造一批具有一定发展前景的现有技术；建设一批资源节约、环境友好型的新兴技术。

第四，形成绿色科技的创生理念与文化。建立起使用绿色科技，推广绿色科技的文化氛围，倡导使用新科技、新产品，绿色科技创生文化被市民广泛接受。

第五，绿色科技对周边乃至全国产生良好辐射作用。加大绿色科技的对外输出力度，将好的发展模式进行全国范围内的推广。

第六，加强国际合作，使北京成为全球绿色科技研发与应用的重要节点，广泛吸纳国际资源与人才，鼓励相关企业国际化经营，培育出一批具有国际知名度和较强国际竞争力的跨国企业，形成若干世界一流的绿色科技研发机构，形成具有国际影响力的绿色科技创新交流合作平台。①

（2）微观目标

到 2020 年，北京绿色科技创生示范区产业发展目标为：

1）新能源与环保产业目标

加快推广太阳能、生物质能和风能利用等新能源技术应用，推动光伏产业、生物质能产业等新能源产业发展。推广照明节电、供暖节能等建筑节能技术，高效电机节能、变压器系统节能、高性能内衬材料制备技术、高温烟气净化技术和高温烟气余热利用技术等工业节能技术，新能源汽车等交通节能技术的发展。推广环境现代监测、机动车尾气净化、室内空气净化设备、烟气脱硝技术、高效污水处理及资源化、城市污染无害化处理和资源利用技术与装备、固体废弃物处理处置设备等环保技术，推动国产化的膜生物反应器（MBR）的规模化应用，加快膜生物产业基地建设。重点推进中关村自主创新产品进入污水和垃圾处理领域，在污水和垃圾处理、废弃电器电子产品处理等领域形成一定产业规模，加快新兴环保产业发展。

① 主要参考：国家中长期科学和技术发展规划纲要（2006—2020 年）[N]. 光明日报，2006 - 02 - 10；中关村国家自主创新示范区发展规划纲要（2011—2020 年）[EB/OL]. http://www.china.com.cn/policy/txt/2011 - 02/25/content_21999156.htm，2011 - 02 - 25.

2)节能建筑产业目标

推广宜居型住宅技术。推广新建建筑节能技术、绿色建筑技术、新型墙体材料、节能环保建材技术等,提升人居环境水平。推广应用照明节电技术,在全市范围普及高效照明产品,扩大发光二极管(LED)路灯示范范围。推广应用供暖系统节能技术,加快推进全市燃气锅炉节能改造工作和热电联产的应用。积极推广空调节能技术在本市大型公建节能改造中的应用。推广应用建筑围护结构节能技术和能耗监测技术。加强可再生能源在建筑上的应用与推广,研究太阳能、浅层地热、可再生新能源在建筑上的应用技术,提高可再生能源替代率。推广奥运工程建设成功经验和奥运工程应用的新技术、新产品,及时总结新技术、新工艺,编制工程建设地方标准。

3)工业节能产业目标

加大工业节能技术推广应用。加快推进石油化工等五大高耗能行业节能改造,重点推广应用余热余压发电、电机系统节能、工业锅炉节能、变压器改造等一批节能技术。进一步完善重点用能单位实时在线监测管理,扩大监测企业范围和监测能源品种内容。

4)农村生物质能源工程

重点示范推广生物质燃气中降低焦油污染技术、低温沼气发酵技术、生物质燃料高效利用技术以及沼渣、沼液资源化利用等技术,重点开展利用太阳能光热转换系统、生物质燃料加温等资源替代型技术(产品)试验示范,推广沼渣、沼液定量施肥技术,提高农村生物质资源综合开发利用水平。在有条件的农村地区开展生物质集中气化供气技术、户用炉具多元燃料、生物质成型燃料与能耗成本控制技术、生物质燃气标准化技术、生物质固体成型成套设备与配套炉具开发与应用。

5)新能源汽车示范工程

对接科技部“十城千辆”节能与新能源汽车推广应用工程。在公交和环卫等公共服务行业开展以混合动力和纯电动汽车等为重点的大规模应用示范,扩大天然气汽车示范规模,带动电动汽车整车及零部件产品开发,完善电动汽车产业链。组建北京新能源汽车产业联盟,加快建设新能源汽车联合研发中心、新能源乘用车生产基地和新能源商用车生产基地。

6)大气污染综合治理工程

加强污染治理技术的研发与推广。推广燃煤锅炉布袋除尘等实用技术，在化工和涂装、印刷等有机溶剂使用重点行业示范推广挥发性有机物治理技术，研发推广二恶英等有毒气体排放污染治理技术，研发建筑施工扬尘防治技术和装备，推行绿色施工。继续在燃气电厂、水泥厂、远郊区县燃煤集中供热锅炉房推行烟气脱硝技术，开展大型燃煤锅炉二氧化碳捕集和脱汞技术示范。

建立机动车排放控制动态管理决策支持系统。研究制定适应实施国家第五阶段机动车排放标准的北京市地方燃油标准、车辆达标技术路线。按照国Ⅴ标准的试验要求，完善机动车工况法排放检测技术和路检遥测检测系统，建设在用车环保标志电子信息化系统。

进一步开展北京和周边省区市大气污染物形成、转化与迁移规律研究，研发区域空气质量数值集成预报与模拟技术，推动建立大气污染区域化控制机制。

应用环境卫星大气污染物浓度反演技术等大气污染立体监测技术，完善京津冀区域空气质量地面常规监测网络，形成区域大气污染立体监测体系。研发推广烟气中的低浓度污染物、挥发性有机物连续在线监测技术。建立大气污染源清单核算与修订技术，建立污染物排放总量管理体系。针对可吸入颗粒物、臭氧控制等难点问题和群众关心的热点问题，研究制定地方标准，持续改善首都空气质量。

7)水资源保护和利用工程目标

实施脆弱区生态系统监测、恢复与重建示范工程，拓展密云水库、怀柔水库上游水土流失及面源污染监测、控制、治理的技术与措施，建立监测体系和信息系统。推广生态清洁小流域建设实用技术与工艺。推广分散点源污水治理、生态型河道水质改善技术，建设北运河水质改善与水体功能修复示范工程，建设生态河道治理示范工程。中心城区建立河湖水环境监测预警体系。

开展地下水资源安全评价及污染防控技术研究与示范，形成不同类型地下水污染防控技术体系。完善地下水监测网络，建立地下水水质、水量监控系统，逐步实现地下水的可视化管理。

推广膜生物反应器(MBR)等污水处理新技术，推广应用新设备，对高碑店、清河等8座污水处理厂进行升级改造，实现出水主要指标达到Ⅳ类地表水水质标准。研究污泥减量化、无害化、资源化利用关键技术，构建污泥安全处置技术体系。

建立水资源优化调度智能系统。开展水资源承载力与空间配置规划研究，水资源战略储备和水生态服务价值研究。开展水资源优化调度技术研究，推进水资源的精细化管理。构建城市雨洪资源管理决策支持系统。开展气候变化对水资源影响评价研究。推广雨水收集与水质改善技术，开展洪水预报与调度技术研究。

建立和完善城乡安全供水体系。加强水源切换条件下管网腐蚀产物释放控制，开展不同水源条件下水源水质监控预警与水源优化配置技术研究与示范，丰富水质安全保障技术体系，推广农村供水净化实用技术。

推广再生水利用与节水技术。在适宜地区推广再生水灌溉，完善安全评价体系。建立农业节水评价体系，因地制宜地推广节水适用技术，推动农业真实节水。开展农村污水综合治理与回用技术研究，因地制宜推广湿地和土地处理等适用技术。

8)垃圾减量化、无害化和资源化产业目标

积极推广餐厨垃圾、厨余垃圾等有机垃圾微生物资源化处理技术，建设董村、高安屯、六里屯等餐厨垃圾处理厂，开展餐厨垃圾资源化处理示范项目，基本实现本市餐厨垃圾资源化处理。

积极推广垃圾焚烧发电、热能利用和污染控制技术，推广生活垃圾堆肥技术和厌氧产生沼气技术，加快阿苏卫、南宫等垃圾焚烧发电厂建设和董村、阿苏卫、丰台等8座综合处理厂建设。

积极推广垃圾填埋场处理技术。推广垃圾处理设施生物除臭技术，积极推广填埋场全覆盖膜下抽气填埋气收集和利用技术以及渗沥液处理技术，完成12座垃圾填埋场处理设施异味治理，积极推进渗沥液处理污染控制。

积极推广建筑垃圾生产建筑材料技术。重点推动昌平南口、高安屯、京西、京南四个建筑垃圾综合处置试点项目，实现建筑垃圾年处理能力达到280万吨以上，提高建筑垃圾的资源化水平。

积极推广垃圾筛分资源化和抽气输氧等陈腐垃圾污染治理、生态修复及土地再利用技术，积极推进全市非正规垃圾填埋场的治理工作。

加强生活垃圾分类收集、分类运输、分类处理的基础性、关键性技术研究及应用创新。积极推广垃圾分类专用收集车，建立和完善垃圾分类收集、分类运输、分类处理体系，探索家用厨余垃圾处理技术、家庭管道垃圾输送技术、智能化垃圾分类物流管理技术及模式试点示范。

以上与绿色科技有关的八个产业发展目标是在《科技北京行动计划(2009—2012)》①中提出来的。但是目前看来，其中的多数目标很难在2012年完全实现，预计其中的多数目标将在2020年实现。

三、科技北京环境建设的路径选择

"绿色科技创生示范区"的建设是科技北京建设的重要组成部分，是北京推进产业结构升级、转变经济发展模式的必由之路。培育和发展绿色科技，建立创生示范区是北京协调环境和发展关系的根本途径。进行"绿色科技创生示范区"的建设是一个涉及理念、投资、技术、组织、制度、结构、文化等多方面深层次因素变革的全方位系统创新工程。在这个过程中，实现路径的选择尤为重要。由此提出"三阶段"的建设思路，从最开始的关键应用示范，到后来的规模应用示范，再到最终的普遍应用示范，每个阶段都有着不同的工作重点，结合科技北京建设的基本原则、战略重点等，进一步提出各阶段建设重点的政策建议。

1. 关键技术应用示范阶段

建立"绿色科技创生示范区"的第一步应该先从关键技术应用的示范开始。

(1)开展理论研究，形成标志性成果

开展"绿色科技"的基础理论研究。鼓励社会各种科研力量，包括企业、科研院所、高校等加入到理论研究的行列中来，要通过基础理论的研究形成"绿色科技"的核心技术，如电动车引擎技术、电池技术等实现突破，政府要对基础理论研究给予足够的政策支持和资金保障。其次，要积极推进"绿色科技"应用理论的研究。例如，脱销催化剂 TiO_2 国产化技术、垃圾焚烧发电技术等，这些应用理论的研究是实现"绿色科技"最直接、最有效的工具，因此要大力发展应用研究。最终形成标志性的研究成果。例如，重点攻破煤

---

① "科技北京"行动计划(2009—2012年)——促进自主创新行动[J]. 前线，2010(6)：11－20.

炭、电能、油气、热能等高效综合利用技术,利用标志性研究成果,带动相关产业的发展与完善。

(2)统筹制定发展规划

有针对性地制定符合北京发展现状的产业发展规划。“绿色科技”在推广实施的初期,处于一个缓慢的发展状态,这个阶段就特别需要政府持续的培育与支持。政府制定相关的发展规划,依照规划付诸长期努力,以引导各种社会力量进行研发与投资。在制定规划的过程中,要特别注意三个问题:首先,要保证各规划的衔接性,促进产业协调发展。目前,在国家层面、北京市层面已经有了很多的规划。例如,国家层面有《战略性新兴产业发展规划(2011—2020)》、《新兴能源产业发展规划(2011—2020)》、《节能与新能源汽车产业发展规划(2011—2020)》等,北京市层面有《中关村国家自主创新示范区发展规划纲要(2011—2020 年)》、《科技北京行动计划(2009—2012)》、《北京中长期科学与技术发展规划纲要》等。由于这些规划分属于不同层次、不同部门,因此各规划之间要充分衔接,要特别注意其一致性。其次,要明确部门分工,建立完善的协调机制。“绿色科技”的很多产业都涉及多个部门。以新能源汽车为例,包括北京市工促局、科委、交通管理等都对其有管理职能。不同部门的目标和关注点不同,容易造成互相之间政策冲突、方向模糊、工作重复甚至互相推诿等问题,影响行业的发展。因此,在科技北京环境建设的初期,就要明确相关的制度安排,保证各部门之间紧密合作。最后,要确保产业规划的前瞻性和可行性。规划制定要吸取各方面的意见与建议,使规划务实可行。尤其在经费投入上,政府和业界更要紧密沟通与协作,确保有限的公共资源用于解决核心问题,提高资源效率。规划制定者不仅仅要了解相关产业在技术研发、市场开拓、商业模式等方面的真实情况,还需要明确各种利益相关者的利益诉求,通过合理的手段激发各方参与者的积极性。另外,在制定产业规划的过程中,还要充分吸收国际上其他国家技术与产业发展战略的模式,辨明技术的发展趋势,结合北京实际情况进行合理规划。尤其在标准、知识产权等问题上,要力争主动、以我为主,做好与国际规则、标准的交流与衔接工作。

(3)完善法规、政策体系

健全法规标准。建立完善的促进“绿色科技”实施的法规标准体系。修订相关的配套法规,完成节能条例等内容的修订。适度提高北京“绿色科技”准入门槛，制定更加严格的标准，加大重点领域环保标准的研究、制定和修订。加快强制性单位产品能耗限额标准、终端用能产品能效标准、建筑节能标准、机动车燃油、电力能耗标准等的制定与修订工作。针对北京的高耗能产业高污染产业展开重点企业的能源管理与环境监督体系系列标准研制。加强相关执法队伍的建设，形成良好监督机制，定时发布北京“绿色科技推广目录”。

北京市政府和公共部门率先使用节能、绿色环保产品，尽可能将办公大楼建设成节能建筑。并通过强化目标责任制，根据部门、区域特点建立绿色节能减排工作差别化评价制度，将绿色科技应用列入各地区、各部门和国有大中型企业领导班子的综合考核评价体系。

(4)鼓励自主创新，确保多渠道科技投入

自主创新是“绿色科技”在未来获得核心竞争力、占领技术制高点的重要途径，也是北京向全国乃至世界进行示范的核心内容。自主创新可以分为三个层次，分别是原理创新、产品创新和产业化创新。创新的形式也多种多样，可以分为原始创新、集成创新和引进消化吸收再创新等。另外，随着国内企业实力的增强，进行国际投资、国际并购也是获得产业核心技术的重要途径之一。无论何种创新，在市场尚未完全启动的情况下，研发核心技术都面临着投资大、回报期长的困境，创新主体的积极性都不高。在这个阶段，多渠道的科技投入是必不可少的。这里的多渠道可以体现在以下两个方面：一方面，通过财税政策对企业自主创新予以资助。一般政府应该采用财政政策和税收政策结合的方式鼓励企业自主创新，有效地平衡企业风险和回报，增强企业创新动力，带动企业资金投入。例如，节能建筑、新能源汽车、循环经济等领域的自主创新，政府可以通过政府采购、消费者补贴和基础设施建设等直接方式，或政府贴息、税收优惠、政府担保、参股等间接方式进行支持。除此之外，还应引导社会资金投入到“绿色科技”的自主创新领域中。

(5)培育市场需求

在“绿色科技”关键应用的初级阶段，受产品价格、产品性能、使用便利度等因素的制约，市场规模非常有限。此时，应该采用有力的市场培育政策和措施来激发终端消费者的购买热情，从而坚定产业界对相关产业的发展信心。可以采用的方法包括：通过政府采购和消费者补贴来培育市场；通过税收政策来推动市场，如征收碳排放费用等；通过商业模式创新提高消费者使用的经济性和便利性，如对电动汽车使用“电池租赁”的商业模式，可以降低消费者的使用成本和充电的便利性。

2. 规模应用示范阶段

当关键技术应用示范成功后，就应该在更大的范围内进行规模应用示范。此时，要做的工作包括以下几点：

(1)完善基础性设施(改造传统产业)

对于我国目前能效技术差距大、产业化程度低的技术、设备或工艺，通过引进、消化、吸收、加快技术升级步伐，尽快缩小与先进水平的差距。

此外，“绿色科技”规模应用依赖于基础设施的完善程度。例如，风力发电、太阳能光伏发电等都需要大量的基础建设。在进行基础建设的过程中，要保证资金的投入，设施要具有一定的前瞻性，防止重复建设。

(2)机制创新，发挥市场基础作用

充分利用市场机制，发挥市场的资源配置作用。目前北京推动大规模实施“绿色科技”的工作主要是依靠政府，从长远看，应该促进“绿色科技”的市场机制形成，逐步形成市场经济推动为主，政府引导和推动为辅助的新型机制。通过提高污染成本，使其高于治理成本，从而迫使环保不达标的企业尽快改造。

政府要建立强有力的技术研究支撑平台，开放北京市国家级实验室和地方公共研究平台。此外，政府还应该鼓励建设创新性的产业联盟合作机制，具体合作方式可以包括产学研联合建设实验室，企业购买高校、科研院所技术创新成果，科研机构从事行业内共性技术开发与服务等。通过合理的利益分配机制、知识产权分享机制、技术转移机制等，促进创新性联盟的发展与壮大。①

(3)建立信息统计与发布机制

新兴的“绿色科技”产业多数都没有进入原来的统计系统，因此很难对行业数据进行统计。在行业大规模应用阶段，为弥补产业相关指标统计的不足，首先，要将相关统计纳入企业报告制度，开展日常性环境信息统计与

① 孟晓飞，刘洪，刘志迎．科技动力机制与创新系统分析[J]．系统辩证学学报，2004，12(3)：84－88.

检查工作;最后,要充分利用相关协会的关系网络,做好专项数据收集、统计、分析与发布工作;最后,要理顺"绿色科技"有关产业的统计渠道,减少统计数据之间的矛盾。只有准确的信息统计才能保证管理决策的正确性,才能对更广泛的区域起到"示范性"作用。通过信息统计与发布,健全节能减排、环境污染、能源利用等预警机制,强化对目标完成进度的评价考核等。

(4)发挥中介组织作用

发挥中介组织的作用,承担更多的政府分离出来的与环境有关的日常事物。例如,北京节能环保中心是由中国政府、法国政府和联合国开发计划署(UNDP)为促进地区能源节约和环境保护而设立的北京唯一从事节能环保综合性工作和承担政府委托职能的专业机构;北京节能环保促进会是经北京市社会团体登记机关核准登记的社会性、公益性、节能环保领域非营利性社会团体,其业务主管单位是北京市发展和改革委员会;北京节能和资源综合利用协会是由北京地区从事节能、环保和资源综合利用的企事业单位、研究院所和个人组成的跨行业、跨部门的非营利社会团体组织。这些组织建立的相关的信息网络,建立了统计体系,开展与环境相关的一些信息收集、分析与研究工作,并为政府决策、企业采取技术措施提供依据。同时,这些中介组织还开展检查、诊断、测试等基础性工作,使得"绿色科技"基础工作更加扎实、有效。[①]

3. 普遍应用示范阶段

"绿色科技创生示范区"最终要实现普遍意义上的"绿色科技"应用示范,该阶段的工作重点主要包括以下几部分。

(1)形成文化氛围

"天人合一"是我国的传统理念,真正能将社会发展与环境保护很好地融合在一起,需要全体公民具有较高的道德觉悟,并形成良好的"环保节能"文化氛围。应该利用各种媒体,加大对"绿色科技"及"创生示范区"的宣传力度,把环境与社会协调发展纳入社会主义的核心价值观宣传教育体系,加强国情教育,不断提高全社会的环境忧患意识和环境保护意识。要通过宣传教育使大家明白,北京不可能也不应该走浪费资源、污染环境的老路,人

① 贾建军,高继国,李奋生. 论当前我国科技中介组织在科技创新系统中的功能定位[J]. 攀枝花学院学报,2009(2):62-65.

口多、区域范围狭小的客观情况决定了北京要想继续有发展，就必须走借助“绿色科技”发展这一条路。环境与社会协调发展将成为北京长期坚持的指导方针，未来将形成“人人爱环境，人人懂环保”的社会风尚。

(2)教育培训模式创新

要普及应用“绿色科技”，就需要建立一支高水平人才队伍。随着产业不断壮大，也会不断创造新的机会，接受更多的人才进入。新兴产业人才培养需要较长的时间，特别是高端技术研发人才、技术管理复合型人才，其培养周期更为漫长。技术瓶颈的解决要依靠人才，根据行业发展需要，应该制定出绿色科技人才培养和劳动力再培训、再就业计划和政策，加快劳动力向绿色科技产业和企业转移。

(3)建立国际合作

通过合作研究、开发、培训、研讨等多种形式，进一步加强北京与国外机构、国际组织、企业、研究咨询机构等的联系，开展多层次、多领域、多种方式的交流与合作，利用国际资源，吸取失败教训，共享国际经验，研究国外的系统效益收费、环境成本内部化和开征能源税等做法在我国的可行性；要防止出现外国已经出现的问题。对于国际重大的“绿色科技”技术，要对其引进，共同开发和示范给予政策性的优惠，提高产业国际合作水平。

(4)形成产业高地

北京在“绿色科技”领域形成产业高地，建立绿色科技产业群，使其在资源上、技术上、机制上和人才储备上处于领先地位，并通过辐射作用，对中国乃至世界产生影响。总结建立“绿色科技创生示范区”的经验，带动全国绿色产业发展。

四、科技北京环境建设的对策建议

科技北京环境建设是一项庞大的系统工程，要最终实现“绿色科技创生示范区”的建设目标，需要具体做好以下四个方面的工作：

1. 保证环境质量持续提高

用科技提升北京环境质量，最终的结果是要实现环境质量的持续提高。创建北京绿色科技创生示范区，首先要保证北京的环境现状持续改善，北京要成为宜居城市，首先必须改善自己的环境质量状况。

(1)北京环境质量现状

北京作为特大型城市,其快速扩张的速度对环境提出了重大的挑战。

一是空气污染的问题尤为突出。北京的大气污染与一般城市的污染有所不同,它是一个复合污染问题,可以说北京空气污染正处在整个污染转型的过程中。过去以煤烟型污染为主,现今开始转向以机动车尾气石油型污染为主,从二氧化硫开始转向氮氧化物和细微颗粒物一系列复合的污染物形成污染。这样,北京污染控制面临的目标和国家的目标有所区别,国家的目标主要是处理二氧化硫,但是氮氧化物、细微颗粒物还没有提上正式议程,所以北京面临着空前挑战。

二是北京水体污染也在向复合方向发展,即从常规污染物向复合型的污染物发展。水体的常规污染物就是现在国家重点治理的 COD 有机污染物,北京现在的水体污染开始向包括 POPs 和环境的内分泌干扰素等一系列的综合污染物发展。同时,水污染转型正从点源污染向点源污染和面源污染相结合转变,尤其是北京的面源污染已经开始超过了点源污染。而对于面源污染,现在无论是中国还是发达国家都尚无很好的办法处理。更为重要的是,水污染已经变成全流域的污染问题,并开始从河流下游向上游转移、从干流向支流转移。虽然某一个局部的问题可以得到解决,但是在整个流域并没有解决问题。这些现象的出现对北京城市综合管理提出了一系列的挑战。

三是北京土地资源不足是制约北京进一步发展最为核心的问题。北京的城市规模在急速扩展,人口不断增加,急速扩张的城市规模与人口带来了一系列的土地问题。目前北京土地利用效率低,城市居住成本太高,垃圾处理压力越来越大。北京的土地问题突出体现在北京的城市布局方面。由于城市布局的不合理,造成了北京“摊大饼”式的发展,使得交通问题日益严重。北京以旧城区为中心,向外建设环线进行扩张。旧城区承担着商务、商业、旅游等功能,大型公共建筑不断兴建,中心区的“聚焦”作用越来越强,其承受的人口、交通、就业和环境的压力也越来越大。与土地问题一道而来的是垃圾问题。庞大的人口带来了巨大的垃圾量。2005 年,北京生活垃圾年产生量为 537 万吨,日产生量 1.47 万吨,而 5 年以后的 2010 年,北京生活垃圾年产生量达到了 635 万吨,日产生量 1.74 万吨。北京的垃圾分类处理主要方式是填埋和焚烧。填埋占用大量土地资源,可以作为填埋场的用地非常有限。平原地区人口稠密,山区往往又是水源或者生态保护区。即使现有的垃圾处理设施,也已经超负荷运行。例如朝阳区高安屯垃圾场,设计处理能力为每天1000吨,目前的处理量超负荷4倍左右,超负荷运转的填埋场会对周边环境产生负面影响。垃圾处理的最佳途径应该是分类处理,北京市目前也正在大力推进生活垃圾的分类处理。

四是生态系统相对脆弱。北京地区的地形地貌及人们活动空间逐步分化为西部和北部山区自然生态系统、城近郊区农业生态系统和城区城市生态系统。北京生态系统由于缺水而相对脆弱,不能有效抵御和缓解风沙、干旱等自然灾害,并造成城市地区恶劣的生态环境。城市中心区绿地总量不足、分布不均、水面面积小,城市生态系统不能适应城市性质和功能的需要。广大农村地区生态基础较差。土地开发强度大,种植业发达,廉价消耗大量的水资源,农业生产过度依赖化肥和化学农药,部分地区仍然使用污水灌溉,畜禽粪便和农作物秸秆没有得到有效利用,造成土壤污染,农产品安全问题令人担忧。北京市山区半山区占北京市国土面积的62%,这些地区既是资源丰富的地区,也是抵御外来沙尘污染的天然生态屏障,发挥着防风固沙、涵养水源、储水蓄水、输送新鲜空气、保护生物多样性以及市民旅游休闲度假等重要作用,但山区和半山区的生态环境正在变得越来越脆弱。

(2)提高北京环境质量的有效途径

要有效解决北京空气污染问题。要考虑整个区域性空气污染治理问题,包括污染物的联合控制,除了控制二氧化硫以外,应把氮氧化物等也纳入控制范围之内,未来PM、细微颗粒物等也要考虑进来。具体可以采用的手段包括:①借助科技改善能源结构,加强煤烟型污染治理。对大型燃煤电厂进行脱硫除尘脱硝治理、燃煤锅炉清洁能源改造等。②严格新车排放标准,加强机动车污染控制。加快淘汰老旧高排放车辆,对车辆总数进行控制等。③调整工业结构,加强工业污染控制,减少大气污染物排放。④严格施工管理,加强扬尘污染控制。加强对全市所有施工工地的执法监管,有效地控制施工扬尘污染。

要改善流域性的水污染问题,涉及整个流域综合治理,要设定长期的治理,而不是简单的三年五年。要做好用十年或者二十年改善一个流域整个状况的准备。要建立全流域统一的管理机构,做到整体监测、整体治理。比如地下水,北京市是缺水地区,但有很多地方有人工湖,这些水大部分是抽取地下水。北京需要对地下水进行有效监控,这涉及整个流域。另外,还要考虑整个流域生态补偿政策,下游跟上游、干流跟支流的相互关系问题。水污染防治应当坚持预防为主、防治结合、综合治理的原则,具体手段包括:①鼓励工业企业进行技术改造,推行清洁生产,采用先进的废水处理技术,减少水污染物排放量。②对高污染、高耗水行业加以限制。禁止新建、扩建制浆、制革、电镀、印染、有色冶炼、氯碱、农药合成、炼焦等对水体有严重污染的项目。对现有排放含重金属废水的小型生产企业限期关停。③城镇大力推广中水利用。④切实推进《北京市水污染防治条例》的落实实施。

北京环境质量的持续提高依赖于通过科技创新实现综合治理能力的改变。政府要在科技创新的应用方面起到引导与推广的积极作用,包括:①筛选发布先进污染防治技术示范名录和鼓励发展的环境保护技术目录,发布重点行业工程技术规范。加大新技术、新工艺推广示范力度,开展污染治理市场化试点,引导企业开展自主创新,提高污染治理水平。②组织科研力量进行攻关,不断提高污染减排的科技含量。要针对目前实现污染减排目标的严峻形势,面向污染源头控制、总量削减、达标排放和改善生态环境等环节的科技需求,逐步建立比较完备的污染减排环保科技支撑体系。③在科学评估的基础上,要充分运用科技创新研究取得的初步成果,动员各方力量,以更加宽广的视野,积极研究环境保护新道路涉及的重大科技问题,积极探索科技含量高、资金投入少、环境效益好的治理模式。

2. 加强环境资源综合利用

(1)环境资源综合利用的指导思想

节约资源是一项基本国策。北京的快速发展需要解决很多的问题,比如资源问题、体制问题、人才问题、科技问题,但是最基本的问题就是资源问题,这也是制约其他因素发展的关键问题。可以说,环境将是北京未来发展面临的最严峻挑战。北京作为一座特大型的城市,环境资源消耗强度大,环境资源需求量不断上升,经济发展面临资源约束的矛盾日益突出。

在此背景下,北京市更要加强对资源的综合利用。北京市应认真贯彻落实节约资源基本国策,以科学发展观为指导,坚持“因地制宜、鼓励利用、重点突破、全面推广”的方针,以提高资源利用效率和效益为目标,以技术创新和制度创新为动力,以企业为实施主体,加强法制建设,完善政策措施,逐步建立政府大力推进、市场有效驱动、全社会积极参与的适合我国国情的资源综合利用宏观管理体系，促进循环经济发展，建设资源节约型、环境友好型社会。

(2)北京环境资源综合利用现状

目前，北京环境资源的综合利用情况不尽如人意，大量的废旧家电及电子产品，废弃有色金属、废纸、废塑料、废玻璃、废旧木质材料等，还没有得到有效利用，既浪费了资源，又污染了环境。

目前北京环境资源综合利用面临的主要问题有：

第一，对资源综合利用重要性和紧迫性认识不足。长期以来一些企业对资源综合利用的重要性认识还有待于进一步提高，没有把资源综合利用看作是资源供应的重要来源，仅作为废物处理的措施，对资源综合利用的重要性和迫切性的认识亟待进一步提高。

第二，科技能力相对发展较慢，创新能力亟待加强。特别是缺乏自主知识产权的技术和装备，具有重大带动作用的共性和关键技术开发不够，许多可再生利用的废物得不到应有的开发利用，一些综合利用产品的技术含量低、附加值不高、竞争力不强。

第三，环境资源建设的统计基础工作薄弱，统计能力建设滞后。在北京国民经济发展统计体系中缺乏对资源综合利用基础数据的统计，统计数据不完整、方法不统一、基础数据匮乏、信息交流不畅，难以作为宏观调控的基础依据。

(3)环境资源综合利用的具体内容

1)“三废”综合利用

重点是产生量大、存放量大、资源化潜力大的废弃物资源化利用。

①固体废物

重点发展从冶炼渣、矿山尾矿等回收价值高的金属，提高资源综合利用附加值。发展煤矸石、煤泥发电；大力发展利用煤矸石、粉煤灰及各类化工渣生产新型墙体材料等为主的利废建材；发展粉煤灰、煤矸石等在筑路、回填、复垦等领域的利用；推广碱渣、电石渣等化工废渣在建材产品中应用技术；鼓励铬渣的综合利用。积极推广电厂脱硫石膏、磷石膏等工业副产石膏替代天然石膏的资源化利用。积极推进北京城市生活垃圾的综合处理，最大限度实现资源化。大力推广城市生活垃圾焚烧发电、堆肥等综合利用技术；推广建筑垃圾的重复使用、再生利用和无害化利用。

②废液(水)

发展造纸、食品酿造、印染、皮革、化工、纺织、农畜产品加工等行业废液的资源化利用,重点回收可利用的资源;推进工业废水循环利用;扩大再生水的应用;大力推进矿井水资源化利用。

③放散气以及余热、余压

对焦炉、高炉、转炉煤气进行回收和资源化利用;发展工业窑炉的余热余压发电和热的分级利用;对油田、炼油企业各种放散气体进行回收和综合利用;对生产过程中的二氧化碳进行资源化回收利用。

2)再生资源回收利用

重点是完善再生资源回收体系,规范市场秩序,加快废旧资源加工利用的产业化。

①再生资源回收

重点规范再生资源回收领域的市场秩序,根据资源的不同特性,研究建立相应回收模式;从社区回收、再生资源集散加工市场等方面入手,推进再生资源回收体系建设试点,逐步建立规范完善的再生资源回收网络体系,培育再生资源集散加工基地,提高再生资源回收的有序性和规范性,使其健康发展。

②再生资源加工利用

以提高再生资源加工利用产业规模和利用水平为目标,重点推进再生资源集散加工基地建设和再生资源回收利用产业化。鼓励生产具有高附加值的综合利用产品。淘汰技术装备落后、污染严重的生产工艺。重点推进废旧家电、废旧轮胎、废塑料、废纸、包装物、废弃木制品、废弃油品回收利用的产业化进程。

③境外再生资源

对符合环境保护控制标准的资源性再生资源(如废钢、废有色金属、废纸等),应从政策上鼓励利用境外市场。强化进口境外可再生资源的检验检疫及其监督管理,严防掺混“洋垃圾”,规范有序进口国外再生资源,合理规划布局,加强集中和系统处理,条件成熟时建立进口再生资源资源化示范园区。

3)农林废弃物综合利用

重点发展农业废弃物(包括秸秆、农膜、畜禽粪便等)、农产品加工副产品、林木"三剩物"等资源化利用；发展木基复合材料和经济合理的代木产品，综合利用废弃资源开发利用生物质能源。鼓励废旧木材及其废旧木制品的回收再利用。发展木材改性、防腐、抗虫和阻燃技术，推进其产业化。

（4）资源综合利用的保障措施

北京市有关部门要把综合利用资源贯彻到制定和实施发展战略、发展规划、产业政策、投资管理以及财政、税收、金融和价格等相关政策中。

1）加强制度建设，推进依法行政

加快资源综合利用立法进程，逐步形成以《循环经济法》为核心、以《资源综合利用条例》为基础，包括主要废物资源化利用管理专项法规相配套的资源综合利用法律法规体系，加大执法监督检查的力度，逐步将资源综合利用工作纳入法制化轨道，依法推进资源的综合利用，对应当开展而不开展资源综合利用的企业要加大处罚力度。建立相应的市场准入和环境准入制度，防止二次污染，严厉处罚造成严重污染的企业。

完善资源综合利用标准体系。加大基础标准的制定力度，制定与国际接轨的技术标准，为资源综合利用提供统一的交流平台。

建立资源综合利用统计制度。将重要资源综合利用信息数据纳入国民经济统计体系，为国家宏观调控和企事业单位开展资源综合利用提供统一、权威的数据信息。

2）完善激励政策，抓好政策落实

进一步制定和完善适应市场经济体制的鼓励和扶持资源综合利用的政策措施。根据综合利用发展情况和技术进步的实际，适时调整和完善资源综合利用财政税收优惠政策。进一步完善和实施资源综合利用认定制度，落实好国家对资源综合利用的鼓励和扶持政策，研究建立和实施资源综合利用奖惩政策。

研究推行生产者责任延伸制度，充分考虑再生资源回收利用的驱动机制和环境外部成本，建立大宗废旧物品回收处理成本补偿制度，推动废弃电子电器、废旧轮胎等资源循环产业的形成。

北京各政府部门应当优先采购使用再生资源或者一定比例再生资源为原料制成的商品。国家通过差别消费税等手段鼓励消费者购买再生利用产品。

3)加强技术创新,推动技术进步

将资源综合利用纳入北京重大科技发展计划,组织相关领域的技术攻关。结合《中国资源综合利用技术政策》,制定北京市的配套政策。及时向社会发布有关资源综合利用的政策、技术和管理等方面的信息。推动企业增强创新能力,引导企业有重点地开发和应用先进的资源综合利用技术。

加强资源综合利用领域的国际合作,借鉴国外的先进管理经验,引进先进适用的资源综合利用技术。

4)加强宣传教育,提高全民意识

广泛、深入、持久地开展资源综合利用的宣传活动,不断提高全民的资源忧患意识、节约意识和责任意识。将资源综合利用纳入中小学教育、高等教育、职业教育和技术培训体系。新闻出版、广播影视、文化等部门和有关社会团体,要充分发挥各自优势,搞好资源综合利用宣传,宣传资源综合利用典型,曝光严重浪费资源、污染环境的现象。引导全社会树立正确的消费观,鼓励使用资源综合利用产品,逐步推行垃圾分类回收和利用,减少一次性产品的生产和使用,形成节约资源和保护环境的生活方式和消费模式。

5)加强组织协调,扎实推进工作

资源综合利用是一项系统工程,涉及国民经济和社会发展的各个领域,需要有关部门的协调配合、共同推动。北京发展改革委应会同有关部门建立有效的协调工作机制,加强部门间的协调和配合,充分发挥行业协会及有关中介机构的作用,培育服务体系。各区县政府有关部门、各企事业单位要加强对资源综合利用工作的领导,做到层层有责任,逐级抓落实,扎扎实实地推进资源综合利用工作的开展。

3. 完善智能化环境信息监测

(1)智能化环境信息监测的内涵

智能化环境信息监测是现代化信息技术在环境信息领域中的具体应用。北京的信息化程度很高,这有利于借助北京先进的信息化基础设置构建“数字环保”的战略体系。智能化环境信息监测系统将有效整合网络资源、基础设施资源、应用资源、数据资源、信息服务资源,形成统一协调的环境信息化工作体系,为实现环境业务协同化、环境管理现代化、综合决策科学化和环境信息服务规范化奠定坚实的环境信息化基础。

(2)智能化环境信息监测的具体内容

智能化环境信息监测是信息科技在环境保护领域内的具体应用,利用科技力量完善环境信息的有效采集、传递与存储等。北京发达的现代化信息网络可以为环境信息监测提供基本的硬件保障,北京的高水平城市管理可以为环境信息监测提供坚实的软件支持。正是基于北京较为完善的软硬件环境,北京的智能化环境信息监测将成为科技北京环境建设的重要示范内容。

智能化环境信息监测的主要目的,是通过环境管理的核心业务应用系统建设,包括环境监测管理、污染监控管理、生态保护管理、核安全与辐射管理、环境应急管理等环境业务的应用系统建设,为环境管理提供信息化支撑,提高环境业务管理水平。

智能化环境信息监测的具体内容则包括环境信息网络建设、环境信息基础设施建设、环境信息应用支撑建设、环境信息系统建设、环境信息资源共享建设、环境信息服务建设、环境信息安全保障建设等方面。

智能化环境信息监测具体需要建设以下环境基础数据库:污染源基本信息库、环评基础数据库、建设项目验收管理数据库、环境统计数据库、排污申报管理数据库、排污收费管理数据库、环境监测管理数据库、环境监察执法管理数据库、环境信访管理数据库、生态保护管理数据库、核安全与辐射管理数据库、环境应急管理数据库、固体废物管理数据库、机动车污染管理数据库、污染源普查数据库、环保法规数据库以及其他数据库。

智能化环境信息监测建设应重点强调环境信息资源整合,采用集中与分布相结合的方式管理环境数据,倡导环境数据集中管理和环境信息资源整合,北京智能化环境信息监测的主管部门是环境保护部门,应该由他们建设逻辑上统一的环境数据中心。各级环境保护部门应建立有效的环境信息资源共享机制,为各级环境保护部门之间以及同级不同部门之间的环境信息资源共享提供制度保障,各级环境信息中心为环境信息资源共享提供技术支持。

(3)智能化环境信息监测的应用

智能化环境信息监测最终目的,是为各级环境保护部门提供规范化的信息资源服务。环境信息服务建设应通过环境保护电子政务综合信息平台,实现内部环境管理人员的沟通交流和信息共享,为环境管理与综合决策提供全方位的信息服务和数据支持；通过政府网站发布环境信息，实现网上审批、网上服务等，促进政务公开和公众参与，为企业和公众提供“一站式”环境信息服务。具体应用包括：

1）环境监测管理

结合环境监测管理业务的实际需求，重点建设以环境质量监测管理、生态监测管理、污染源监测管理、环境监测数据分析为重点的环境监测业务子系统，为环境管理和决策提供基础数据支持。

实现对北京环境质量数据（包括地表水、大气、近岸海域、酸雨、噪声等）的动态管理功能；实现对卫星遥感影像数据、矢量数据以及环境监测的地理信息数据的有效管理。

实现对环境监测站业务的信息化管理，包括采样、测试、分析、质控、审核、监测报告、查询统计等监测业务的综合管理。

建立空气自动监测站、水质自动监测站、声环境自动监测站等自动监测系统，加强对大气环境、水环境、声环境状况的管理。

实现对重点污染源自动监测数据的实时采集、传输、处理、分析与报告，对重点污染源月监测数据按月及时采集、传输、处理、分析与报告，对重点污染源季度监测数据按季及时采集、传输、处理、分析与报告。

2）污染监控管理

结合污染源管理、环境监察、总量控制和建设项目管理等业务的实际需求，建设以环境影响评价、污染防治管理、总量控制管理、环境监察管理为重点的污染监控业务子系统，为环境管理和决策提供基础数据支持。

实现建设项目环境影响评价审批、跟踪管理、备案管理以及从建设项目竣工试生产到竣工验收各个阶段的信息化管理。

实现规划环评信息管理，环评机构和人员信息管理。

实现污染防治管理、污染物总量控制管理、危险废物管理、危险化学品管理、机动车污染防治管理、城市环境综合整治与定量考核等功能。

实现排污申报管理、排污收费管理、“12369”接警管理、环境监察与执法管理、污染源自动监控管理等功能。

3）生态保护管理

结合农村生态、区域生态、自然保护区、生物多样性和生物安全等管理业务的实际需求，利用先进的信息化手段，建设以区域生态环境管理、农村生态环境保护管理、生物多样性保护和自然保护区管理为重点的生态保护业务子系统。

通过建立生态环境质量评价体系、生态功能区与生态脆弱区管理模型数据库、生态示范区信息系统等,为区域生态环境管理规划提供信息支持。

实现文明生态村建设管理、畜禽养殖业污染防治管理、农村饮用水源地保护管理、有机食品基地管理的信息化,推动农村生态环境管理水平的提高。

实现对自然保护区、生物安全、物种资源、外来有害入侵物种、病原微生物实验室、环保用微生物进出口的信息化管理功能。

4)环境地理信息系统管理

将环境管理业务与地理信息系统相结合,通过电子地图直观展现环境管理业务相关的地理位置分布情况和周边环境状况;提供环境业务数据和电子地图数据相互查询的功能;实现专题图配置、渲染、制作、分析等绘图功能,为环境决策提供依据;利用空间分析模型对环境质量和污染状况发展趋势进行模拟分析。

5)环境应急管理

结合环境应急管理业务的实际需求,利用先进的信息化手段,建设以环境应急接警与预警管理、环境应急指挥调度管理、环境应急监测管理、环境应急决策支持、环境突发事件后评估管理、环境应急现场处置管理和环境应急训练演习为重点的环境应急管理业务子系统,为环境应急管理和决策提供数据支持。

实现对突发环境应急事件的接警预警管理与指挥调度管理,实现应急指挥中心对环境应急现场的调度指挥,为处置环境应急事件提供支持。

实现对化学突发环境应急事件和核与辐射事故的应急监测,为政府进行突发环境事件的监控与预警、应急决策、现场的应急处置提供技术支持和保障。

实现对环境应急重要环节的辅助支持能力和后期的监控及评估能力。

为环境应急事件提供准确可靠的监测数据,通过使用必要的监测设备,实施应急监测,确定污染物质、污染范围、污染程度,提供处置技术支持。

6)电子政务综合信息平台

建设环境保护电子政务综合信息平台,为环境保护提供信息服务和业务管理平台，满足环境保护政务管理和业务应用的需求。完成以下建设内容：

第一，建设基于环境保护电子政务内网的环境综合信息门户，采用分布式管理体系，为环境保护提供包括信息发布、信息交换、行政审批和业务管理的办公平台，实现环境保护的信息共享和业务协同。

第二，建设基于环境保护电子政务内网的视频管理系统，实现在局域网和广域网上的多路视频点播和视频直播，包括用户权限管理、视频的自动采集和上传发布、多种视频源的采集和动态管理、网络带宽资源的自动负载等功能。

第三，建设基于环境保护电子政务内网的个人办公助理智能客户端，完成个人信息和事务的管理，包括邮件系统、日程管理、即时通信等，提供个性化办公空间。

第四，建设基于环境保护电子政务内网的公文管理系统，实现环境保护办公自动化，以及公文的远程传输。采用安全保密技术，保证公文在传输过程中的安全可靠，并通过对公文的打印控制，实现电子公文和纸质公文的一致性。

第五，建设基于环境保护电子政务内网的环境保护行政审批办公平台，集成包括信访管理、政务督办、建设项目审批、环境保护项目申报等信息系统，实现环境保护行政审批工作的网络化和电子化。

第六，加强内外网互动，将内网面向公众的环保信息定期推送到外网网站上进行发布，促进内外网的信息交换与共享。

第七，提供数据统计与查询功能，为领导和管理部门提供科学的决策依据。

(4)智能化环境信息监测的安全保障

环境信息安全保障要按照国家有关法律法规、政策和行业相关的技术规范要求，结合北京市实际情况建立安全技术体系和安全管理体系，实现防窃取、防毁坏、防假冒、防篡改、抗抵赖，并防止拒绝服务和网络攻击，为环境信息能力建设提供安全保障。北京环境保护部门要根据各应用系统的重要程度和业务特点以及不同发展水平，合理确定安全保护等级，分类分级分阶段实施，通过划分不同的安全区域，实现不同等级的安全保护。①

4. 全面推广循环经济

(1)循环经济的内涵

循环经济是指在生产、流通和消费等过程中进行的减量化、再利用、资源化活动的总称。循环经济的核心是资源的高效利用和循环利用，基本原则是减量化、再利用和资源化(即3R原则)，基本特征是低消耗、低排放、高效率，本质上是符合可持续发展理念的创新型经济发展模式。②

循环经济体现在资源开采、能源消耗、废弃物产生、再生资源产生和社会消费等环节。在资源开采环节，要大力提高资源综合开发和回采率；在资源能源消耗环节，要大力提高资源能源利用效率；在废弃物产生环节，要大力开展资源综合利用；在再生资源产生环节，要大力回收和循环利用各种废旧资源；在社会消费环节，要大力提倡绿色消费。

发展循环经济，是贯彻落实科学发展观的内在要求，是建设资源节约型、环境友好型社会的必由之路，也是转变经济发展方式、实现又好又快发展的必然选择。党的“十七大”将循环经济形成较大规模作为全面实现小康社会新的目标。2009年1月1日开始实施的《循环经济促进法》从法律的高度将发展循环经济确立为我国经济社会发展的重大战略。在当前应对国际金融危机的过程中，胡锦涛明确指出：“要把保增长、扩内需、调结构有机结合起来，把国际金融危机对经济结构调整形成的压力转化为动力，变挑战为机遇，加大产业结构调整力度，大力发展循环经济，努力形成新的经济增长点和新的竞争优势。”③

(2)北京应大力发展循环经济

北京作为中国首都，是全国的政治和文化中心，也是一个拥有约1500万人口的特大型城市，大量消费、大量废弃的大都市特征日益凸显。在全国大力发展循环经济的实践中，需要北京先行垂范，贯彻国家战略意图，发挥辐射带动作用。作为全国循环经济试点城市，也对北京发展循环经济提出了

---

① 环境信息能力建设技术指南[EB/OL]. http://www.zhb.gov.cn/gkml/hbb/bgth/201101/t20110107_199674.htm,2010-12-30.

② 周宏春. 循环经济学[M]. 北京：中国发展出版社，2008.

③ 余学锋. 推动绿色科技创新促进循环经济发展[J]. 中共福建省委党校学报，2009(12)：69-73.

更高的要求。

北京已经进入了城市化快速发展时期。能源、水、土地等资源供应不足的矛盾越来越突出，生态建设和环境保护的形势日益严峻。发展循环经济，建设节约型城市是贯彻科学发展观、缓解本市资源环境约束、实现可持续发展的根本出路，也是北京建设“绿色科技创生示范区”的内在要求。

因此，北京应该遵循循环经济发展的内在规律，以转变经济增长方式、调整产业结构为根本，以资源节约和再生利用为突破口，促进资源的高效利用和循环利用，加快生产、消费和保障三大体系建设，通过提升产业生态化水平、积极培育再生资源产业，构筑“循环生产体系”；通过建立市场准入制度和大力推广绿色产品，转变消费观念，构筑“绿色消费体系”；通过技术创新和制度创新，完善法规标准、强化执法监督、倡导节约风尚，构筑“综合保障体系”。逐步形成政府大力引导、市场有效驱动、公众积极参与的运行机制，全方位推进本市循环经济工作的深入开展。

(3)北京循环经济涉及的具体内容

1)循环生产体系建设

北京的产业建设处于国内领先地位，因此，在发展循环经济的过程中，首先要建设循环生产体系。特别是围绕优势产业的升级，通过政策引导、资金扶持和技术突破，全面推进企业实施清洁生产，通过各工艺之间的物料能量循环，减少物料能量的使用，达到少排放甚至“零排放”目标；着力推进生态设计，从源头减少资源能源投入；深入开展循环经济企业、循环经济园区、农业循环经济、城市与社区循环经济、城市废弃资源循环利用试点，积极探索节能减排的新模式，及时总结试点经验，开展示范推广工作。

北京应该根据不同区域的产业特点建立不同类型的循环经济模式，合理构建循环经济产业链，提升区域竞争力。特别是以中关村产业园区为代表的一批高科技产业园区要抓好项目布局和产业链接，集中建设污水处理、中水回用、固体废物处理、热电联供等项目，形成集约利用的公用工程，推动产业集聚发展、企业集中布局、污染集中处理和废弃物循环利用，努力降低资源消耗和废物排放，提高土地利用率和产出率；农业园区要结合新农村建设，支持建设一批重点生态农业示范园区，发展户用沼气和规模化畜禽养殖场沼气工程，形成种植、养殖、特色农副产品加工一体化的农业循环经济产业链，建设一批秸秆综合利用工程。

在建设循环经济型企业和园区的基础上，建立有效的废旧物资再生利用体系，构建区域循环经济体系。推进垃圾资源化利用，要建立健全垃圾收集系统，全面推进城市生活垃圾分类体系建设。围绕垃圾分类拾拣、污水入网处理、太阳能利用、建筑节能和绿色消费等内容，加强循环型社区建设。

2)绿色消费体系建设

有利于节约资源、保护环境的绿色消费方式是循环型社会的基本标志，是发展循环经济不可或缺的环节。北京要建立起循环经济体系，必须发挥政府的导向作用与示范作用，实施政府绿色采购制度。在国家有关政府采购目录基础上，制定北京市政府采购目录。政府部门优先采购再生材料生产的产品、可循环使用的产品、通过环保认证的产品，以及节能、节水和节材的产品。大力推广能效标识产品、节能节水认证产品和环保标志产品。建立严格的市场准入制度，重点推广高效照明产品、节水器具和资源再生产品。在全市进一步推广绿色消费示范工程建设，倡导绿色消费方式和绿色生活方式，促进社会消费方式的逐步转变。

发展循环经济，需要全社会的广泛参与。从家庭、社区和学校教育抓起，继续深入开展循环经济宣传，普及循环经济知识，提高社会认同程度，在全社会牢固树立生态文明观念。以全民节能减排为重点，积极倡导节约、健康、文明的生活方式，把资源节约、回收利用废弃物、保护环境变成全民的自觉行为，逐步形成有利于循环经济发展的生活方式和消费模式。对涉及人民群众切身利益的重大决策和开发建设项目，实行公示和听证制度，广泛听取各方面意见。积极鼓励、支持公众参与有益发展循环经济工作的行动和监督管理。

3)综合保证体系建设

北京应切实落实国家支持循环经济发展的所得税、增值税减免政策和市场准入、政府绿色采购等政策。同时，依据国家法律法规，结合实际，进一步完善地方性配套法规体系，建立起与发展循环经济相适应的综合性长效机制。在生产、流通和消费等过程中充分体现循环经济的理念，从产业政策、财政、投资、金融信贷等方面，研究制定促进循环经济发展的相关政策。对过去出台的不利于资源回收和循环使用的文件，应组织修订。执法部门要进一步加大执法力度，依法查处违法行为。

综合运用财政、税收、投资、市场准入、价格、信贷等手段，依法完善宏观调控,加快调整产业结构。抓紧研究制定资源综合利用、再生资源回收利用、废旧家电回收处理等方面的管理条例,加快建立循环经济标准体系以及有关产品标识制度。建立和完善循环经济规划制度、评价和考核制度、生产者责任延伸制度、重点企业监管制度、标准标识管理制度、表彰奖励制度以及社会监督机制等。在实践过程中,把发展循环经济的好做法、好经验上升为制度,加大推广普及力度,使其逐步走上法制化、规范化的轨道。

支持建立循环经济技术服务体系。推动企业广泛应用节能减排的新技术、新工艺、新设备和新材料,加强对循环经济关键技术的研究和应用,特别是加快推广有一定应用基础的先进适用技术。发挥协会、科研院所、大专院校和节能技术服务中心、清洁生产中心、循环经济中心等中介机构的作用,建立和完善循环经济信息系统和技术咨询服务体系,及时向社会发布有关循环经济技术、管理和政策等方面的信息,开展宣传、咨询、培训、推广等工作。

(4)科技对北京发展循环经济的作用

科技是北京发展循环经济的基础与保障。因此,应该支持建立各级循环经济技术服务平台,借助北京强大的科研实力,推动循环经济领域产学研结合的科技创新,加强自主创新和产业化。建设一批国家级循环经济工程(技术)研究中心和企业循环经济技术中心等创新平台。加强以技术开发中心建设为重点的企业自主创新体系建设,把淘汰节约、综合利用、回收再生利用作为企业开发创新的重要内容。①

同时,加强对循环经济关键技术和设备的研究和应用,加快节约、替代、循环利用和零排放技术的开发和推广应用,突破一批重点领域关键技术,重点开发和推广有一定应用基础的先进适用技术和设备,推动循环经济装备制造业发展。

在此基础上,建设再生资源回收网络和再生资源物流体系;推动发展循环型服务业,发展循环经济技术与信息服务业,建立循环经济信息发布系统;建立循环经济统计体系和统计制度,加强循环经济标准化建设,逐步完善促进循环经济发展的科技支撑体系。

---

① 王建华. 以绿色科技创新为支撑促进我国循环经济发展[J]. 科技与管理,2006(3):127-129.

第八章
科技北京社会建设
——科技文明首善之区

科技北京建设的社会背景表现为：北京科技创新文化发展的相对滞后、科技行政化现象比较突出，已经严重影响北京首都科技资源优势的发挥和区域创新能力的整体水平，从而使科技发展与社会需求之间产生较大差距。由此而言，科技北京建设必须在科技文化发展方面下大力量。同时，社会子系统是北京城市系统的一个部分，进而社会系统建设也是科技北京建设的重要组成部分，是关系到科技北京建设成效的关键环节。探讨科技北京在社会层面的建设，是在人文北京发展的大环境下，以科技创新作为支撑条件的前提下，分析科技创新与社会发展相结合的关键环节与重要方式，从而实现科技文明在社会系统层面的推进，进而实现科技北京建设目标。

根据科技北京建设的目标，其社会建设必须以科技文明首善之区为科技北京社会建设的总体目标，以科技创新的社会环境营造为主线，着力打造以科学精神为引领的科技创新文化环境、以人的科学素养全面提升为基础的创新人才环境、以符合知识生产规律的科技管理制度为核心的创新制度环境。

一、科技北京社会建设的战略目标

科技北京社会建设是科技北京理念在北京城市各个系统中的进一步深化，为北京城市发展提出了较高的要求，其战略目标是将科技文明作为社会进步的关键推动因素，使首都北京的科技资源优势充分渗透于社会的各个发展领域,在营造科技创新的良好社会环境的基础上,推动北京城市社会的发展与进步。与此同时,发挥首都高端引领与辐射作用,以首都北京的科技文明带动全国科技文明的共同进步。因此,科技北京社会建设的战略目标应当定位于将北京建设成为全国科技文明首善之区。

1. 科技文明首善之区的内涵

党的十七大提出,“推动社会主义文化大发展大繁荣”、“提高国家文化软实力”、“弘扬科学精神,普及科学知识”。历史表明,没有科技支撑的文化,是落后愚昧的文化;不与文化相结合的科技,则是单调枯燥的科技。二者必须紧密结合,相得益彰。

(1)文明

为了厘清科技文明的概念,我们首先需要弄清楚什么是文明。关于文明的含义,学术界可谓见仁见智,莫衷一是。对于文明概念,有三个层面的理解。第一个层面是人类社会发展的历史阶段。这种意义上的文明是与野蛮、未开化、原始、兽性相对的,往往与文化、教育、艺术等的发达相联系,这种文明有先进与落后之分、优劣之别。第二个层面是人类改造自然和改造社会的积极成果。这种文明表示着人类社会物质、精神等的不断发展和进步状态。第三个层面是指一个民族、一个国家、一个地区或具有共同精神信仰的群体的文化遗产、精神财富和物质财富的总和。这个层面上的文明与文化是相通的,有时互为替代。通常使用较多的是第二层面的含义。例如《中国大百科全书》的解释,“文明是人类改造自然与社会的物质和精神成果的总和,社会进步和社会发展状态的标志”。科学是人类创造知识的社会活动,是形成和产生科学知识即创造知识的实践活动,科学技术是生产力发展的重要动力,是人类社会文明的重要标志,也是人类进步的状态。因此可以说,科技本身也是社会文明的重要组成部分。但是科技文明又不能为物质文明、政治文明、精神文明所完全包括,在知识经济时代背景下,科技文明作为社会文明重要的组成部分,其社会作用越来越突出,应该得到充分认识。

(2)科技文明

科技文明“是以科学技术为基本内容,以积极发展、广泛应用、全民普及科学技术为目标,推动经济社会和生态环境加快进化的文明形态。具体包括:科技成果的创造和应用、科技理论的升华和普及、科技精神的树立和扩展、科技人才的培育和使用、尊重科技的社会氛围的形成和扩展、人口科技素质的提高和拔尖人才辈出、科技对经济社会发展贡献力的增强和资源配置的优化，以及扫除一切反科学、伪科学、轻视科技的势力和意识，使‘第一生产力’成为整个社会的第一推动力，成为知识经济时代基本的文明形态”。①

科技文明是对科学技术与社会互动关系的概括。包括社会对科学技术发展的影响与作用和科技对社会经济发展的支撑与引导作用两方面。从社会对科技发展的作用角度分析，科技文明体现为社会要为科技创新提供良好的人才涌现、凝聚与激励机制，为科技创新提供浓厚的创新文化氛围，为科技创新成果应用提供顺畅的转化机制，为科技发展中矛盾的化解提供最有效的制衡机制；从科技对社会经济发展的支撑引导作用角度分析，科技文明体现为科学技术为社会提供以科学精神为代表的精神财富；科技对经济发展的支撑引导作用，即第一生产力的作用；科技对社会生活方式、人的思维方式的改进。总之，科技文明是科技与社会相辅相成辩证关系与发展状态的集中体现。

(3)全国科技文明首善之区

《汉书·儒林传序》："建首善自京师始。"后用"首善之地"指首都。如《金史·礼志八》："况京师为首善之地，四方之所观仰。"也作"首善之区"。"首善之地"也泛指最好的地方。随着时代的变迁，首善之区的含义有了拓展和延伸。现在人们一般把各方面做得最好的地方称作首善之区。这既包括经济繁荣，也包括文化先进、环境优美、服务完善、社会和谐等诸多方面。

所谓全国科技文明首善之区是指：北京要在"科技文明"建设方面走在全国的前面，成为这方面全国做得最好的城市。主要体现为在科技文明建设上要坚持建设质量的高标准、建设内容的高端化、建设过程的高效率。力图把首都建设成为在全国科技创新与转化能力最强、科技创新社会支持与保障机制最完善、科技创新文化氛围最浓厚、科技进步的矛盾制衡机制最健全、科技人才竞争与激励机制最有效、科学精神社会渗透最广泛深入的区域。其实质就是通过科学精神的全面社会渗透，完善社会创新文化机制促进科技对社会第一生产力作用的发挥；通过科技的发展支撑以人的全面发展为标志的社会的全面进步。

---

① 杨承训．弘扬科技文明是一项重大历史任务[J]．河南科技，2009(3)．

科技文明包括三个层次:物质与器物层次、制度与组织层次和价值观与行为规范层次。物质与器物层次的科技文明,是人们运用科技知识对自然界进行加工、改造的各种人工自然物,包括各种工具、仪器、设备、技术产品以及人工材料等。制度与组织层次的科技文明,体现在当代科学技术发展对社会政治、经济、文化、教育等各个领域的体制与组织管理一系列变革的推动中,如科研活动的组织体系、管理体制、领导体制、各种科技研究的支持体系等。价值观与行为规范层次的科技文明,则体现在人类精神世界和意识形态领域的进步中。科技知识、科学理论、科学方法和科学精神是人类文明发展中最重要的共同精神财富并凝聚成为新的价值观与行为规范,构成了科技文化的核心组成部分,集中体现着科学技术的精神功能和意识形态功能。

2. 建设科技文明首善之区的意义

科技文明是一切文明的基础,是所有文明的动力和源泉,是第一文明。如果说革命是历史的火车头,是为了解放和发展生产力,那么,作为第一生产力的科技和全部科技文明,就是火车头的动力和车轮。正如马克思指出的,科学技术是人类社会历史前进和发展的有力杠杆。历史证明,有什么样的科技文明,就有什么样的时代。在人类历史上,科学技术每一次重大突破,都会带来社会生产力、社会意识、社会结构的重大飞跃,大力倡导科技文明,尤其是全面提升国民的科学素养,不仅是长期发展社会生产力的需要。更是实现我国伟大复兴的现实需求。

首先,发展科技文明是保证科技成果用于人类福祉的需要。北京已经进入知识经济时代,科技已经成为引导社会发展方向、支撑经济社会发展最重要的、基本的生产要素。然而,与任何事物都存在两面性一样,科学技术也是一把双刃剑,它给人类带来福祉的同时也伴随着灾难,比如环境恶化、资源耗竭等。另外,科技成果的错误应用,如三聚氰胺、苏丹红的应用对食品安全带来了灾难,这些现象为人类提出了新问题,如何确保科技成果用于造福人类,而非伤害人类。如果仅仅从科技自身的角度是无法获得这一问题的答案,而必须从科技文化的角度才能获得答案。发展科技而不重视科技文明,就不能保证科技成果用于造福人类,因此必须从科技文明的角度将科技发展与社会进步统筹考虑。

其次,发展科技文明是实现北京经济转型的需要。进入 21 世纪北京经济面临全面转型,一是北京正在从一个生产性城市向服务性城市转变;二是北京所处的发展阶段正在从工业化阶段的后期向后工业化阶段转变;三是北京正在从中国北方的传统工业中心向全国的新经济中心转变。而上述三个转型的实现基础是经济增长方式的根本改变,即从依赖资源投入拉动经济增长转变到依靠科技进步支撑经济可持续发展,而能否建立良好的科技文化软环境是实现经济增长方式转型的重要社会基础。失去这一基础,就失去了科技发展的根本方向,也就失去了科技发展的社会基础,科技发展会进入歧途,经济社会发展也会进入歧途。

再次,北京经济能否顺利实现转型,实质上是经济能否实现跨越式发展。所谓跨越式发展,首先是生产力水平的超前发展。这正是经济发展不平衡规律的表现。而科技进步的一个特点是,它发展的不平衡性比之经济更为突出。要实现跨越式发展,就要更进一步充分利用科技创新的力量,更需要大力发展科技文明。然而,北京作为首都,作为全国的科技中心,作为全国的服务业发展中心,北京的可持续发展的基础发生了巨大的变化,如果说一个城市生产性经济的发展更多需要有形资源的积聚与支撑,那么服务性经济的发展则内在地更加依靠服务质量、服务内容和服务半径的扩大与提高,内在地要求知识、智力资源的聚集。

最后,发展科技文明是克服科技发展的瓶颈,提高北京科技创新能力的需要。集全国之力筹办奥运会,把北京的经济社会发展推进到前所未有的高度。在新的发展高度上,也面临许多前所未有的新问题。与以往相比这些问题更加复杂、涉及面更广、解决难度更大,对经济社会发展的制约性高。例如,在政府科技投入逐年增长的条件下,如何大幅提高科技投入产出率?在人口制约因素越来越突出,大量引进外来人员越来越困难的情况下,如何整体提高北京的科技人员质量?在国内竞争国际化趋势越来越突出、越来越激烈、越来越依靠大企业的规模的背景下,如何在保持创业型企业大量产生的同时,使众多高科技企业能够迅速成长壮大?如何建立有效的激励机制,促使科研成果的转化率大幅提高?这些问题单一从科技自身的角度或者仅仅从社会的角度都不能有效解决,必须通过科技文明建设,从科技与社会发展的互动关系角度才能彻底解决。

3. 建设科技文明首善之区的指导思想

建设科技文明首善之区的指导思想可概括为:要使首都的科技文明建

设水平达到“三高”标准，包括建设质量的高标准、建设内容的高端化、建设结果的高效率（本书简称“三高”）。

（1）高标准

所谓高标准是指，在建设标准上要严格要求，力争做到全国最好，并且力争达到国际水平。从建设内容的角度来看，科技文明首善之区必须在下列内容方面做到最好：在全国科技创新与转化能力最强、科技创新社会支持与保障机制最完善、科技创新文化氛围最浓厚、科技进步的矛盾制衡机制最健全、科技人才竞争与激励机制最有效。

具体表现在以下方面：

第一，科技创新能力最强。体现在区域创新能力的具体指标上，力争在知识创造能力、创新环境继续保持全国第一，在知识获取能力、创新经济效益与企业创新能力三个指标上回到全国第二位，力争区域科技创新综合能力重回全国排名第一的位置。

第二，科技成果转化率最高。主要表现为：一是建立应对科技国际化的知识产权战略；二是完善专利商用化机制，切实提高专利实施率；三是建立完善的以企业、科研院校科技人员有机流动（互动）为基础的产学研一体化机制，促进科技创新产业化率的大幅提升；四是建立完善的科技创新落地制度体系，保障符合首都经济发展需要的科技创新成果落户北京，真正将北京建设成为国家的国际知识创新枢纽、技术创新枢纽、产业创新枢纽和服务创新枢纽。

第三，科技创新社会支持与保障机制最完善。主要体现在：一是科技创新与创业的金融保障机制健全；二是率先在高校、科研机构、创新企业解决科技创新中智力投入的价值评估与价值实现的保障制度建设问题，形成科技创新最佳制度环境；三是政府每年用于公共科技的投入要逐年提高，建设完善高标准的公共科普、教育设施，并制定这些设施的使用与维护公共经费投入计划，以及科普设施营运与管理制度；四是科技公共基础设施最完善。

第四，科技创新文化氛围最浓厚。主要体现在：一是公民的科技素质全国最高，北京市公民具备基本科学素质的比例达到15%；二是领导干部的科技素质提升机制健全，形成领导干部科技素质培训、考核、录用、晋升、奖惩系列制度；三是科学普及的社会参与度最高，主要是媒体参与科普的比率（实践比率与版面比率）全国最高；四是建立与完善大、中、小学的科学学教育体系，使得学生的转移知识水平整体提高同时科技知识水平以及科学精神素养得到同步提高；五是在全社会进行科学精神的普及与宣传，将实事求是，一切从实际出发，理论联系实际，追求和掌握客观真理，不唯书，不唯上，不墨守成规，勇于探索，积极奉献，敬业奋进，不畏艰险，惜时如金，勇攀高峰的思想渗透在社会各个层面；六是逐步打破科技创新的行政导向机制，对科技人员建立正确的社会评价舆论体系与激励机制，促进科技人才专心科技创新的社会氛围形成，科技人员依靠科技致富的激励机制形成。

第五，科技进步的矛盾制衡机制最健全。主要体现在：一是科技人员征信系统基本建立起来，对于科技造假能够预防与迅速查处；二是逐步建立以市场化为基础、以结果为导向的政府科技经费管理制度，大幅提高政府科技投入产出效率，提高科技创新产出水平，逐步杜绝科技腐败；三是建立科技项目人文审查制度，对于科技研究与人文精神不相符合的项目制定相应的制约机制；四是对于将科技成果用于危害人的生命健康、财产安全等行为建立预防与惩处机制，确保科技成果真正造福人类。

第六，科技人才竞争与激励机制最有效。主要体现在：一是要建立高端科技人才吸引机制，不仅针对归国人员，还要制定针对有外资研发机构工作经历的科技创新高端人才和外国科技人才的吸引使用激励机制，使得北京的科技人才凝聚力进一步提高，吸引的人才水平进一步提高，进而形成较合理的科技创新人才队伍结构；二是促进高校科技教育改革，使之更加符合科技创新与社会发展的需要，包括大力发展技术教育和大力改善研究生教育。

（2）高端化

所谓高端化是指，在建设内容上要体现前沿与高端。主要体现在技术高端、价值链高端、人才高端、项目高端等几个方面。所谓技术高端是指北京要紧紧把握首都是全国科技创新龙头地位，在科技创新支撑经济社会发展方面，要积极培育对国家和地区经济发展具有战略意义的前瞻技术，即发现与培育潜导产业；同时要以科技创新的产业化带动首都的主导产业升级，扩大规模，对于北京来说最具有战略意义的主导产业是高新技术产业，通过创造更有力的科技成果产业化环境，以主导产业的高速增长带动区域产业结构优化与调整。价值链高端是指我们应该完善环境，促进更多的企业在产业价值链中占据高端地位，如做大做强北京的研发产业、设计产业、销售产业等。所谓人才高端是指，北京要建立有效的高端人才凝聚与产生机制，一方面,大量吸引国内外科技、管理、企业等方面的高端人才,吸引他们到北京工作,创业创新。另一方面,北京要营造更适宜人才生长的环境,鼓励人才脱颖而出,造就高端人才。主要包括给企业家创造更宽松的成长环境,为科学家创造更完善的创新环境,完善人才竞争和流动机制等内容。所谓项目高端化是指,要抓住国家制定十大产业振兴规划的机遇,大力发展产业关联度高、产品价值链链条长、带动能力强,在经济中有重大影响的高端、高效、高辐射的产业。全力抓一批关系首都长远发展的重大项目建设,拉动经济的快速增长。

(3)高效率

所谓高效率是指科技经济社会发展要走内涵式发展道路,不仅体现在高投入带来高收入,还要体现在对周边地区的科技辐射与经济影响力的提升。要抓住两方面的问题:

第一,继续争取国家对北京科技创新的高投入,同时大力促进企业对技术创新投入规模与力度,在此基础上做到高产出。具体表现在以下方面:一是研发投入带来的国际科技论文数量要有大幅提升,力争成为国际上科技论文最重要的产出地。二是研发投入与专利产出数量之比要有大幅提高。目前,北京的每百万元 R&D 费用产生专利 0.46 件。投入产出比例还较低,尤其是专利转化比例更低,仅仅有专利总数的 2% 的专利能够实现转化,剩余 98% 的专利不能转化,所以科技北京建设要在专利转化率大幅提高方面设立指标,建立保障机制,使得北京不仅是科技资源中心,更成为科技成果转化中心。唯有此,才能支撑北京知识经济的发展,才可能真正实现科技北京的目标。

第二,要能够实现科技中心服务半径的扩大,不仅服务于自身经济发展,更要辐射全国,首先对周边经济发展起到切实的引领、支撑作用。而要实现这一目标必须要解决北京在向周边科技辐射中的利润持续提升机制问题,如果不能在向周边科技辐射中获得更高经济收益,这种辐射是不能长久的,这种中心地位也是不能巩固的。所以,要从北京内在辐射动力源头上做文章。要抓住科技辐射链条中价值高端行业或产品,通过此类行业的不断扩大与发展带动区域经济总量的持续提升。

二、建设科技文明首善之区的路径选择

鉴于上述对“科技文明”及科技文明首善之区的界定,在北京建设科技文明首善之区需要在三个层次上推进,即物质与器物层次、制度与组织层次以及价值观与行为规范层次。在各个层次推进科技文明需要找到适当的切入点和关键环节,不仅要实现科技与社会发展的有效结合,还应体现首都科技文明的驱动能力、示范能力和辐射能力。结合北京城市发展特点和需求,科技文明首善之区应该着重把握以下三个方面:

1. 物质与器物层面,推动科技与民生的结合

科技文明在物质与器物层面的作用首先表现为经济驱动,在驱动区域经济发展水平提升的基础上改善公众生活质量和提高生活水平,推动社会的不断发展与进步,而社会进步在物质与器物层面对科技文明的需求则集中表现在关系国计民生的重要领域。由此而言,推动科技与民生的结合是科技在物质与器物层面促进社会发展的必然选择,因而发展民生科技也就成为科技北京社会建设的必经路径。

(1)民生科技的内涵

“民生科技是在生活科学基础上融合了与民生问题直接相关的技术,是科技与人民生活实际真正结合起来的产物,是与人民最关心、最直接、最现实的利益问题相关的科学技术。”①

由于社会生活的复杂性和流动性,民生科技的目标往往是发散的和流动的,民生科技的目标实现过程是一个探索和积累的过程。其中,各种不确定因素,包括社会、经济和政治等都有可能影响民生技术的解决。“民生科技与其影响因素之间的关系如果能够处理好,二者可以互相推动;但如果二者结合得不好,科技推动经济和民生的发展就会受到严重制约。”②

(2)发展民生科技的必要性

民生科技问题的实质是改革发展成果如何通过科技手段让全民共享的问题,而改善和解决民生问题离不开科技的进步和发展。科技进步和创新

---

① 秦远建,肖志雄. 民生科技的内涵及发展模式研究[J]. 科技与管理,2009(5).

② 曾国屏. 兼顾军口与民口、威望科技与民生科技[N]. 光明日报,2008-01-07.

是经济和社会发展的重要支撑力量，是服务民生、让广大人民群众共享科技成果的重要途径。因此，发展以关注民生为目标的民生科技势在必行。对于科技北京建设而言，发展民生科技是营造科技发展的良好社会环境的基础。只有民众真正享受到科技创新成果，才能重视和积极投身科技创新活动，才能主动地以科学精神武装头脑，进而增强社会科技文化氛围，推动社会科技文明的进步。

第一，从科技的发展历史来看，科技与民生的结合愈加紧密。20 世纪 50 年代以后，以微电子技术为核心的新科技工具的应用，带来了经济效率的大幅提高，美国经济出现了长达 20 年高速增长的黄金期。进入 21 世纪以来，与尖端科研相比，民生科技更注重运用，瞄准的是经济社会发展的主战场，为社会经济发展提供技术支持、提升产业竞争力。

第二，从科技发展理念来看，现代科技在从工业科技走向民生科技。人们对科技的工具性和功利性属性的关注有所转变，更为关注科技在推动社会进步和可持续发展方面的积极作用。科技已经从庙堂之高走向大众，真正落地，直接造福于民。

第三，从全球来看，把解决民生问题作为政府制定科技政策的重要导向，已成为一种新的国际趋势。新西兰将科技植根于人民的生活，提出未来 10～15 年科技工作的目标是“科技改变新西兰的生活”，明确了科技在未来 5～10 年战略性的优先任务；韩国公布的《2025 构想：韩国科技发展长远规划》中的 5 个发展方向之一，就是提高民众生活质量；印度公布的 7 个科技政策导向中，4 项政策目标与民生科技有关；日本通过的《第三期科学技术基本计划》，出发点是“为社会与国民支持并将成果还原于民的科技”。改革开放以来，我国科技发展模式从“外生性”向“内生性”转向，科技发展方向从“面向、依靠”向“支撑、引领”转向，科技发展理念从“工业科技”向“民生科技”转向，通过民生科技惠及广大人民群众。在《国家中长期科学和技术发展规划纲要（2006—2020 年）》中，我国已经将科技工作的重点向民生科技倾斜，规划纲要中涉及的公共安全科技、环保科技、人口科技、健康科技都属于民生科技的范围，体现了“工业科技”向“民生科技”的转向。

第四，民生科技的主要价值在于服务公共经济。民生科技投入主要属于公益性投入，属于公共品的范围，无法完全靠经济效益实现。在市场经济中，由于公共品在消费时不具排他性，人们往往希望在别人消费时搭便车，这种心理注定了没有人愿意去进行公共科技投入，这就需要由政府提供必要的公共科技投入。

第五，从长远来说，民生科技是经济增长的新亮点。第二次世界大战之后，日本、韩国的经济发展，得益于科技向民生的投入大于科技向军口的投入。反观原苏联，军口和重工业作为第一科技投入，虽然在较短时间里获得了强大的军事力量，但社会经济为此付出了沉重代价。形成对照的是，美国在军口上也保持了高投入，社会经济的代价要小得多。主要是因为美国产业部门的军民结合，使军口的科技向民生溢出，实现了科技与社会的同步发展。

由上所述，发展民生科技是时代的需求，也是科技北京建设的需求，更是科技北京建设在社会层面推进的重要基础。

(3)发展民生科技的指导思想

发展民生科技，必须解决人民群众最关心、最直接、最现实的民生问题。需要直接倾听广大人民群众的民意和呼声，只有最广大人民群众的积极参与和努力，民生科技的发展才有可能真正落到实处，才能真正发挥出民生科技对于社会建设的重要支撑作用。科技北京社会建设中，发展民生科技需要遵从以下指导思想：①

第一，民生优先原则。应当将民生科技作为衡量首都科技发展的重要标志之一，并将民生科技作为今后首都科技工作的主攻方向之一，加强社会领域的创新建设，提升科技对社会发展的影响力，集中科技资源向关系群众切身利益的领域——教育保障、医疗保障、就业保障、社会保障、住房保障、环境保障和安全保障等领域倾斜。同时，对科技经费的投入方向进行战略性调整，建立社会发展科技领域的投入稳定增长机制，大幅提高农村、健康、环境、生态、安全、节能、防灾减灾方面的科技经费，对于关系民生问题的研究，加大投入，给予重点支持。

第二，在要素聚集、平台建设以及评价体系上向民生科技倾斜。一是把民生科技创新活动纳入区域创新体系建设和科技管理范畴，让更多的科研要素转移到民生科技上来。二是创建民生科技服务平台，围绕社会需求进行科技攻关。三是改革民生科技评价体系。改变原来用论文数量、科工贸

---

① 贾品荣，赵刚．民生科技的战略要义与政策着力[N]．中国经济时报，2009-01-21.

收入来评价科研院所业绩的方式，更多用民生需求和应用情况来评判，引导更多的科研人员投入民生科技的研发。

第三，尊重基础研究、战略科技研究，为民生科技发展奠定坚实基础。民生科技强调实用、适用，但并不意味着漠视基础研究价值。重大基础研究成果可能没有直接可见的社会应用，但其潜在的应用前景却不能断然否定。航空航天科技、军事科技等关系国家安全的战略技术虽然并不直接服务民生，但是与民生科技的价值追求内在关联。它们是保障国家主权、安全、和平，这是民生幸福的必要前提和首要条件。此外，战略科技常常占据科技制高点，具有带动科技发展的牵引作用，有明显的“溢出”效应。因此，发展民生科技，不能以牺牲基础研究、战略科技为代价，而是要确实发挥基础研究、战略科技的基础性、引领性作用，为民生科技发展提供强大后备支持。

第四，从科技创新与扩散两方面为民生科技快速发展促力。尽管民生科技的发展可以借助于发达地区的技术扩散，完成民生科技的跨越式发展。而民生科技并不是以经济效益为首要目的，更多考虑的是社会效益，属于社会性投入，需要政府主导以实现现有的成熟技术、适用技术向欠发达地区的扩散。但是，并不能无视技术创新在民生科技发展中的原创性地位和基础性作用，特别是对于某些急迫性民生关键问题的针对性研究、开发，是不能等待和依赖技术扩散来解决问题的，政府必须在民生科技创新上发挥积极主导作用。

2. 制度与组织层面，通过社会管理创新推进管理科学化

社会子系统的科技北京建设还需要在制度与组织层面展开，其主要任务是建立以符合知识生产规律的科技管理制度为核心的创新制度环境。这一制度环境的建立与完善，必须通过不断进行社会管理创新这一路径来实现，其追求的直接目标是管理的科学化，即在科技管理中遵从科研规律、崇尚科学精神、掌握科学方法、合理进行评价等，建立一个完善的科技管理体制。在社会管理创新推进管理科学化的过程中，需要关注以下两个关键环节：

(1)以人本化管理为核心推进社会管理科学化

经过多学科的嵌入式发展，管理学上主张实行参与式或灵活多变的管理，以适应民主化、复杂化的管理环境。当前，我们所提倡的和谐社会是管理完善的社会，不仅要求高度重视和加强社会管理，实现科学管理、依法管

理、高效管理,同时也要使每个社会成员齐心协力。因此,“以人为本”的社会管理在科学管理发展中显得至关重要。

1)人本化管理是科学管理的核心,知识管理是现代科学管理的主要内容

要树立“以人为本”的科学社会管理观,首先必须了解“以人为本”的科学内涵。“以人为本”的科学含义可以从三个方面理解:其一,它是一种对人在社会发展中的主体作用和地位的肯定。它既强调人在社会发展中的主体地位和目的地位,又强调人在社会发展中的主体作用。其二,它是一种价值取向,即强调尊重人、解放人、依靠人、为了人和塑造人。其三,它是一种思维方式,就是要求我们在分析、思考和解决一切问题时,既要坚持运用历史的尺度,也要确立运用人的尺度,要关注人的生活世界,要对人的生存和发展的命运确立终极关怀,要关注人的共性、人的普遍性、共同人性与人的个性,树立人的自主意识并同时承担责任。由是可知,“以人为本”其实就是人类社会发展的本性原则。

“以人为本”是社会管理科学化的基础和灵魂,应贯穿落实于社会管理法制化、制度化和规范化的全过程。判断社会管理的科学性和科学化程度,最有力的工具还是“以人为本”的科学发展观。一项社会管理政策措施的出台,往往是各种利益博弈的结果,而良好的社会管理政策措施,必然是能够实现公众利益最大化的社会福利的改善。

当今的社会是现代公民社会,公民对自身的权利义务认识渐加清晰,对社会管理的质量要求渐加严格。只有足够科学意义的、“以人为本”的社会管理才能应对现代公民社会越来越复杂的矛盾,调整越来越深刻的利益关系,才能激发调动公民自觉积极参与管理,才能赢得全体公民的真心认可和拥护。

2)“以人为本”是科学管理的基础和灵魂

“以人为本”科学化的持续意味着继承和创新的融合,“以人为本”的科学发展观是在借鉴世界各国先进经济学、管理学和社会学等学科管理理论和实践、传承我党我国社会管理经验和智慧积累、总结以往经验教训的基础上提出的社会发展之道,是时刻关注、更新社会管理观念,创新社会管理体制,改革社会管理方法、手段的具体体现。“以人为本”的科学化管理是置社会管理于一个不断发展、不断改革、不断完善和不断进步的过程,这是“以人

为本”社会管理科学化发展观的高境界。

我国社会管理现状离先进和完善尚远，社会管理仍然显得粗放。着力加强“以人为本”的社会管理，就要让社会管理不断科学化的过程。

3）建立“以人为本”科学的社会管理机制，要从社会和个人两个层面入手

社会管理涉及社会活动、社会生活的各个方面和各个领域，涉及社会各类子系统之间错综复杂的关系。社会和人则是社会管理的两个重要要素，坚持以人为本的社会管理思想，建立科学的以人为本的社会管理机制，要从社会和个人两个层面入手。

从社会管理层面来看，应当做好以下几个方面的工作：首先，要真正建立起关怀人、爱护人、以人的全面发展和对人终极关怀为出发点的社会体制与法律制度。其次，包括政府在内的社会管理机关应当树立起尊重人、关心人、爱护人的以人为本的理念。最后，要建立起完善的公平的保障每个合法权益的监督检查机制。这种机制应当切实保障每个公民的劳动权、获得报酬权、分享社会成果权等。

从个体层面来说，每个公民都应当树立起社会主人的理念。每个人都应当积极参与社会的管理。在社会管理中，每个人同样要树立以人为本的思想，按照符合人的发展要求的思想、行为参与、接受社会管理。

（2）以系统性建设为核心提升科技制度体系的实施效率

一个完整的科技制度体系主要包括：科技管理体系、科技计划体系、科技政策体系，其科技政策体系主要包括科学政策、技术政策、科技成果转化政策、知识产权保护政策、科研机构及科研人员管理政策、科技奖励政策等。科技制度体系是一个有机的整体，相互协调与配合，共同为科技发展提供环境和保障。

经过改革开放30多年来坚持不懈的探索与实践，我国科技管理体制发生了很大变化，由过去计划经济下政府包办科技转变为政府计划指导与市场基础性作用相结合的运行机制；由过去科技力量和科技资源主要集中在政府研究机构转变为企业逐步发挥主要作用、多元化创新主体共同发展的体系结构；科技与经济社会发展的结合更加紧密，科技支撑引领作用进一步凸显。但是面对新形势、新挑战，我国科技管理体制还不能适应经济社会发展的需要，不能适应应对日益激烈的国际竞争的需要，突出表现在我国科技

管理体制部门分割、条块分割的问题仍比较突出，缺乏统筹协调，国家科技资源配置多头管理，国家科技计划项目重复分散，科技自主创新的经济政策措施不配套，发挥市场配置科技资源、以企业为主体的技术创新体系还没有形成。国家科技管理缺乏宏观统筹协调、国家公共科技资源不能有效共享、国家科技计划项目分散、国家科技自主创新的经济管理政策不配套等。因此，系统性建设是提升科技制度体系实施效率的突破口，将科技制度体系统筹规划，使之相互配合与协调也是管理科学化的要求和实现途径。

3. 价值观与行为规范层面，提升人的科学素养及弘扬科技文化

科技北京社会建设的目标是，以加强科技制度、科技文化建设为基础，崇尚科学精神，将科学方法、科学信念、科学思想与科学精神渗透到北京社会中的每一个角落，为广大公众理解与接受，并内化为自觉的社会生活规范，全面提高人的科学素养，进而以人的现代化推动社会现代化发展，实现人的全面发展。这也是科技北京社会建设在价值观与行为规范层面的具体要求，而提升人的科学素养以及弘扬科技文化则是其中的核心内容。

(1)以人的科技素养提升为核心推动人的现代化

科技北京建设在社会层面的目标是建设科技文明首善之区，其实质是通过完善社会创新文化等机制促进科技对社会第一生产力作用的发挥，通过科技的发展支撑以人的全面发展为标志的社会的全面进步。其中，人的全面发展既是社会全面发展的标志与目标，也是实现社会全面发展的方式与手段。人的全面发展首要体现在人的素质的全面发展，包括人的健康素质、思想道德素质、科学文化素质、心理素质等，而科学素养是人的素质的核心，更是人的全面发展的关键与重点所在。因此，建设科技北京、建设科技文明首善之区，必须以人的科学素养提升为重点，推动人的现代化。

1)科学素养提升是实现人的现代化的重要内容

在哲学层面上，社会的全面进步体现为“社会的现代化”，与之相对应的人的全面发展则体现为“人的现代化”。“现代化”指18世纪工业革命以来人类社会所发生的深刻变化，它包括从传统经济向现代经济、传统社会向现代社会、传统政治向现代政治、传统文明向现代文明的转变过程及其变化。它既发生在先锋国家的社会变迁里，也存在于后进国家追赶先进水平的过程中。经典现代化指从农业社会向工业社会的转变过程及其深刻变化，第二次现代化指从工业社会向知识社会的转变过程和变化。

根据“现代化”理论，社会现代化是一个从传统社会的传统性向现代社会的现代性转变的过程，现代社会与传统社会的根本区别是社会结构的层次化与精细化、社会功能的专门化与多样化、社会运行机制的市场化与法制化、社会阶层的流动化与平权化、国家制度的理性化与权威化、政府能力的综合化与集约化。[①] 概括而言，社会现代化是指“人们利用现代科学技术，全面改造自己生存的物质条件和精神条件的过程，是一场席卷全球、内容广泛、影响深刻、变革激烈、形势特殊的社会变迁”。[②]

而人的现代化，则是指“与现代科技和生产力发展水平相适应的人的素质的普遍提高和全面发展”。[③] 现代化研究的人文学方向理论流派[④]认为：一个国家现代化历史进程的演化就是人的价值观、心理素质、行为特征的转变与培育的过程，它尤其强调人的参与意识、开放意识、进取精神、创新精神、独立性和自主性。

一方面，人的现代化和社会现代化是辩证统一的关系。现代化的核心是人的现代化，人的现代化是实现由传统社会向现代社会转变的最根本保证。同时，人的现代化是现代化社会稳定、持续和健康发展的基石。而反过来，社会现代化促进和制约人的现代化的发展。

第一，人的现代化是社会现代化的前提。首先，人是社会系统中的主体和核心构件，是社会现代化的实际承担者。人是首要因素，是最终决定因素，物必须通过人起作用。社会发展或现代化的实现离不开人自身的发展，人的素质高低对社会发展起决定性作用。因此，没有人的现代化，社会现代化是不可能实现的。其次，人的全面发展是推动社会全面进步、推动社会现代化发展的内在动力。社会的一切物质财富、产品及其他物质形式的存在，都是人的本质力量对象化的结果，是人的活动所创造的物化成果。因此，社会现代化最终根源都在于人的现代化、人的素质的发展。

第二，人的现代化是社会现代化的主要内容。首先，人的现代化是社会

---

① 现代化研究的社会学方向主要以帕森斯、勒纳、穆尔等为代表，主要代表作有帕森斯的《现代社会体系》和《社会行动论》、列维的《现代化与社会结构》等。

② 陆学艺．社会学[M]．北京：知识出版社，1996：421.

③ 周荫祖．关于社会现代化与人的现代化的哲学思考[J]．南京社会科学，1997(12).

④ 现代化研究中的人文学方向主要以英克尔斯、麦可勒兰德等为代表，主要代表作有英克尔斯的《人的现代化》和《社会主义与非社会主义国家的人的现代化》、麦可勒兰德的《选贤社会》（“成就动力论”，Achievement Motivation）等。

现代化的最高价值目标，离开了这个目的，社会现代化就失去了起码的意义。社会现代化最终是为了改善人的素质，满足人的需要，提高人的自由度和主体性。现代化发展是以人的全面发展和人格的不断完善为主体内容，在现代化整体推进过程中，必须凸现以人的全面发展为目标。其次，从主体与客体的辩证统一来看，作为社会主体的人与社会客体相互统一、相互促进，在实现社会客体现代化的过程中必然包括社会主体人的现代化；同时，从社会现代化的主要内容来看，社会现代化包括经济、政治、城市等多个方面。而人的现代化是一个国家、一个社会实现现代化必不可少的因素和条件，它是现代化制度与经济赖以长期发展并取得成功的先决条件，而不是社会现代化过程结束后的副产品。

第三，社会现代化促进和制约人的现代化的发展。首先，社会现代化是人的现代化的客观物质基础。人的现代化更多表现在人的精神、观念、素质等方面。人的观念意识虽然具有相对独立性，有时可能超前发展，但终究离不开对社会存在的反映。因此，有什么样的社会现代化，就会有什么样的人的现代化。其次，社会现代化促进人的现代化的发展。社会现代化的各个要素的发展对人的现代化的发展都起到了促进的作用。社会的进步、经济的繁荣、教育的发展以及政治的民主化、法制化等，又为人的发展提供了充足的环境条件，必然对人的现代化起到积极的促进作用。最后，社会现代化的程度制约人的现代化的发展。社会现代化发展过程中出现的生产力落后、社会发展水平低下必然从经济、政治、文化多个方面对提高国民素质产生制约作用，进而制约人的现代化的发展。

另一方面，现代化的实现，很大程度上取决于人的素质的提高，全面提高人的素质是社会现代化和人的现代化的核心因素。而科学素养是人的素质的核心，因此科学素养的提升是实现人的现代化的重要内容。

第一，现代化的实现取决于人的素质的提高。一个国家，只有当它的人民是现代人，它的国民从心理和行为上都转变为现代的人格，它的现代政治、经济和文化管理中的工作人员获得了某种与现代化发展相适应的现代性，这样的国家才可真正称为现代化的国家；否则，没有人的现代化，一个国家的全面现代化不仅是不可能的，而且往往会造成畸形发展的后果，并由此带来严重的社会问题。因此，社会现代化的主体不仅是人，而且必须是具有现代化素质的人，而人的素质也需要实现现代化，也就是适应现代实践发展的需要的人的素质的现代化。

第二,科学素养是人的素质的核心。人的素质提高包括与物的现代化水平相适应的人的健康素质、思想道德素质、科学文化素质、心理素质和现代人格等。其中,健康素质是物质基础;思想道德素质占统摄地位,是素质结构的精神基础;科学文化素质是核心,也是实现物的现代化的关键;心理素质是人的素质中一个不可缺少的重要方面。重视科学素养的培养,一方面是经济、社会、科技、教育一体化发展的需要;另一方面,是适应现代生产和生活的需要。可以说,科学素养是人的素质的核心。

第三,科学素养的提升是实现人的现代化的重要内容。科学素养是人们坚持科学精神,自觉地运用科学知识和科学方法认识问题、解决问题的修养和能力。科学素养决定着人们处理问题的方式和方法,关系着人们工作与生活发展的优劣与成败。公民的科学素养,除了关系到自身的发展,作为国民素质的基本元素同时也关系到国家的发展。科学技术的社会化和社会的科学技术化,是现代科学技术发展的一个显著特征、重要发展趋势。它一方面在极大地改变着人们的生活、学习和工作的质量,另一方面也对享受现代科学技术福祉的公民的素质提出了更高的要求。一个不具有基本科学素养的公民,是很难在未来的社会中生活和生存的。因此,科学素养的提升是实现人的现代化的重要内容。

2)领导干部科学素养的提升是公民科学素养提升的关键

领导干部科学素养的提升对于公民整体科学素养的提升以及整个国家的现代化发展都具有极其重要的意义。

首先,领导干部掌握着人民赋予的权力,而权力是一把双刃剑,用得好则人民得利益且领导干部得功名;用得不好,则自毁其身,并损害人民的利益和国家的利益。因此,能否树立正确的权力观,正确行使党和人民赋予的权力,全心全意为人民谋利益,是关系每一个领导干部的政治思想道德素质的一个根本问题。而科学素养的提升,可以帮助领导干部科学地分析问题、解决问题,客观地看待权力和利益,将手中的权力用好,为人民负责、为国家负责。

其次,领导干部在经济社会的发展中具有不可替代的重要作用,主要体现在其是经济社会发展中的重要决策者。作为决策者,领导干部的科学素养不仅只是作为一个普通个体对社会产生影响,更重要的是作为社会发展的领导和推动力量对社会产生影响，领导干部决策的科学与否直接关系着经济社会各项事业发展方向与方式的科学与否，对于经济社会的科学发展具有决定性的影响，直接关系到社会现代化能否实现。而领导干部的科学素养是科学决策的基础保障，在这个意义上说，其科技素养的提升是公民科技素养提升的首要内容。

此外，领导干部对于其他人群有着示范效应和影响。其在日常工作中展现给普通公民的科学素养的水平无形中树立了一个标杆，直接关系整体公民科学素养的发展方向。另外，缺少了对自身科学素养的高标准要求，领导干部也就失去了管理和引导公民提升科学素养的现实基础。因此，领导干部的科技素养是公民科技素养提升的关键。

3）科学教育是提升公民科学素养的基础

人的素质受家庭环境、社会教育、生产方式和生活环境及条件的诸多复杂因素的制约和影响，但现代化的教育对人的现代化乃至综合素质的形成与提高起着主导的决定性的作用。“在决定一个人的现代性水平方面，教育是一个首要因素。”①我国学者叶南客等人的调查也证明：人们接受教育程度越高，各类现代意识得分也就越高。所以，“现代教育是形成与提高现代人素质的基本途径”。② 科学素养是人的核心素质，科学教育则是提升公民科学素养的基础。

首先，提高全民科学素养，学校教育是基础。这些年来，我国教育事业具有很大的发展，极大地提高了中华民族素质和科学文化水平。但是地区间教育普及和发展水平还有较大差距，片面追求升学率等应试教育的顽症尚未得到有效根治，这些都会成为对青少年学生进行科学观念、科学精神、创新精神教育的阻力和障碍。而青少年科学素养关系到我们国家和民族的未来，因此，我国的《科学素质纲要》把提高未成年人的科学素质作为四项重点之首。学校教育的关键环节是中小学教育，其内容不仅包括道德教育、体育、美育，还包括职业技术教育和课外教育活动，学校要开展许多具有特色的课外教育活动。

其次，提高全民科学素养，一个很重要的环节是公众教育与培训。公众

---

① 英格尔斯．从传统人到现代人[M]．北京：中国人民大学出版社，1992.

② 胡晓芳．现代教育与人的整体经济价值[J]．教育科学，1996(4).

教育与培训主要体现在两个方面:一是社区教育,二是公司教育。社区教育是为整个社区各种年龄和各种职业以及退休和没有职业的居民提供服务,往往不是传统的正规教育。社区教育的教学方法灵活多样、内容广泛。公司教育的主要形式是公司的继续教育。根据公司的行业特点和可持续发展,开展适应企业发展的继续教育和技能培训。

最后,科技传播是进行科学教育并提升公民科学素养的重要渠道与手段。加大科普宣传需要与各种传播媒介密切配合,而媒体对于科普的宣传效果是显而易见的。因此,可以通过各种形式的媒体,如电视、报纸、广播、杂志、图书以及互联网等,以生动形象、通俗易懂的方式让公民了解更多的科学知识。

4)科学的全社会普及是提升公民科学素养的重要手段

随着科学技术的不断发展,人民生活水平的不断提高,科学与生活的关系日益紧密,科学知识的普及,科学思想、科学方式的传播对于提高人们的健康文明生活水平、构建文明和谐社会正显示出越来越重要的作用。科普的社会化已经成为科学普及的重要趋势与关键环节。

首先,从社会学角度看,科普是社会对个人的文化教化的一个重要组成部分,科普是一个个人与社会之间交互作用的过程。个人需要适应科学技术发展对社会带来深刻影响的社会变革。科普则是促进人适应科学技术现代化的重要手段之一,是促进人的现代化与社会现代化协调发展的重要手段之一。

其次,从科普的内在要求看,科普社会化是指科普的驱动力量、运行机制、环境条件、目标与评价、主体与客体等均以社会为出发点和立足点,制约于社会,决定于社会,作用于社会,造福于社会。它是科普的内在社会性所规定的外在需要。科普作为社会公益事业,与全社会每个人、每个组织、每个部门都有密不可分的关系,是全社会的事业。

最后,从现实的需要看,科普社会化是科普事业发展的重要方向。随着《科普法》的出台,科普工作进入法制轨道,科普组织建设日益完善,呈系统化和网络化。由科协单枪匹马搞科普的局面已不复存在,不仅仅农业、卫生等部门早已参与科普领域之中,工、青、妇等群众组织也在寻找科普与本身职能的结合点;不仅仅是农民群众和青少年学生,社会公众包括知识分子、领导干部以及弱势群体等也都是科普对象,都有权利享受科普教育成果。

(2)以科学精神的社会渗透为核心推进社会的科技文化建设

1)科技文化与科学精神

科学文化与技术文化作为一个统一的整体文化形态是随着近代科学技术的不断交融而发展起来的。科技文化是与科学技术有关的文化,是缘于科学技术而生成的一种文化形式。

当代科技文化由物质与器物层次、制度与组织层次和价值观与行为规范层次所构成的完整的文化体系。物质与器物层次的科技文化,是人们运用科技知识对自然界进行加工、改造的各种人工自然物,包括各种工具、设备、技术产品以及人工材料等。制度与组织层次的科技文化,体现在当代科学技术发展对政治、经济、文化、教育等各个领域的体制与组织管理一系列变革的推动中,如科研活动的组织体系、管理体制、领导体制以及各种科技研究的支持体系等。价值观与行为规范层次的科技文化,主要体现在人类精神世界和意识形态领域的进步中。科技知识、科学理论、科学方法和科学精神是人类文明发展中最重要的精神财富,其凝聚成为新的价值观与行为规范,构成了科技文化的核心组成部分,集中体现着科学技术的精神功能和意识形态功能。"科技文化本质上是以人类的主体意识为中心,以人类的主体创造性为基础,以多元主义为思想方法,以沟通人与自然的关系为特征的文化形态。"①

"科学精神是科技共同体在追求真理、逼近真理的科技活动中,所形成发展的一种精神气质。包括七方面内容:一是勇于探索求知、敢于超越前人的探索创新精神;二是以事实为依据、努力揭示未知奥秘的唯实求真精神;三是坚信客观规律、遵从思维法则的崇尚理性精神;四是自由探讨、相互争鸣的平等宽容精神;五是热情严谨、刻苦坚韧的执著敬业精神;六是大力协同、密切配合的团结协作精神;七是献身科学、造福人类的无私奉献精神。"②我国科技哲学家和科技史学家范岱年先生认为,科学精神应具备以下基本特征:"要有独立之精神、自由之思想,要有为真理现身的勇气;必须要有怀疑精神与批判精神;必须坚持实证精神;必须不崇拜权威,在真理面前人人

① 郑斌祥. 科技文化观的兴起[J]. 自然辩证法通讯,1989(5):16.

② 范必. 以科学精神落实科学发展观[J]. 学理论,2008(19).

平等。”①

科学精神是科学文化的重要组成部分，是科技文化的精髓与核心。科学精神由科学文化的历史积淀形成，并分离为单独的形态，它又反过来对科学文化的发展起着先行、引导的作用，成为科学文化中的组织、控制因素。科学精神不但是科学活动中的一种理想化的认知态度和社会关系规范，在科学与社会的互动中也已进入文化价值判断领域，成为当今科技时代重要的人类价值观，这就决定科学精神在科技文化中占据的重要地位，成为科技文化价值体系建设的核心内容。如果科学文化通常可以称为“知识”，那么科学精神就是运用知识的“智慧”。科学精神虽然不等同于科学文化（知识），却决定着后者的发生、特点和前景。所以，科技文化建设首要的任务是科学精神的弘扬与社会渗透。

2）弘扬科学精神的突出意义

对于进入知识经济阶段的北京经济说，弘扬科学精神，推动科学精神的社会渗透具有重要的历史意义与现实意义。

首先，弘扬科学精神是科技事业可持续发展的需要。尽管北京是全国的科技中心，但是科学精神仍然还没有在北京蔚为风气，还没有完全融入北京的政治、经济和文化，还没有成为首都城市现代精神的主导。

古代的中国，有技术、有发明，但没能形成完整的科学体系。科学精神的缺失是中国思想领域的基本国情。新中国成立之初，国家十分重视发展科学事业。但是反右斗争扩大化、“大跃进”、“文化大革命”一次次政治运动使科学精神被无情地抛弃。唯心主义横行，形而上学猖獗，个人崇拜登峰造极。尽管有科技重大成果不时出现，但在这些科学家身上所体现出来的科学精神，并没有成为中国那个时代的核心价值。

改革开放以后，邓小平同志提出了科学技术是第一生产力，中国迎来了科学的春天，弘扬科学精神成为时代进步的需要。但是，对于科学精神的重视程度远不及对于科技发展的重视，导致科技发展与科技文化建设出现较大落差。一方面，我国教育科技文化水平比较低，经济社会发展也不平衡，以及长期存在的封建主义残余的影响，封建愚昧落后的东西在干部群众中

① 怎样鉴别科技与非科技——访科技哲学家和科技史学家范岱年教授[N]. 科技日报，1999-08-30.

还有一定的市场,新形态的迷信、伪科学时有泛起。另一方面,伴随市场经济体制的逐步确立,由于科学精神缺失,人们对于科学技术的认识更加功利化、实用主义化,基本上停留在有用即科学的认识水平上。

社会科技认识的水平低下,不仅导致在工作中不讲科学、违背科学原理和规律行事的现象时有发生,而且频繁出现像苏丹红、三聚氰胺等在利益驱动下,将科技成果运用于危害社会的现象。更为严重的是,在科学界内部学术机构行政化、功利主义倾向越来越明显,造成教授老板化、博士马仔化、成果抄袭化、文凭虚假化、官员"学者"化现象大量产生。各种形式的科技造假、科技腐败、科技垃圾现象屡屡出现,急功近利、浮躁情绪弥漫在科技界。面对科技行政化与功利主义、拜金主义风气的影响,少数科技人员不再坚持科学精神,科学良知越来越少,社会责任感越来越弱,"尽管社会科技投入逐年增长,但科技成果整体水平提升不快,转化率不高,甚至投入产出效率越来越低,以至于政府科技投入1670万才仅能产出一项专利"。[①] 北京作为科技资源最为丰富、政府科技投入最多的地区,多年来在全国区域创新能力排名第一的位置也丢失几年了。科技文化建设的明显滞后,已经实实在在地影响北京的科技发展,可以说弘扬与传播科学精神已经成为保持北京科技事业持续发展最为紧迫的任务。

其次,弘扬科学精神是推进首都城市国际化进程、应对科技国际化挑战的需要。

当前,推进首都城市的国际化已经成为进一步提高北京非国际竞争力、影响力,促进北京经济社会发展的重要举措。然而,对于科技北京建设来说,推进国际化首要的任务是在大力吸引国际研发机构落户北京的同时,大力提升利用外资研发机构的能力,将落户北京的外资研发机构变为提升我国自主创新能力的重要资源,这就需要大力发展科技文化,尤其是构建以科学精神的社会渗透为核心的优良的科技创新文化环境。因为国际化的技术基础是信息化、国际化的体制基础是市场化,而国际化的文化基础则是科技文化。科技文化具有普适性。科技文化是全人类最易懂宜用也最直接、最重要的共同语言。科技文化作为处理人类与自然关系的手段、工具与准则,

① 林耕.关于专利商用化的思考:北京社会科学院科技北京学术研讨会,2009[C].2009-11-18.

为不同层次价值主体所共同接受，它是人类共同的文化财富。所以，科技文化能够跨越所有国家、地区和民族的界限是科技活动具有普遍的国际化特征。因此，弘扬科技文化尤其是普及科学精神，就成为将北京的科技体系纳入国际科技创新系统之中最为重要的文化基础，甚至是最重要的不可替代途径。因为良好的科技创新文化环境，不仅是吸引国内科技资源聚集，也是吸引国际科技资源聚集最重要的条件。

最后，以科学精神的社会渗透为核心的科技文化建设是提高北京软实力的需要。以科学精神的社会渗透为核心的科技文化建设其内在价值在于对我国的软实力提高方面的重要作用。当今的国际竞争是以科学技术创新能力为核心的竞争，科技创新能力不仅体现在器物层面，还需要以制度层面的科技文化作为保障，尤为重要的是国家软实力最终将决定于以价值观与行为规范层面的科学精神为基础。而这一基础的深厚程度体现在公民对科学精神的理解与践行上。美国著名的文化人类学家莱斯利·怀特曾提出一个有科学依据的命题：“行为是文化的函数。”创新作为一种主体行为存在于一定的文化环境，不可避免地受到民族传统思维方式和传统哲学影响。创新行为的这种文化环境既是历史传统的积淀结果，同时也是现存社会群体的潜意识和无意识，任何创新活动都被打上它所处的特有文化烙印。当前我国存在着十分鲜明的两种倾向：一种是科技发展社会进步，这是社会发展的主流，但同时，封建迷信、伪科学、反科学、科技发展的异化现象也暗流涌动，不仅影响着器物层面科技文明成果的社会应用，更严重的是导致制度层面与精神层面科学文化的发展滞后，科技创新文化氛围不足，将会长远地影响科技创新可持续发展潜力。

三、建设科技文明首善之区的对策建议

1. 推动科技支撑民生工程，促进科技成果惠及人民①

围绕人民群众的物质文化需求，着力发展民生科技，在低碳经济与生态建设、城乡建设与管理、医疗卫生与公众健康、公共安全与应急保障等重点

---

① 此部分引用了北京市科学技术委员会于2011年3月发表的《北京市“十二五”时期科技北京发展建设规划》的部分内容。

领域研究开发和推广应用，推动北京市可持续发展实验区建设，使科技创新的成果充分惠及人民。

(1)建设低碳城市并不断改善生态环境

针对低碳城市的建设，北京应着力开发与推广低碳技术，并支持区域内低碳示范区的构建。积极推进污染减排和治理，以科技推动生态环境改善。围绕污染减排与空气质量改善、垃圾资源化、低碳发展路径、水资源保护与开发利用等，建设一批低碳与生态环保研发中心和研究基地，制定相关标准和评价体系，开展科技攻关和成果示范应用，推动试点区县、重点新城及可持续发展示范区开展低碳和生态建设，努力为市民营造清新的都市环境。

(2)以科技推动城乡建设与管理发展

针对城市建筑、科技交通、信息基础设施建设以及人口信息管理等进行研究和成果推广，充分发挥技术创新和成果集成转化的作用。以科技推进新农村建设，促进城乡间及农村不同地区间的统筹协调发展，为实现城乡一体化发展的新格局、解决城市化进程中出现的新问题提供科技支撑。

(3)促进医疗卫生与公众健康事业发展

在疾病关键技术研发与适宜技术研究、重大疾病公共服务平台搭建、重大传染病防控综合示范区建设等方面着手，深入贯彻实施首都十大危险疾病科技攻关与管理实施方案，构建临床研究公共平台及临床研究示范网络，形成一批在国际上有影响力的研究成果，使市民健康水平明显改善。

(4)支撑公共安全与应急保障机制的建立

在社会安全防范与管控、食品检测与安全保障、安全生产防护与监控、自然灾害预测与防御方面加强科技的支撑力度。建立公共安全科技支撑体系和技术创新平台，提高在重大灾害预警预防、突发事件应急指挥、安全生产网络化监管、食品安全保障等领域的科学管理水平。

2. 渐进式推进“以人为本”的科学化管理

诸多挑战和现实阻力一方面说明了“以人为本”政府社会管理科学化实现的难度；另一方面也更加证明了“以人为本”社会管理科学化的迫切性。追本溯源，“以人为本”社会管理难以实现科学化的突出问题在于科学化的具体实施。在管理决策民主化、程序化、合法化的前提下，具体表现为衔接配合问题、执行力问题以及激励约束问题。因此，“以人为本”的战略设计系统化、执行框架标准化、评估指标数据化和责任落实明确化、透明化，以及管理技术信息化是化解“以人为本”社会管理科学化难题的突破口。

(1)“以人为本”战略设计系统化

社会管理是一个系统工程，强调各部门、各环节、各个成员、各个工作单元之间，良好地衔接配合、协同动作，从而提高系统的整体能效，而这恰恰是“以人为本”社会管理科学化的难点所在。政府社会管理战略设计系统化应包括横向的战略目标系统化和纵向的业务流程系统化，战略目标是全体成员一切行动的指南。如果组织的战略目标缺乏系统化，目标之间存在冲突，或者目标过于宏观、模糊，就会导致实施过程中科学化管理的原则难以层层落实。政府社会管理目标多元化是无法改变的事实，但在多元化的目标之间如果能建立起系统、协调、“以人为本”相互衔接的机制，并能将目标按照科学化的标准层层落实，那么社会管理科学化的执行力就有望提高。同时，纵向业务流程系统化是系统化战略设计得以实施的必要条件，只有管理业务形成标准统一、精简、无缝隙的流程，并严格按照流程操作才可能实现科学化管理。无论是“以人为本”的战略目标系统化还是业务流程系统化，其关键都在于设计者和领导者拥有“以人为本”全局的战略视野和思维，具有组织战略管理的专业知识。而战略目标与业务流程设计的共同原则在于精简、统一、协调、效能且具有较强的可操作性。

(2)执行框架标准化、公平化

在现有行政架构的管理幅度和执行链条不变的情况下，切实的、近乎机械的执行标准是弥补政府执行力偏差的重要途径。有标准才能使执行者的工作责任明细化，有标准才能督促命令输出端为尽力达到标准而努力工作，有标准才能进行有效的检查、考核、激励以及责任追究，也只有有了标准才能尽量避免执行力偏差。可以说，没有标准科学化就无从谈起，标准化和公开化是“以人为本”社会管理科学化的关键问题。标准化、公开化管理要求政府各项工作有标准可依，这些标准包括质与量、时限与速度、对与错的明确规定。第一，应根据科学化的原则，不断提高社会管理的执行标准；第二，应根据精确化的要求，严格社会管理任务的执行标准，尽量减少执行标准中的模糊用词和自由裁量，以量化和精确化为必要的辅助，实现标准的精确计量；第三，应根据规范化的原则，统一和规范社会管理执行标准，包括不同地区间的执行标准统一，不同管理环节间的执行标准统一，以及不同级别执行层的标准统一。

(3)评估指标数据化,评估专家中立化

量化即数据化是细化的深入,是更精确的细化,能够最大限度地缩小执行者执行任务的伸缩空间,使执行者明确什么样的标准才算是科学化的社会管理,而达到或者违背特定标准时,执行者会获得怎样的奖励或惩罚。而定性管理较多,定量管理较少是评估模糊化,进而导致激励和约束效果不佳正是政府社会管理精细化面临执行力偏差的又一根源所在。因此,用统一、明确的数据对政府社会管理精细化的过程、结果进行评估、衡量,是提高"以人为本"社会管理科学化执行力的必要环节,也就是把社会管理服务对象社会大众的社会福利和境遇的改善作为最终的标准。这要求各级领导者必须首先树立这样的观点:"以人为本"的明细、量化评估,才有下属的执行到位。评估专家中立化就是指人大、政协、民主党派和社会大众中立专家的积极参与,对政府社会管理科学化各个方面,以及业务流程各环节的执行情况和结果进行数据化评估,并以此为依据采取相应的赏罚措施。

(4)责任管理明确化、公开化

标准出来了,必须有机制来保障。只有对于管理行为和责任的监督落到实处,并以制度化的形式加以奖惩,才能保障社会管理科学化标准的实现。责任管理明确化应包括:其一,责任主体的明确化,即明确哪个部门是唯一或第一责任部门,哪个具体的人是唯一或第一责任人;其二,责任内容明确化,即明确责任主体要对哪些管理任务承担责任,何种程度的不履行或不正确履行职责要承担责任;其三,责任承担方式明确化,即明确责任主体,在责任范围内,应承担责任的种类以及承担责任的方式;其四,责任追究程序明确化,即明确对责任主体进行责任认定和追究时,要遵循的必要程序。上述责任管理必须公开化,在监督和追究方面人大、政协、各民主党派、社会大众和媒体网络等都可以发挥积极作用。

(5)管理技术信息化、管理信息透明化

管理技术信息化是政府社会管理科学化的物质保障。实现管理技术信息化首先要求提高管理人员的专业化水平,政府在公务员录用中,应着力扩大专业技术类公务员在全部公务员录用中的比重,并加强研究,着力量身打造适合专业技术类公务员的管理方式和管理手段。对现有公务员而言,还应通过培训、演练等形式着力提高其专业知识水平,以适应日益提高的专业化管理需求。在现有公务员专业技术水平难以在短期内满足信息化要求的情况下，可以借助外脑的方式，充分发挥专家、智囊在管理技术信息化中的作用。同时，管理技术信息化同样是系统的工程，需要设置若干信息系统予以物质支持，主要包括内部管理信息化和外部管理信息化两个部分。例如，社会管理部门执行标准信息系统、业务流程信息系统、评估指标信息系统、责任归属查询信息系统等，属于内部管理信息化。街区监控信息系统、城市管理计算机仿真系统、规划管理信息系统、地下管网信息管理系统、社会保障参保人员管理信息系统等，属于外部管理信息化。一般不涉及国计民生重大问题和国家安全问题管理信息尽量透明化。

3. 完善科技制度体系的系统性建设

科技制度体系建设可以从以下方面入手：

(1)加强科技工作的宏观统筹协调

当今世界，随着科学技术发展突飞猛进和经济全球化迅速发展，科学技术成为经济和社会发展的主导力量，成为增强国家综合国力的关键。许多国家都在改革创新科技管理体制，加强科技发展战略的国家决策和政府宏观调控，提高决策层次，制定国家科技发展战略，组织实施国家重大科学计划。我国作为社会主义国家，应当充分发挥政治体制的优势，完善科技管理体制，加强宏观统筹协调。要按照精简、统一、效能的原则和决策、执行、监督相协调的要求，大力推进政府科技管理机构改革，合理设置机构，科学规范科技管理职能，切实解决科技管理层次过多、职能交叉、权责脱节等问题。要建立宏观统筹协调的机制，对国家科技发展战略和总体规划、重大科技计划和科技项目的决策与实施、国家科研经费的分配与使用等进行统筹协调。当前要按照国务院“三定”方案，强化科技部的统筹协调职能，赋予更多职责。还可以考虑建立科技部门联席会议机制，共同研究协商国家重大科技问题。

(2)建立国家公共科技资源的社会共享机制

加强对国家公共科技资源的整合，建立国家公共科技资源全社会共享机制是使国家有限的科技投入发挥最大效用，减少科技资源浪费的有效途径。国家应当出台相应的政策措施，建立国家公共科技资源的社会共享机制，明确国家公共科技资源的占有管理单位必须承担的社会公共责任及应当履行的义务。一方面要规定占有管理单位要为社会提供优质服务，另一方面为保证共享机制的可持续，国家也应当对占有管理单位进行运营管理和提供公共服务给予适当补贴，或允许其向共享使用单位适当收取运营成本费用。政府管理机构要与国家公共科技资源占有管理单位签订合同，以法律形式明确各自的职责与义务。同时政府管理机构要加强监督检查，确保国家公共科技资源占有管理机构履行社会责任和义务。

(3)完善推进科技自主创新的政策完善

建立推进科技自主创新的激励机制是完善国家宏观管理的重要内容。国家各个产业振兴计划都要有鼓励科技自主创新的政策措施，以科技自主创新推动产业的振兴。要加强产学研结合，国家科技支撑计划应当优先安排有产业发展前景的科技项目，加快科技成果的应用转化。要采取措施大力推进高新技术产业发展，包括建立自主创新示范区，将基础好、发展前景好的省级高新技术开发区升级为国家高新技术开发区，制定高技术产业和新兴产业发展规划等。国家投资的重大项目和各类政府投资项目要优先使用我国自主创新的技术和产品，同时要制定政府采购、首台套设备购买和消费补贴等配套政策。通过这些政策措施，使我国巨大市场需求成为拉动我国科技自主创新的强大动力。

(4)创新国家科技计划管理模式

目前我国国家科技计划种类多，涉及经费数额大，在项目的立项、评估、评审、经费管理等各个方面都还存在影响国家科技发展战略实施的问题。要深化科技计划管理、科技经费分配机制等方面的改革和创新，建立公开、公平、公正、高效的国家科技计划管理模式。国家科技计划管理的创新，既要符合市场规律，又要符合科技发展规律和科技活动自身特点；既要保证科研项目实施单位科研自主权，使其具有自主创新的主动性、积极性，又要保证国家科技计划的有效实施和国家科技发展战略目标的实现。要整合科技计划，集中国家科技资源，服务国家科技发展战略与国家科技创新体系建设，并与知识创新体系、区域创新体系、以企业为主体的技术创新体系结合起来。

(5)积极推进以企业为主体的技术创新体系建设

企业作为市场经济的主体，与市场结合紧密，有着科技自主创新的内在强大动力。随着我国社会主义市场经济体制的日渐完善，科技资源配置方式和途径逐渐多元化，企业尤其是高新技术企业在科技自主创新特别是市场导向的技术开发中作用越来越明显。国家科技管理应通过制定财税、金融、政府采购、科技计划等方面的政策措施,鼓励和引导企业在研究开发、技术创新、技术集成应用等方面不断加大科技投入,加强自主创新,建立起适应市场经济发展的以企业为主体的技术创新体系,为增强我国科技竞争实力发挥更加积极的作用。

4. 提高领导干部科学素养的同时狠抓科学教育与科技普及

提高领导干部科学素养,进行科技教育与科技普及是提高公民科学素养的三个不可或缺的重要方面和实现手段。三者共同推进、互为补充,才能较为全面地提升公民的科学素养,建立良好的科技创新文化及环境。

(1)依据《全民科学素质行动计划纲要》提高领导干部的科学素养

我国一向重视领导干部科学素养的培养,2006 年 2 月,国务院颁布的《全民科学素质行动计划纲要(2006—2010—2020 年)》中将领导干部和公务员作为重点人群,着力促进其科学素养的提升。领导干部和公务员科学素质行动的特点如下:

一是将提高领导干部和公务员的科学素质与贯彻落实科学发展观、提高执政能力紧密结合起来,把领导干部和公务员作为影响科学发展观贯彻和落实的特殊群体,把提高领导干部和公务员的科学素质作为促进科学发展观贯彻落实的重要手段之一。二是强调把提高领导干部的科学决策能力和公务员科学管理能力作为提高科学素质的重点,在干部培训和干部考核中增加有关科学素质的内容,促进科学执政、科学决策和科学管理。

结合科技北京的建设要求,以及建设科技文明首善之区的目标,北京市领导干部科学素养的提升应该从以下方面入手:

第一,将《科学素质纲要》的要求作为领导干部科技素养建设的基本要求并严格遵照执行。第二,在干部选拔中充分考虑科技素养的因素,并作为硬性指标之一。第三,将科技素养培训列为干部培训的必修课程,并严格考核。第四,在工作考核中引入体现科技素养的指标,如"科学决策能力"、"科学精神体现"、"科学方法运用"等。第五,将科技素养作为领导干部群体的形象建设重点,对广大公民树立良好的模范标准。

(2)全方位抓好科学教育

建设科技北京以及建设科技文明首善之区就应该着力推行公民的科学教育:

第一,必须在进一步推进和巩固教育普及任务的同时,大力实施素质教育,并把科学素养的培养写入教育规划当中,作为青少年学生素质教育的核心环节。第二,要充分发挥学校课程主渠道作用,同时广泛开展课外科普活动。多种形式的课外科普活动不仅能丰富学生的学习生活,还能使学生积累科学知识、掌握科学方法、培养科学精神。第三,要整合校外科学教育资源,建立校外科技活动场所与学校科学课程相衔接的有效机制,建立科技界和教育界合作推动科学教育发展的有效机制。第四,提高教师的科学素质。教育、培训工作的重要基础是教师。这支队伍包括中小学科学教育教师,青少年科技辅导员,职业教育、成人教育和各类培训中从事科学教育与培训的教师,以及各类教育机构中从事科学教育的教师,还包括科技馆等科普场馆、社区学校、成人文化技术学校中从事科学教育与培训的教师。应该将教师素质教育列为科学教育的基础目标加以推进。第五,完善科学教育教材建设。科学的教材加上科学的教育方法能使科学教育事半功倍,因此,科学教育必须结合教育需求合理编排、设计相应的教材。第六,培育科技传播媒体品牌,加大科技传播力度。第七,科学教育观的现代化。科学教育的观念应着重于引导公民关注并学习科学知识、方法,培养科学精神,建立科学理念,不是传统意义上的强制教育。要调动受众个人学习科学技术的积极性与主动性,注意公众参与科普的程度,注意科普的人文关怀问题。

(3)完善科技普及的社会化责任

目前,我国的基层科普工作主要还是以政府和科协来推动的,由于内在责任动力不足而存在一定的缺陷:一是政府科普工作能量过小,很难对社会团体形成牵引作用。二是参与科普工作的企业、民间组织、社会团体等不仅数量少、投入资金有限,而且参与的主动性、积极性不高。三是公众的科技素养普遍较低,他们更多地关心衣食住行问题,缺乏科技的愿望。特别是由于长期实行的应试教育体制,严重扼制了中小学生参加科普活动的需求。四是全社会支持、参与科普活动的缺少以及科普形式的单调、科普场馆的缺失,使科普事业更显落寞和沉寂。总之,以自然资源、人文资源作为科普资源的开发和利用还远远不够,科普工作社会化责任的推进要求极为迫切。

北京作为科技文明首善之区,必须在科普社会化推进的过程中发挥一定的引导作用,通过社会化的形式加大科普力度,具体要做到以下几点:

第一,应该完善科学普及的社会化责任。科普社会化除了政府施加的外在力量外,还需要社会团体、科普工作者本身内在的责任动力,更需要社会及公众的充分理解和共同支持。这就需要通过教育等方式使利益相关者梳理科普的社会责任意识。第二,加大政府对科学普及的财政支持力度,将科普财政投入占政府财政支出的比重固定化、法制化。第三,加强社会化科普基础设施的建设。科普场馆、科普教育基地、专业性科普示范基地等,分专业、分层次建设。第四,引导社会力量进入科普领域、从事科普工作。吸引社会资金投资,培养科普工作者和社会团体等。

5. 从制度和精神层面开展科技文化建设

科学精神的社会渗透是潜移默化、润物细无声的长期过程,不是一朝一夕就能完成的。但是,这并不是说,在科学精神的社会渗透方面,我们可以无所作为、任其自然;相反,针对科技文化建设的相对滞后,我们应该增强紧迫感,加大推动力度,并且要以促进科技文化发展的制度建设为保障,推进科学精神的社会渗透。所以,科技文化建设应该从制度层面与精神层面两方面的建设展开,针对阻碍科技创新主要因素,开展制度建设和精神文明建设。

(1)针对急功近利与科研道德失范现象,建立科技信用制度体系

中国传统文化中的消极因素至今还严重制约着科学技术的发展。例如,我国长期造就的“成者王侯败者贼”、“以胜败论英雄”的文化氛围极大地束缚了科研人员和创业人员的创新激情,政府对科技投入要求立竿见影、急于出成果出效率的片面导向,使得科技界弥漫着一种浮躁的气氛,急功近利、急于求成而停留在低水平重复研究、仿制开发;盲目追求“重大突破”、“世界领先”“世界首次”、“引起国际轰动”的最高级评价。片面的评价体制非但成就不了科研帅才和企业家,而且会在科技界和企业界埋下非良性竞争和学术越轨行为的巨大隐患,助长了道德风险现象的滋长。针对这一现象应当建立科技信用体系。

科技信用作为社会信用的重要组成部分,是指从事科技活动人员或机构的职业信用,是对个人或机构在从事科技活动时遵守正式承诺、履行约定义务、遵守科技界公认行为准则的能力和表现的一种评价。科技信用评价应遵循独立性、客观性、科学性、系统性、动态性等基本原则。科技信用评价系统是科技信用评价正常进行的手段和条件,包括科技信用评价的组织管理机构和实施机构,科技信用评价的法律、法规和管理条件,科技信用评价的指标体系,科技信用评价的方法和程序,以及科技信用评价的信息系统和

和共享平台。

第一,建立科技信用管理机构。科技主管部门要成立信用管理领导小组,相关政府部门间要建立信息共享和协调机制。第二,制定和完善科技信用管理的法律法规,建立科技信用管理制度。应加快有关法律、法规和管理文件的出台,使科技计划信用管理制度逐步完善。第三,培育和扶持科技信用评价机构,培养信用评价人才。目前我国科技信用评价机构尚处于发展阶段,亟待相关部门制定优惠政策加以引导、扶持和培育,并培养一支思想过硬、技术精良、具有公信力的信用评价人才队伍。第四,研究设计科学、合理的评价指标体系。设计评价指标应该遵循以下几个原则:代表性原则、简约性原则、非制约(或弱相关)性原则、通用可比性原则。第五,建立科技信用评价信用系统和共享平台。尽快建立科技信息评价信息系统和共享平台,尽快建立科技信用评价信息系统和共享平台,实行信用记录制和信息共享制。

(2)针对平均主义现象,建立与完善科技人才激励机制

目前科技人才激励机制低效问题已经成为北京乃至中国发展的制约因素,尤其是平均主义的存在,不仅是搅浑了科技文化的总体局面,而且也大大打击了科技人才的科研积极性。因此,必须针对平均主义,建立与完善人才激励机制。针对平均主义所建立的完善的科技人才激励机制需要把握几个原则,即纵向公平与横向公正相结合原则、劳动收益与产权收益相配套原则、内在激励和外在激励相衔接原则、长期激励与短期激励相补充原则。

完善科技人才激励机制的措施主要包括:第一,构建人员配置机制,实现任职激励。建立公平竞争的用人机制、建立人尽其才的用人机制、建立优胜劣汰的分流机制等。第二,进行科学工作设计,实现工作激励。工作设计是依据组织目标、组织状况、岗位条件、工作性质、人员素质等对个人的工作内容和工作关系所进行的特别处理。第三,加强人才薪酬管理,实现报酬激励。第四,建立绩效考评机制,实现考核激励。构建一种能够准确测量、权重对比、易于操作的综合性考核指标体系。研究成果的评价,要从以发表论文数量为主转变为以获得发明专利为主,鼓励科技人才在市场中实现其自身的价值。考核标的要由单一性向多维度转移。考核过程要由随意性向规范性转移。第五,推广“职业生涯设计”,实现发展激励。运用“学习型”组织的环境满足科技人才的终身学习需求,实施双轨制的职业发展规划,在单位

内部打造职业通道来设置科技行政管理职务和科技专业技术职务两条职业发展道路，让每个人都能找到体现自身价值的最佳发展路径。第六，推进企业文化建设，实现环境激励，具体措施有：营造和谐的人际关系、营造交流合作的内部环境、加强物质环境建设、营造一种“尊重人才、尊重创造”的良好氛围、强调爱国主义教育、弘扬企业精神等。第七，树立人本主义思想，实行情感激励。

(3)针对封建官僚主义残余和官本位意识，建立利于创新的科技管理体系

封建官僚主义残余和官本位意识是我国历史上多年形成和积蓄的思想毒瘤，不仅体现在经济、社会等各项工作中，科技工作也未能幸免。官本位扭曲了科研人员的人生观、价值观，不尊重科研规律从而搅乱了正常的科研秩序，在主体和环境变异的情况下科研工作开展的效率和效果大打折扣。因此，科学精神的回归需要建立一种有利于科技创新的管理体系，可从以下方面入手：

第一，将政绩观衡量指标由单一的经济指标转变为经济、环境、社会三位一体的立体衡量指标体系。以改变政府管理者仅仅关注科技工具性和功利性的单方面属性，而忽视科技社会性及其负面影响的问题。第二，引入第三方，监督政府科技经费的使用、科技项目的管理以及科技成果的转化等工作。使科技创新活动处于公开、公正、透明的管理环境之下。第三，改革科技管理体制，使政府退位于市场能够良好发挥作用的科技创新领域，而仅保留在公共科技领域发挥应有的作用。

(4)针对人文文化与科技文化的脱节，建立促进科技文化与人文文化交融的社会机制①

人文文化和科技文化的融合存在两条道路：一条是自发的道路。其根据就在于科学与人性有着内在的关联。在实践上，科学家通过对科学的至深探索可以将它的眼光引向人文关怀的终极问题。而对科学局限性和科学家责任的双重把握，则是科学家有可能走向对科学的人类性效应的深切关注。二是自觉的道路。这就是通过科学知识分子与人文知识分子之间的对话、科学教育与人教育的结合、社会科学的中介、倡导新人文主义等途径，实

① 陈其荣．当代科学技术哲学导论[M]．上海：复旦大学出版社，2006:675－678

现两种文化的融合。科技文化与人文文化的融合可以从以下方面推进：

第一，两种文化的融合体现在知识分子主体的身上，就是要努力促进科学知识分子和人文知识分子之间的对话、沟通，达到相互理解。第二，就是要通过两种教育即科学教育和人文教育的结合来实现两种文化的融合。实施文理融通的教育。通过这样的教育，造就既有科学知识又有人文素养的全面发展的人才。第三，以社会科学为中介，实现两种文化的融合。从总体上看，社会科学带有中间和交叉的性质，是科学与人文两者相互过渡的地带，也是促进科学与人文相互沟通的一种重要方式。第四，倡导新人文主义，这是将自然科学与人文科学融合起来的有益尝试。美国科学史家乔治·萨顿在他的《科学史和新人文主义》一书中写道："新人文主义是建立在人性化的科学之上的文化。"

参考文献

[1] Florida R. *The Rise of the Creative Class* [M]. New York: Basic Books,2002.

[2]W C. *Central place in Southern Germany*[M]. NJ and London:Prentice Hall,1966.

[3]安辉,史常亮. 北京市城市化水平与资源压力系数的灰色关联分析[J]. 社会学研究,2010(11):171-173.

[4]北京市统计局. 2011北京市经济社会统计报告[M]. 北京:同心出版社,2011.

[5]北京市科学技术委员会. 北京市研究与发展(R&D)数据汇编[M],2008.

[6]贝尔纳. 科学的社会功能[Z]. 桂林:广西师范大学出版社,2003.

[7]贝尔纳. 历史上的科学[Z]. 北京:科学出版社,1981.

[8]人民日报评论员. 深刻理解科学发展观的精神实质——二论树立和落实科学发展观[N]. 人民日报,2004-03-25.

[9]布洛克. 西方人文主义传统[Z]. 北京:三联书店,1997.

[10]曹跃群. 中国服务业发展的现状及对策研究[D]. 重庆大学,2004.

[11]陈保启,李为人. 生产性服务业的发展与我国经济增长方式的转变[J]. 中国社会科学院研究生院学报,2006(6):86-90.

[12]陈昌曙. 关于发展"绿色科技"的思考[J]. 东北大学学报(社会科学版),1999(1):45-47.

[13]陈翠芳. 科技异化问题研究[D]. 武汉大学,2007.

[14]陈芳柳,陈莉平. 国内外产学研合作的比较研究及其启示[J]. 沿海企业与科技,2007(2):161-165.

[15]陈其荣. 当代科学技术哲学导论[M]. 上海:复旦大学出版

社,2006.

[16]陈仕劝. 生产性服务业的分类、特点及作用[J]. 郑州航空工业管理学院学报,2006(4):191 - 193.

[17]宸星. 九大经济区在崛起[J]. 今日上海,2004(8).

[18]丹皮尔. 科学史[Z]. 北京:商务印书馆,1975.

[19]邓小平. 邓小平文选(第2卷)[M]. 北京:人民出版社,1994.

[20]杜布斯. 文艺复兴时期的人与自然[Z]. 杭州:浙江人民出版社,1988.

[21]渡边利夫. 发展经济学——经济学与现代亚洲[Z]. 东京:日本评论社,1996.

[22]段汉明. 城市系统:复杂性与适应性的探索[J]. 西北大学学报,2003(5).

[23]范必. 以科学精神落实科学发展观[J]. 学理论,2008(19):71 - 72.

[24]顾海兵. 绿色北京需要绿色交通[M]. 人文北京、科技北京、绿色北京论集,北京:同心出版社,2009.

[25]郭传杰,褚建勋,汤书昆,等. 公民科学素质:要义、测度与几点思考[J]. 科普研究,2008,3(2):26 - 33.

[26]郭金龙. 建设人文北京、科技北京、绿色北京[J]. 前线,2008(11):9 - 15.

[27]贺邵兵,朱德米,周箴. 城市系统的复杂性和参与式治理模式[J]. 上海城市管理职业技术学院学报,2007(1):56 - 58.

[28]胡锦涛. 高举中国特色社会主义伟大旗帜为夺取全面建设小康社会新胜利而奋斗——在中国共产党第十七次全国代表大会上的报告[M]. 北京:人民出版社,2007.

[29]胡锦涛. 坚持走中国特色自主创新道路为建设创新型国家而努力奋斗[M]. 北京:人民出版社,2006.

[30]胡锦涛. 在中国共产党十七次全国代表大会上的报告[M]. 北京:人民出版社,2007.

[31]胡锦涛. 在中央人口资源环境工作座谈会上的讲话[M]. 北京:人民出版社,2004.

[32]胡晓芳．现代教育与人的整体经济价值[J]．教育科学，1996(4)：9－12.

[33]胡志坚．科技全球化对中国科技发展的影响与对策．成思危．第三届中国软科学学术年会论文集[M]．北京：中国经济出版社，2001，266－271.

[34]郑斌祥．科学文化观的兴起[J]．自然辩证法通讯，1989(5)：16.

[35]贾建军，高继国，李奋生．论当前我国科技中介组织在科技创新系统中的功能定位[J]．攀枝花学院学报，2009(2)：62－65.

[36]贾品荣，赵刚．民生科技的战略要义与政策着力点[J]．2009(6)：78－83.

[37]江泽民．江泽民文选(第2卷)[M]．北京：人民出版社，2006.

[38]蒋美仕，周礼文，雷良．科学技术与社会互动的结果及表现形式[J]．中南工业大学学报(社会科学版)，2001(4)：352－355.

[39]卡尔爱德华．历史是什么[Z]．北京：商务印书馆，1981.

[40]库兹涅茨．现代经济增长[Z]．北京：北京经济学院出版社，1989.

[41]匡列辉．马克思主义科技思想中国化的新实践[D]．湖南师范大学，2008.

[42]李芳．浅论战略性技术联盟[J]．税务与经济，2004(2)：24－28.

[43]李光．科技社会化及其给我国带来的机遇与挑战[J]．科学学研究，2003(2)：113－116.

[44]李桂花，张雅琪．论科技异化与科技人化[J]．科学管理研究，2006(4)：18－21.

[45]李京文．新经济及对中国经济与企业的挑战[J]．中国工业经济，2000(11)：5－10.

[46]李彦军．产业长波、城市生命周期与城市转型[J]．发展研究，2009(11)：4－8.

[47]厉无畏．创意产业导论[M]．上海：学林出版社，2006.

[48]厉无畏．创意改变中国[M]．北京：新华出版社，2009.

[49]列宁．列宁全集(第55卷)[Z]．北京：人民出版社，1990.

[50]林耕．关于专利商用化的思考[Z]，内部讨论资料，2009.

[51]刘建城．马克思主义中国化进程中的科学技术观[J]．新学术，

2008(4):312－315.

[52]刘树成，李实. 对美国"新经济"的考察与研究[J]. 经济研究，2000(8):3－11.

[53]陆国庆. 产业创新的动力源和风险分析[J]. 广西经济管理干部学院学报，2003(2):38－42.

[54]陆学艺. 社会学[M]. 北京:知识出版社，1996.

[55]罗素. 西方的智慧[Z]. 北京:文化艺术出版社，1997.

[56]马克思，恩格斯. 马克思恩格斯全集(第23卷)[Z]. 北京:人民出版社，1972.

[57]马克思，恩格斯. 马克思恩格斯全集(第25卷)[Z]. 北京:人民出版社，1974.

[58]马克思，恩格斯. 马克思恩格斯全集(第46卷[下])[Z]. 北京:人民出版社，1980.

[59]马克思，恩格斯. 马克思恩格斯全集(第47卷)[Z]. 北京:人民出版社，1980.

[60]马克思，恩格斯. 马克思恩格斯选集(第1卷)[Z]. 北京:人民出版社，1995.

[61]马克思，恩格斯. 马克思恩格斯选集(第4卷)[Z]. 北京:人民出版社，1995.

[62]毛泽东. 毛泽东文集(第7卷)[M]. 北京:人民出版社，1999.

[63]毛泽东. 毛泽东文集(第8卷)[M]. 北京:人民出版社，1999.

[64]梅保华. 开放系统理论与现代城市系统[J]. 城市问题，1984(4):35－45.

[65]孟晓飞，刘洪，刘志迎. 科技动力机制与创新系统分析[J]. 系统辩证学学报，2004，12(3):84－88.

[66]聂华林，等. 区域发展战略学[M]. 北京:中国社会科学出版社，2006.

[67]欧阳致远. 建设绿色科技支撑的和谐北京[J]. 前沿，2009(8):30－32.

[68]彭福扬，胡元清，刘红玉. 科学的技术创新观——生态化技术创新[J]. 自然辩证法研究，2006，6(6):60－62.

[69]朴昌根．系统学基础[M]．上海:上海辞书出版社,2005.

[70]钱学森．再谈开放的复杂巨系统[J]．模式识别与人工智能,1991(1):1－4.

[71]钱学森,于景元,戴汝为．一个科学新领域——开放的复杂巨系统及其方法论[J]．自然杂志,1990(1):3－10.

[72]乔治·史密斯．21世纪的生产力转型变革[Z]．第14届世界生产力大会,2006.

[73]秦远建,肖志雄．民生科技的内涵及发展模式研究[J]．科技与管理,2009(5):15－18.

[74]荣跃明．超越文化产业:创意产业的本质与特征[J]．毛泽东邓小平理论研究,2004(5):18－24.

[75]孙向军．知识生产力:一种新形态的生产力——对当代生产力变革的哲学考察[J]．天津社会科学,2004(5):41－46.

[76]田子睿,曾晓洁．中关村高科技企业的集聚和扩散[J]．新浪科技,2002(11):11.

[77]王春法．科技人力资源的全球流动[M]．首届中国科技政策与管理学术研讨会论文集,中国科学学与科技政策研究会,2005.

[78]王春法．浅论科技全球化对中国的影响[J]．科学学与科学技术管理,2001(3):5－10.

[79]王东．当前世界经济形势分析与前景展望[N]．经济日报,2011－09－19.

[80]王海军．延安时期中国化马克思主义科技思想及其实践探析[J]．马克思主义研究,2009(6):42－46.

[81]王建华．以绿色科技创新为支撑促进我国循环经济发展[J]．科技与管理,2006(3):127－129.

[82]王旭．科技型企业创生机理研究[D]．吉林大学,2004.

[83]吴慈声,张本照．区域创新系统的激发演化机理[M]．经济科学出版社,2008.

[84]吴克烈．关于绿色壁垒的战略思考[J]．国际贸易问题,2002(5):51－54.

[85]夏杰长．迎接服务经济时代来临[M]．北京:经济管理出版

社,2010.

[86]夏杰长,等. 高新技术与现代服务业融合发展研究[M]. 北京:经济管理出版社,2008.

[87]谢爱平. 论城市系统的运行特征[J]. 福建论坛(经济社会版),1993(4):55-60.

[88]熊彼特. 经济发展理论:对于利润、资本、信贷、利息和经济周期的考查[Z]. 北京:商务印书馆,1990.

[89]徐冠华. 科技全球化发展趋势和如何应对全球化挑战和机遇[J]. 中国科技财富,2008,12:72-75.

[90]徐巨洲. 探索城市发展与经济长波的关系[J]. 城市规划,1997(5):4-9.

[91]徐珏燕,丁丽,张乐益. 论城市:一个自组织演化系统[J]. 东南大学学报(哲学社会科学版),2006(S1):168-170.

[92]许光清. 处于不同发展阶段的城市可持续发展系统分析[M]. 北京:经济日报出版社,2007.

[93]薛澜. 科技全球化及中国的对策[J]. 发现,2001(5):8.

[94]严雄. 产学研协同创新 五大问题亟待破解[N]. 中国高新技术产业导报,2007-03-19.

[95]杨承训. 弘扬科技文明是一项重大历史任务[J]. 河南科技,2009(3):4-5.

[96]殷登祥,威廉姆斯,沈小白. 技术的社会形成[M]. 北京:首都师范大学出版社,2004.

[97]英格尔斯. 从传统人到现代人[Z]. 北京:中国人民大学出版社,1992.

[98]余学锋. 推动绿色科技创新促进循环经济发展[J]. 中共福建省委党校学报,2009(12):69-73.

[99]袁飞兰. 增长极:理论视角下的中国区域发展战略选择[J]. 经济论坛,2009,18:38-39.

[100]曾国屏. 兼顾军口与民口、威望科技与民生科技[N]. 光明日报,2008-01-07.

[101]詹姆斯特·拉菲尔. 未来城[Z]. 北京:中国社会科学出版

社,2000.

[102]张广．科学发展观的理论渊源及当代价值研究[D]．燕山大学,2009.

[103]张华夏,张志林．技术解释研究[M]．北京:科学出版社,2005.

[104]张平．增强公民科学素质 提高全民科学素养[J].2006(11).

[105]张耘,毕娟．研发国际化背景下北京科技创新战略构想[J]．中国科技投资,2008,10:45 –47.

[106]赵弘,刘宪杰,李依浓．从“科技奥运”到“科技北京”[J]．经济研究导刊,2009,32:192 –194.

[107]周干峙．城市及其区域——一个典型的开放的复杂巨系统[J]．城市发展研究,2002(2).

[108]周光召．将绿色科技纳入我国科技发展总体规划中[J]．环境导报,2005(2):21 –22.

[109]周宏春．循环经济学[M]．北京:中国发展出版社,2008.

[110]周一星,张莉,武悦．城市中心性与我国城市中心性的等级体系[J]．地域研究与开发,2001,20(4):1 –5.

[111]周荫祖．关于社会现代化与人的现代化的哲学思考[J]．南京社会科学,1997(12):1 –24.

[112]朱家位．“绿色 GDP”与绿色会计[J]．经济问题探索,2003(1):101 –105.

[113]国家中长期科学和技术发展规划纲要(2006 –2020 年)[N]．光明日报,2006 –02 –10.

[114]环境信息能力建设技术指南[EB/OL],2010 –12 –30.

[115]建国以来重要文献选编(第 10 册)[G]．北京:中央文献出版社,1994.

[116]“科技北京”行动计划(2009—2012 年)——促进自主创新行动[J].前线,2010(6):11 –20.

[117]怎样鉴别科技与非科技——访科技哲学家和科技史学家范岱年教授[N]．科技日报,1999 –08 –30.

[118]中关村国家自主创新示范区发展规划纲要(2011 –2020 年)[Z],2011.

后 记

2011年的最后一个工作日，北京市哲学社会科学规划办公室组织了十三名专家对于北京市哲学社会科学规划办的第一批十个重大项目进行了结题研讨。“科技北京建设研究”作为第一批重大项目之一，以较好的专家评价顺利结题。至此，北京市社会科学院“科技北京建设研究”课题组对此课题历时一年半的研究告一段落。

课题组对科技北京的研究，得到了北京市社会科学院和北京市哲学社会科学规划办公室两个单位的资金支持。在奥运刚刚结束即“三个北京”战略提出伊始，2008年年底北京市社会科学院就将科技北京研究作为院级重点项目，在院内招标的基础上，资助了以张耘为组长的课题组对此进行研究。正是有了这样的研究基础，课题组才能在2010年北京市哲学社会科学第一批规划重大项目的招标中中标，获得资助，使得“科技北京”研究得以继续深入。

今天将要交付出版的书稿是“科技北京建设研究”课题的成果——科技北京建设研究报告。这一报告是课题组全体研究人员集体智慧的结晶。“科技北京建设研究”课题组由张耘研究员、傅正华教授、毕娟助理研究员、符亚明教授、骆欣庆副教授，以及钟少颖博士和董丽丽博士组成。尽管课题组成员来自多个单位和部门，但是大家多年以来一直合作研究，以往形成的许多研究成果为科技北京建设研究奠定了基础。可以说，科技北京建设研究报告不仅是北京市哲学社会科学规划重大项目“科技北京建设研究”的当期成果，也是课题组成员以往众多研究的思想结晶。

张耘研究员作为课题组组长在科技北京建设研究中发挥了如下

作用：

第一，在此项研究中部分沿用了张耘以往提出的观点。例如，张耘在“中关村区域创新体系研究”课题中提出的“国际科技创新枢纽”的观点在科技北京建设研究中得到沿用和进一步深化；张耘在2009年的社科院课题“科技北京内涵与路径研究”中对科技北京内涵的基本观点，在后来的研究中得以沿用和继承；张耘提出的科技北京建设不应仅仅局限于器物层面而应在器物、制度、精神等层面全面展开的观点在此次研究中得以沿用和发展。

第二，提出了科技北京研究的基本框架、基本内容和主要观点。一是，张耘提出了指导科技北京建设的理论框架，即以系统论为科技北京建设的方法论、以人本论为科技北京建设的目的论、以服务论为科技北京建设的价值论，以此为科技北京建设研究的逻辑起点。二是，张耘提出了科技北京建设不应仅仅局限于经济领域，而应在城市发展的社会、经济、环境与科技各个领域全面推进。在此基础上，提出了科技北京在上述四大领域中的具体建设目标，即：社会领域，将北京建设成为国家科技文明的首善之区；经济领域，将北京建设成为全国新经济的策源地；科技领域，将北京科技体系建设成为国际科技创新枢纽；环境领域，将北京建设成为绿色科技创生示范区。

第三，提出了科技北京建设秉持的价值理念应是服务论，以此作为科技北京的功能定位的指导与科技北京建设的理念精神。

第四，直接撰写了绪论、第二章、第三章中的第二节，与傅正华共同完成第五章，与钟少颖共同完成第六章。

第五，负责全书的统稿。

傅正华教授承担了如下研究工作：第一，撰写第四章，同时对于研究理论框架和核心观点有许多重要思想贡献，对于科技北京的思想内涵与本质特征也提出了许多重要观点；第二，本书第一章，基本上是在傅正华以往对科技北京建设的思想理论渊源研究成果的基础上形成的；第三，绪论中的第二节，科技北京研究意义与背景也是在傅正华以往研究成果基础上修改完善的；第四，第五章是傅正华在张耘、傅正华原有的研究成果基础上修改而成。

毕娟助理研究员承担了如下研究工作：第一，在张耘提出的原有框架基础上，执笔撰写了第八章；第二，独立完成了第三章的第一节，她对于第三章第一节的研究，进一步丰富、完善了科技北京建设研究的理论框架；第三，作为课题组的秘书，为课题的研究提供了难能可贵的周到服务，在课题立项、结项以及课题经费使用管理方面发挥了重要作用，同时还为本书的出版做了大量细致的工作。

符亚明教授承担了如下研究工作：第一，执笔撰写了本书第一章。该章以傅正华教授在2009年北京社科院重点课题——“科技北京内涵与路径研究”中关于科技北京理论基础的研究成果为重要写作基础，符亚明对原有研究成果进行了结构调整与观点提炼，进一步丰富完善了这一部分的研究内容。第二，对于绪论中第一部分科技北京提出的历史背景提出重要观点。

骆欣庆副教授承担了如下研究工作：第一，执笔撰写本书第七章，该章的全部内容由骆欣庆独立完成；第二，尝试对于科技北京建设进行评价，并完成了科技北京建设评价指标体系初稿，但是由于这部分内容尚不成熟，未能在报告中体现，即便如此，骆欣庆在这方面付出的努力对于今后继续对此问题研究奠定了基础。

钟少颖博士承担了如下研究工作：第一，他在张耘提出的研究框架基础上，执笔撰写了本书第三章中的第三节；第二，参与撰写第六章；第三，参与全书的编辑校对。

董丽丽博士承担了如下研究工作：第一，参与全书的统稿、编辑工作；第二，与张耘一起修改完善了绪论部分。

在此书交付出版之际，课题组要感谢北京市哲学社会科学规划办公室的李建平副主任、规划处刘娟处长以及王鹏同志对课题研究的帮助。还要感谢北京市社会科学院科研处、财务处以及办公室的直接服务和帮助，尤其要对科研处的朱霞辉同志从项目招标到项目立项结项都给予课题组许多关键性的指导与帮助表示真诚的感谢；对财务处各位同事对科技经费的管理表示衷心感谢。

当然,科技北京建设课题研究能够顺利进行,也与北京社科院管理所全体成员的支持与帮助分不开,特别是陆小成、施昌奎、李志斌、庞世辉等同志在课题座谈中贡献的真知灼见给予我们极大的启发,在此,课题组全体成员向其表示真诚的感谢。

"科技北京"研究是一个重要的理论与实践结合的大问题,我们的研究仅仅是一个开始,以我们有限的学识与能力,仅通过一两个项目的研究是无法完成对这一重大命题的深刻认识,仅以我们的研究成果作为一个探索,以期引起更多的学者关注该问题的研究。

北京市社会科学院"科技北京建设研究"课题组

2012－03－24